高职高专示范建设规划教材

控 制 测 量

主　编　李开伟

副主编　陈　锐　　周小莉

　　　　师维娟　　肖文全

主　审　汪仁银

西南交通大学出版社

·成　都·

内 容 提 要

　　本书是编者按照项目导向、任务驱动的教学思路，在总结高等职业院校教学改革成功经验的基础上编写而成的。本书共分为理论学习项目和技能训练项目两大部分，理论学习项目包括控制测量基础理论、平面控制测量、高程控制测量和控制测量概算4个工作项目；技能训练项目主要介绍控制测量技术设计书编写、控制布网等12个技能项目。

　　本书可作为高职高专测绘类专业测量课程教材，适用于工程测量技术、地籍测量与土地管理信息技术、地理信息系统与地图制图技术等专业教学使用，也可以供从事相关专业的技术人员参考。

图书在版编目（CIP）数据

　　控制测量 / 李开伟主编. —成都：西南交通大学
出版社，2014.9（2023.7重印）
　　高职高专示范建设规划教材
　　ISBN 978-7-5643-3349-2

　　Ⅰ．①控… Ⅱ．①李… Ⅲ．①控制测量－高等职业教育－教材 Ⅳ．①P221

　　中国版本图书馆 CIP 数据核字（2014）第 196587 号

高职高专示范建设规划教材

控 制 测 量

主编　李开伟
*
责任编辑　曾荣兵
助理编辑　胡晗欣
特邀编辑　柳堰龙
封面设计　何东琳设计工作室
西南交通大学出版社出版发行
四川省成都市金牛区二环路北一段 111 号西南交通大学创新大厦 21 楼
邮政编码：610031　发行部电话：028-87600564
http://www.xnjdcbs.com
成都中永印务有限责任公司印刷
*
成品尺寸：185 mm×260 mm　　印张：17.25
字数：431 千字
2014 年 9 月第 1 版　　2023 年 7 月第 7 次印刷
ISBN 978-7-5643-3349-2
定价：45.00 元

课件咨询电话：028-81435775

前　言

　　本书是编者按照项目导向、任务驱动的教学思路，在总结高等职业院校教学改革成功经验的基础上，结合行动导向法、案例教学法等在实践教学中的具体应用及工程测量行业的基本情况，按照工程测量技术专业及专业人才培养的特点和要求编写而成的。

　　本书结合我国目前高职高专发展现状，在编写内容上理论精简、重点突出，强调课程的技能操作和方法，加大实践教学环节，弱化传统的理论公式推演，侧重于技能的培养。

　　本书共分为理论学习项目和技能训练项目两大部分。其中：理论学习项目包括控制测量基础理论、平面控制测量、高程控制测量和控制测量概算 4 个工作项目。具体包括控制测量基本知识、控制测量技术设计、精密测角、精密测距、GNSS 控制测量、精密水准测量、三角高程测量、椭球理论、地面观测值归算至椭球面、椭球面元素归算至高斯平面、控制测量概算等子项目。每个子项目都由知识概要、技能任务、技术规范、相关知识、习题练习组成。教学中可以根据教学对象、学习专业及教学目标层次的不同选择教学内容；教学方法上采用项目导向、任务驱动与案例结合的方式。技能训练项目主要介绍控制测量技术设计书编写、控制布网等 12 个技能项目。

　　本书由四川水利职业技术学院李开伟担任主编，由四川水利职业技术学院师维娟、周小莉、陈锐，以及四川省水利水电勘测设计研究院测绘分院肖文全参编，具体编写分工为：项目一、项目四由李开伟编写；项目二中的精密测角部分由四川水利职业技术学院师维娟编写；项目二中的距离测量、导线测量由四川水利职业技术学院周小莉编写；项目二中GNSS 控制测量由四川水利职业技术学院陈锐编写；项目三、技能训练项目由肖文全编写。全书由四川水利职业技术学院汪仁银主审。

　　本书教学学时数建议安排 90 学时，其中 56 学时为实训和实验课时，34 学时为理论课时。各校可根据实际情况灵活安排。

　　本书参考了大量书籍，在此一并表示感谢，由于编者水平有限，书中不妥之处在所难免，恳请读者批评指正。

编　者

2014 年 7 月

目　录

第一部分　理论学习项目

第二部分　技能训练项目

第一部分　理论学习项目

项目一　控制测量基础理论

任务一　控制测量基本知识

【知识概要】

1. 了解控制测量的任务和作用。
2. 掌握控制网的布设形式。
3. 熟悉控制网的布设原则和方案。
4. 掌握控制测量的工作流程。
5. 熟悉控制网选点、埋石。

【技能任务】

1. 根据实际测区任务范围确定控制网布设形式。
2. 按照确定的控制网形式在指定测区完成选点埋石工作。

【技术规范】

1.《工程测量规范》。
2.《城市测量规范》。
3.《国家三角测量和精密导线测量规范》。
4.《水利水电工程施工测量规范》。

【相关知识】

知识点一　控制测量任务和作用

一、控制测量基本任务

控制测量是研究精确测定和描绘地面控制点空间位置及其变化的学科。它是在大地测量学基本理论基础上以工程建设测量为主要服务对象而形成和发展起来的，为人类社会活动提供有用的空间信息。因此，从本质上说，它既是地球工程信息学科，也是地球科学和测绘学的一个重要分支；它既是工程建设测量中的基础学科，也是应用学科，在测量工程专业人才培养中占有重要的地位。

控制测量主要服务于各种工程建设、城镇建设和土地规划与管理等工作。这就决定了它的测量范围比大地测量要小，并且在观测手段和数据处理方法上还具有多样化的特点。

作为控制测量服务对象的工程建设工作，在进行过程中，大体上可分为设计、施工和运营3个阶段。每个阶段都对控制测量提出不同的要求，其基本任务分述如下：

1．在设计阶段建立测图控制网

在这一阶段，设计人员要在大比例尺地形图上进行建筑物的设计或区域规划，以求得设计所依据的各项数据。因此，控制测量的任务是布设作为图根控制依据的测图控制网，以保证地形图的精度和各幅地形图之间的准确拼接。此外，对于房地产事业，这种测图控制网也是相应地籍测量的根据。

2．在施工阶段建立施工控制网

在这一阶段，施工测量的主要任务，是将图纸上设计的建筑物放样到实地上去。对于不同的工程，施工测量的具体任务也不同。例如，隧道施工测量的主要任务，是保证对向开挖的隧道，能按照规定的精度贯通，并使各建筑物按照设计的位置修建；放样过程中，仪器所标出的方向、距离都是依据控制网和图纸上设计的建筑物计算出来的。因而在施工放样之前，需建立具有必要精度的施工控制网。

3．在运营阶段建立变形监测网

由于工程施工的影响，地面的原有状态往往会改变，建筑物本身的重量也会引起地基及其周围地层的不均匀变化；此外，建筑物本身及其基础也会由于地基的变化而产生变形。这些变化，如果超过了某一限度，就会影响建筑物的正常使用，严重的还会危及建筑物的安全。在一些大城市（如我国的上海、天津），地下水的过量开采，引起市区大范围的地面沉降，从而造成危害。因此，在竣工后的运营阶段，需对这些有安全隐患的建筑物及其周围进行变形监测。为此，需布设变形观测控制网。由于这种变形的数值一般都很小，为了能足够精确地测出它们，要求变形观测控制网具有较高的精度。

以上2、3阶段布设的两种控制网统称为专用控制网。

控制测量在许多方面发挥着重要作用。可以说，地形图是一切建筑工程规划和发展必需的基础性资料。为测制地形图，首先要布设全国范围内及局域性的大地测量控制网；为取得大地点的精确坐标，必须要建立合理的大地测量坐标系以及确定地球的形状、大小及重力场参数。因此，控制测量在国民经济建设和社会发展中发挥着决定性作用。控制测量在防灾、减灾、救灾及环境监测、评价与保护中发挥着特殊作用。此外，在空间技术和国防建设中，在丰富和发展当代地球科学的有关研究中，以及在测绘工程事业中，控制测量的地位和作用将显得越来越重要。

二、控制测量主要研究内容

控制测量的基本内容概括如下：

（1）研究建立和维持高科技水平的工程、国家水平控制网、精密水准网的原理和方法，以满足国民经济、国防建设及地球科学研究的需要。

（2）研究获得高精度测量成果的精密仪器及其使用方法。

（3）研究地球表面测量成果向椭球及平面的数学投影变换，以及有关问题的测量计算。

（4）研究高精度和多类别的地面网、空间网及其联合网的数学处理理论和方法，控制测量数据库的建立及应用等。

以上概述了一般意义下，控制测量的基本任务和主要内容。本书依据这些基本体系和内容，介绍了控制测量的基本理论、技术和方法，为学生对后续课程的学习及从事测绘事业打下坚实的基础。

知识点二　控制网布设形式

控制网是指将地面上选定的一系列控制点位 1，2，…，按一定的形式连接起来构成的几何图形。

一、平面控制网布设形式

1．三角网

1）网　　形

在地面上选定一系列点位 1，2，…，使互相观测的两点通视，把它们按三角形的形式连接起来，即构成三角网。如果测区较小，可以把测区所在的一部分椭球面近似看做平面，则该三角网即为平面上的三角网（见图 1.1）。

2）观测方法

三角网中的观测量是网中的全部方向值，图 1.1 中每条实线表示对向观测的两个方向。根据方向值即可算出任意两个方向之间的夹角，这种观测方法叫三角测量法。

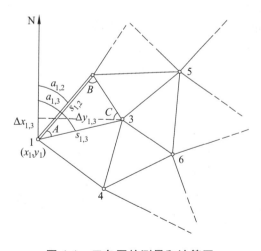

图 1.1　三角网的测量和计算图

若已知点 1 的平面坐标 (x_1, y_1)，点 1 至点 2 的平面边长 $s_{1,2}$，坐标方位角 $\alpha_{1,2}$，便可用正弦定理依次推算出所有三角网的边长、各边的坐标方位角和各点的平面坐标。这就是三角测量的基本原理和方法。

以图 1.1 为例，待定点 3 的坐标可按式（1.1）~（1.4）计算。

$$s_{1,3} = s_{1,2} \frac{\sin B}{\sin C} \tag{1.1}$$

$$\alpha_{1,3} = \alpha_{1,2} + A \tag{1.2}$$

$$\left. \begin{array}{l} \Delta x_{1,3} = s_{1,3} \cos \alpha_{1,3} \\ \Delta y_{1,3} = s_{1,3} \sin \alpha_{1,3} \end{array} \right\} \tag{1.3}$$

$$\left. \begin{array}{l} x_3 = x_1 + \Delta x_{1,3} \\ y_3 = y_1 + \Delta y_{1,3} \end{array} \right\} \tag{1.4}$$

即由已知的 $s_{1,2}$、$\alpha_{1,2}$、x_1、y_1 和各角观测值的平差值 A、B、C，可推算求得 x_3、y_3；同理，可依次求得三角网中其他各点的坐标。

3）起算数据和推算元素

为了得到所有三角点的坐标，必须已知三角网中某一点的起算坐标 (x_1, y_1)，某一起算边长 $S_{1,2}$ 和某一边的坐标方位角 $\alpha_{1,2}$，它们统称为三角测量的起算数据（或元素）。在三角点上观测的水平角（或方向）是三角测量的观测元素。由起算元素和观测元素的平差值推算出的三角形边长、坐标方位角和三角点的坐标，统称为三角测量的推算元素。

三角网的主要优点是：图形简单，网的精度较高，有较多的检核条件，易于发现观测中的粗差，便于计算。缺点是：在平原地区或隐蔽地区易受障碍物的影响，布网难度大，有时不得不建造较高的觇标。

2. 导线网

将测区内相邻控制点连成直线而构成的折线，称为导线。这些控制点称为导线点。导线测量就是依次测定各导线边的长度和各转折角值；根据起算数据，推算各边的坐标方位角，从而求出各导线点的坐标。

导线网是目前工程控制网较常用的一种布设形式，它包括单一导线和具有一个或多个结点的导线网（见图 1.2）。网中的观测值是角度（或方向）和边长。独立导线网的起算数据是：一个起算点的 (x, y) 坐标和一个方向的方位角。

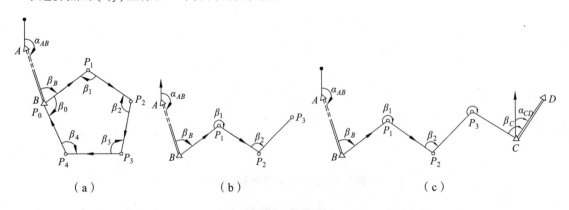

（a）　　　　　　　　　（b）　　　　　　　　　（c）

图 1.2　导线网

导线网与三角网相比，主要优点在于：

（1）网中各点上的方向数较少，除结点外只有两个方向，因而受通视要求的限制较小，易于选点和降低觇标高度，甚至无须造标。

（2）导线网的图形非常灵活，选点时可根据具体情况随时改变。

（3）网中的边长都是直接测定的，因此边长的精度较均匀。

导线网的缺点主要是：导线网中的多余观测数较同样规模的三角网要少，有时不易发现观测值中的粗差，因而可靠性不高。

由上述可见，导线网特别适合于障碍物较多的平坦地区或隐蔽地区。

3. 三边网

三边网和三角网的几何图形一致，区别在于三边网观测的是网中所有三角形的每条边长而不测角度，利用起算数据和观测的边长依次推算出每个角度，然后依次推算各控制点坐标。

4. 边角网

边角网是指既测角又测边的以三角形为基本图形的网，边角网的精度最高，适用于精度要求较高的情况，如变形监测控制网。实际上导线网也可以看做是边角网的特殊情况。

注：上述4种布设形式中，三角网早在17世纪即被采用。随后经过前人不断研究、改进，无论从理论上还是实践上逐步形成为一套较完善的控制测量方法，即"三角测量"。由于这种方法主要使用经纬仪完成大量的野外观测工作，所以在电磁波测距仪问世以前，三角网是布设各级控制网的主要形式。

随着电磁波测距仪的不断完善和普及，导线网和边角网逐渐得到广泛的应用。尤其是前者，目前在平原或隐蔽地区已基本上代替了三角网，成为主要等级控制网。由于完成一个测站上的边长观测通常要比方向观测容易，因而在仪器设备和测区通视条件都允许的情况下，也可布设完全的测边网。在精度要求较高的情况下（例如精密的变形监测），可布设部分测边、部分测角的控制网或边、角全测的控制网。

5. GNSS 网

进入 20 世纪 90 年代，随着 GNSS 定位技术的引进，我国许多大、中城市勘测院及工程测量单位开始用 GNSS 布设控制网。目前 GNSS 相对定位精度，在几十千米的范围内可达 $1 \times 10^{-6} \sim 2 \times 10^{-6}$，可以满足《城市测量规范》对城市二、三、四等网的精度要求（二等最弱边相对精度 1/300 000）。然而在高程方面 GNSS 测得的高程是相对于椭球面的大地高，而水准测量求出的则是相对于大地水准面的高程，两者之差就是大地水准面差距 N。目前在大多数情况下，N 值难以精确确定，因此 GNSS 暂时只能用于平面等级控制网的布设。

当采用 GNSS 进行相对定位时，网形的设计在很大程度上取决于接收机的数量和作业方式。如果只用两台接收机同步观测，一次只能测定一条基线向量。如果能有三四台接收机同步观测，GNSS 网则可布设成如图 1.3 所示的由三角形和四边形组成的网形。其中图（a）、（b）为点连接，表示在两个基本图形之间有一个点是公共点，在该点上有重复观测；图（c）、（d）为边连接，表示每个基本图形中，有一条边是与相邻图形重复的。

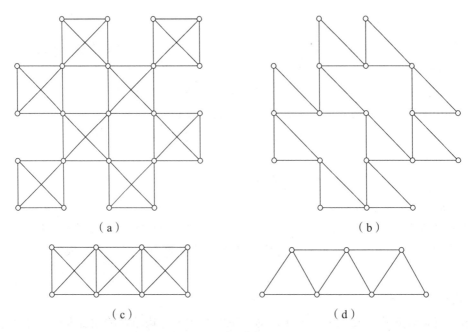

（a）   （b）

（c）   （d）

图 1.3　三角网和四边网组成的网形

在 GNSS 网中，也可在网的周围设立两个以上的基准点。在观测过程中，这些基准点上始终设有接收机进行观测。最后取逐日观测结果的平均值，可显著提高这些基线的精度，并以此作为固定边来处理全网的成果，将有利于提高全网的精度。

二、工程测量中平面控制网起算数据的获得

在工程测量中，控制网起算数据可由下列方法求得：

（1）起算边长。当测区内有国家三角网（或其他单位施测的三角网）时，若其精度满足工程测量的要求，则可利用国家三角网边长作为起算边长。若已有网边长精度不能满足工程测量的要求（或无已知边长可利用）时，则可采用电磁波测距仪直接测量三角网某一边或某些边的边长作为起算边长。

（2）起算坐标。当测区内有国家三角网（或其他单位施测的三角网）时，则由已有的三角网传递坐标。若测区附近无三角网成果可利用，则可在一个三角点上用天文测量方法测定其经纬度，再换算成高斯平面直角坐标，作为起算坐标。保密工程或小测区也可采用假设坐标系统。

（3）起算方位角。当测区附近有控制网时，则可由已有网传递方位角。若无已有成果可利用时，可用天文测量方法测定三角网某一边的天文方位角，再把它换算为起算方位角。在特殊情况下也可用陀螺经纬仪测定起算方位角。

（4）独立网与非独立网。当三角网中只有必要的一套起算数据（例如一条起算边，一个起算方位角和一个起算点的坐标）时，这种网称为独立网。图 1.4 中各网都是独立网，其中（a）称为中点多边形，是三角网中常用的一种典型图形。

如果三角网中具有多于必要的一套起算数据，则这种网称为非独立网。例如，图 1.5 为相邻两三角形中插入两点的典型图形。A、B、C 和 D 都是高级三角点，其坐标、两点间的边

长和坐标方位角都是已知的。因此，这种三角网的起算数据多于一套，属于非独立网，又称为附合网。图中的 P、Q 为待定点。

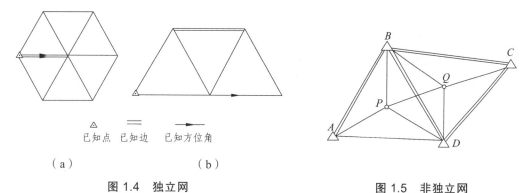

已知点　　已知边　　已知方位角

（a）　　　　　　　（b）

图 1.4　独立网　　　　　　　　　图 1.5　非独立网

三、高程控制网布设形式

国家高程控制网是用水准测量方法布设的，其布设原则与平面控制网布设原则相同。根据分级布网原则，将水准网分成四个等级。一等水准路线是高程控制的骨干，在此基础上布设的二等水准路线是高程控制的全面基础；在一、二等水准网的基础上加密三、四等水准路线，直接为地形测量和工程建设提供必要的高程控制。按国家水准测量规范规定，各等级水准路线一般都应构成闭合环线或附合于高级水准路线。

工程高程控制网的布设也应遵守分级布设的原则。

关于工程高程控制网的布设方案，《城市测量规范》规定，可以采用水准测量和三角高程测量。水准测量分为一、二、三、四等，作为工程高程控制网或专用高程控制网的基础。首级水准网等级的选择应根据城市面积的大小、城市的远景规划、水准路线的长短而定。首级网应布设成闭合环线，加密网可布设附合路线、结点网和闭合环。只有在山区等特殊情况下，才允许布设水准支线。水准测量精度较高，但是受地形条件的限制较大，适用于地势平坦和精度要求较高的情况。

三角高程测量主要用于山区的高程控制和平面控制点的高程测定。应特别指出的是电磁波测距三角高程测量，近年来经过研究已普遍认为该法可达到四等水准测量的精度，也有人认为可以代替三等水准测量。因而《城市测量规范》规定：根据仪器精度和经过技术设计认为能满足城市高程控制网的基本精度时，可用以代替相应等级的水准测量。三角高程测量的精度相对较低，但是由于它几乎不受地形条件的限制，所以适用于地势起伏大、精度要求不高的情况。

知识点三　控制网布设原则和方案

一、国家平面控制网布设原则

我国幅员辽阔，在大部分领域（约 9 600 000 km²）布设国家天文大地网，是一项规模巨大的工程。为完成这一基本工程建设，在新中国成立初期，在国民经济相当困难的情况下，国家专门抽调了一批人力、物力、财力，1951 年即开始野外工作，此项工作一直到 1971 年才基本结束。面对如此艰巨的任务，显然事先必须全面规划、统筹安排，制定一些基本原则，用以指导建网工作。这些原则是：分级布网，逐级控制；应有足够的精度；应有足够的密度；应有统一的规格。现进一步论述如下：

1．分级布网、逐级控制

由于我国领土辽阔，地形复杂，不可能用最高精度和较大密度的控制网一次布满全国。为了适时地保障国家经济建设和国防建设用图的需要，根据主次缓急而采用分级布网、逐级控制的原则是十分必要的。即先以精度高而稀疏的一等三角锁尽可能沿经纬线方向纵横交叉地迅速布满全国，形成统一的骨干大地控制网，然后在一等锁环内逐级（或同时）布设二、三、四等控制网。

2．应有足够的精度

控制网的精度应根据需要和可能来确定。作为国家大地控制网骨干的一等控制网，应力求精度更高，才有利于为科学研究提供可靠的资料。

为了保证国家控制网的精度，必须对起算数据和观测元素的精度、网中图形角度的大小等，提出适当的要求和规定。这些要求和规定均列于《国家三角测量和精密导线测量规范》（以下简称《规范》）中。

3．应有足够的密度

控制点的密度，主要根据测图方法及测图比例尺的大小而定。比如，用航测方法成图时，密度要求的经验数值如表 1.1 所示，表中的数据主要是根据经验得出的。

表 1.1　各种比例尺航测成图时对平面控制点的密度要求

测图比例尺	每幅图要求点数	每个三角点控制面积	三角网平均边长	等级
1∶50 000	3	约 150 km^2	13 km	二等
1∶25 000	2～3	约 50 km^2	8 km	三等
1∶10 000	1	约 20 km^2	2～6 km	四等

由于控制网的边长与点的密度有关，所以在布设控制网时，对点的密度要求是通过规定控制网的边长而体现出来的。对于三角网而言，边长 s 与点的密度（每个点的控制面积）Q 之间的近似关系为 $s = 1.07\sqrt{Q}$。将表 1.1 中的数据代入此式，得

$$s = 1.07\sqrt{150} \approx 13(\text{km})$$
$$s = 1.07\sqrt{50} \approx 8(\text{km})$$
$$s = 1.07\sqrt{20} \approx 5(\text{km})$$

因此，按照《规范》中规定，国家二、三等三角网的平均边长分别为 13 km 和 8 km。

4．应有统一的规格

由于我国三角锁网的规模巨大，必须有大量的测量单位和作业人员分区同时进行作业，为此，必须由国家制定统一的大地测量方式和作业规范，作为建立全国统一技术规格的控制网的依据。

二、国家平面控制网布设方案

根据国家平面控制网施测时的测绘技术水平，我国采取三角网为主、导线网为辅的布网形式，只是在青藏高原特殊困难的地区布设了一等电磁波测距导线。现将国家三角网的布设方案和精度要求概略介绍如下：

1．一等三角锁布设方案

一等三角锁是国家大地控制网的骨干，其主要作用是控制二等以下各级三角测量，并为地球科学研究提供资料。

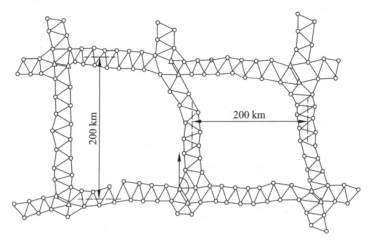

图 1.6　一等三角锁布设形式

一等三角锁尽可能沿经纬线方向布设成纵横交叉的网状图形，如图 1.6 所示。在一等锁交叉处设置起算边，以获得精确的起算边长，并可控制锁中边长误差的积累，起算边长度测定的相对中误差 $m_b / b < 1/350\ 000$。多数起算边的长度是采用基线测量的方法求得的。随着电磁波测距技术的发展，后来少数起算边的测定已为电磁波测距法所代替。

一等锁在起算边两端点上精密测定了天文经纬度和天文方位角，作为起算方位角，用来控制锁、网中方位角误差的积累。一等天文点测定的精度是：纬度测定中误差 $m_\varphi \leqslant \pm 0.3''$，经度测定的中误差 $m_\lambda < \pm 0.02''$，天文方位角测定的中误差 $m_\alpha < \pm 0.5''$。

一等锁两起算边之间的锁段长度一般为 200 km 左右，锁段内的三角形个数一般为 16 ~ 17 个。角度观测的精度，按一锁段三角形闭合差计算所得的测角中误差应不超过 $\pm 0.7''$。

一等锁一般采用单三角锁。根据地形条件，也可组成大地四边形或中点多边形，但对于不能显著提高精度的长对角线应尽量避免。一等锁的平均边长，山区一般约为 25 km，平原区一般约为 20 km。

2．二等三角锁、网布设方案

二等三角网是在一等锁控制下布设的，它是国家三角网的全面基础，同时又是地形测图的基本控制。因此，必须兼顾精度和密度两个方面的要求。

20 世纪 60 年代以前，我国二等三角网曾采用二等基本锁和二等补充网的布设方案。即在一等锁环内，先布设沿经纬线纵横交叉的二等基本锁（见图 1.7），将一等锁环分为大致相等的 4 个区域。二等基本锁平均边长为 15 ~ 20 km；按三角形闭合差计算所得的测角中误差

不超过 ± 1.2″。另在二等基本锁交叉处测量基线，精度为 1/200 000。

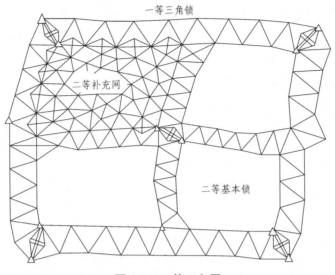

图 1.7 二等三角网

在一等三角锁和二等基本锁控制下，布设平均边长约为 13 km 的二等补充网。按三角形闭合差计算所得的测角中误差不超过 ± 2.5″。

20 世纪 60 年代以来，二等三角网以全面三角网的形式布设在一等锁环内，四周与一等锁衔接，如图 1.8 所示。

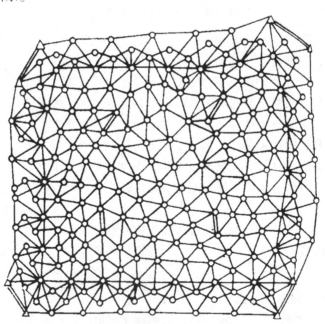

图 1.8 全面三角网布设的二等网

为了控制边长和角度误差的积累，以保证二等三角网的精度，在二等三角网中央处测定了起算边及其两端点的天文经纬度和方位角，测定的精度与一等点相同。当一等锁环过大时，还在二等三角网的适当位置，酌情加测了起算边。

二等三角网的平均边长为 13 km，由三角形闭合差计算所得的测角中误差不超过 ± 1.0″。

由二等三角锁和旧二等三角网的主要技术指标可见，这种网的精度，远较二等全面三角网低。

3．三、四等三角网布设方案

三、四等三角网是在一、二等网控制下布设的，是为了加密控制点，以满足测图和工程建设的需要。三、四等三角点以高等级三角点为基础，尽可能采用插网方法布设，但也采用了插点方法布设，或越级布网，即在二等三角网内直接插入四等全面三角网，而不经过三等三角网的加密。

三等三角网的平均边长为 8 km，四等网的边长在 2 ~ 6 km 范围内变动。由三角形闭合差计算所得的测角中误差，三等为 ± 1.8″，四等为 ± 2.5″。

三、四等三角网（插网）的图形结构如图 1.9 所示，图 1.9（a）中的三、四等插网的边长较长，与高级网接边的图形大部分为直接相接，适用于测图比例尺较小、要求控制点密度不大的情况。图 1.9（b）中三、四等插网的边长较短，低级网只附合于高级点而不直接与高级边相接，适用于大比例尺测图、要求控制点密度较大的情况。

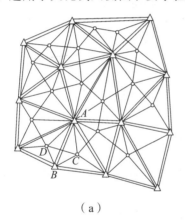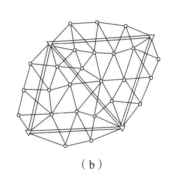

（a）   （b）

图 1.9 三、四等三角网（插网）

三、四等三角点也可采用插点的形式加密，其图形结构如图 1.10 所示。其中，插入 A 点的图形叫做三角形内插一点的典型图形；插入 B、C 两点的图形叫做三角形内外各插一点的典型图形。插点的典型图形很多，这里不一一介绍。

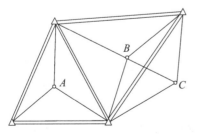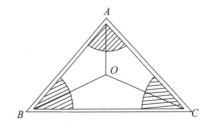

图 1.10 用插点方式加密三、四等三角点   **图 1.11 插点点位**

用插点方法加密三角点时，每一插点至少应由三个方向测定，且各方向均双向观测。同时要注意待定点的点位，因为点位对精度影响很大。规定插点点位在高级三角形内切圆圆心的附近，不得位于以三角形各顶点为圆心，角顶至内切圆圆心距离一半为半径所作圆的圆弧范围之内（见图 1.11 的阴影部分）。

当测图区域或工程建设区域为一狭长地带时，可布设两端符合在高级网短边上的附合锁，如图 1.12 上部的图形结构所示；也可沿高级网的某一边布设线形锁，如图 1.12 下部的图形结构所示。

国家规范中规定采用插网法（或插点法）布设三、四等网时，因故未联测的相邻点间的距离（例如图 1.10 中的 AB 边），三等应大于 5 km，四等应大于 2 km，否则必须联测。因为不联测的边，当其边长较短时边长相对中误差较大，给进一步加密造成了困难。为克服上述缺点，当 AB 边小于上述限值时必须联测。

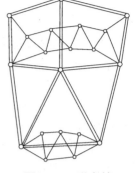

图 1.12 附合锁

4. 国家三角锁、网的布设规格及其精度

三角锁、网的布设规格及其精度如表 1.2 所示。表中所列推算元素的精度，是在最不利的情况下三角网应达到的最低精度。

表 1.2 国家三角锁、网布设规格及其精度

等级	边长范围/km	平均边长/km	单三角形任意角	中点多边形任意角	大地四边形任意角	个别最小角	测角中误差	三角形最大闭合差	起算边长相对中误差 m_b/b	天文观测	最弱边长相对中误差 m_s/s
一	15~45	平原 20 山区 25	40°	30°	30°		±0.7″	2.5″	1/350 000	$m_\alpha < \pm 0.5''$ $m_\lambda < \pm 0.02''$ $m_\varphi < \pm 0.3''$	1/150 000
二	10~18		30°	30°	25°		±1.0″	3.5″	1/350 000	与一等相同	1/150 000
三			30°	30°	25°		±1.8″	7.0″			1/80 000
四	2.6		30°	30°	25°		±2.5″	9.0″			1/40 000

5. 我国天文大地网基本情况简介

1）利用常规测量技术建立国家大地测量控制网

我国统一的国家大地控制网的布设工作开始于 20 世纪 50 年代初，60 年代末基本完成，历时近 20 年。先后共布设一等三角锁 401 条，一等三角点 6 182 个，构成 121 个一等锁环，锁系长达 7.3×10^4 km。一等导线点 312 个，构成 10 个导线环，总长约 1×10^4 km。1982 年完成了全国天文大地网的整体平差工作。网中包括一等三角锁系，二等三角网，部分三等网，总共约有 50 000 个大地控制点，500 条起始边和近 1 000 个正反起始方位角的约 30 万个观测量的天文大地网。平差结果表明：网中离大地点最远点的点位中误差为 ±0.9 m，一等观测方向中误差为 ±0.46″。为检验和研究大规模大地网计算的精度，采用了两种方案独立进行：第一种方案为条件联系数法，第二种为附有条件的间接观测平差法。两种方案平差后所得结果基本一致，坐标最大差值为 4.8 cm。这充分说明，我国天文大地网的精度较高，结果可靠。

2）利用现代测量技术建立国家大地测量控制网

GNSS 技术具有精度高、速度快、费用低、全天候、操作简便等优点，因此，它广泛应用于大地测量领域。用 GNSS 技术建立起来的控制网叫 GNSS 网。一般可把 GNSS 网分为两大类：一类是全球或全国性的高精度 GNSS 网，另一类是区域性的 GNSS 网。后者是指国家 C、D、E 级 GNSS 网或专为工程项目而建立的工程 GNSS 网，这种网的特点是控制面积不大、边长较短、观测时间不长，现在全国用 GNSS 技术布设的区域性控制网很多。

三、工程平面控制网布设原则

工程控制网可分为两种：一种是在各项工程建设的规划设计阶段，为测绘大比例尺地形图和房地产管理测量而建立的控制网，叫做测图控制网；另一种是为工程建筑物的施工放样或变形观测等专门用途而建立的控制网，叫作专用控制网。建立这两种控制网时亦应遵守下列布网原则：

1．分级布网、逐级控制

对于工程控制网，通常先布设精度要求最高的首级控制网，随后根据测图需要，测区面积的大小再加密若干级较低精度的控制网。用于工程建筑物放样的专用控制，往往分两级布设：第一级作总体控制；第二级直接为建筑物放样而布设。用于变形观测或其他专门用途的控制网，通常无须分级。

2．要有足够的精度

以工程控制网为例，一般要求最低一级控制网（四等网）的点位中误差能满足大比例尺（1：500）的测图要求。按图上 0.1 mm 的绘制精度计算，这相当于地面上的点位精度为 $0.1 \times 500 = 5$（cm）。对于国家控制网而言，尽管观测精度很高，但由于边长比工程控制网长得多，待定点与起始点相距较远，因而点位中误差远大于工程控制网。

3．要有足够的密度

不论是工程控制网或专用控制网，都要求在测区内有足够多的控制点。如前所述，控制点的密度通常是用边长来表示的。《城市测量规范》中对于城市三角网平均边长的规定列于表 1.3 中。

表 1.3　三角网的主要技术要求

等级	平均边长/km	测角中误差/（″）	起算边相对中误差	最弱边相对中误差
二等	9	±1.0	1/300 000	1/120 000
三等	5	±1.8	1/200 000（首级） 1/120 000（加密）	1/80 000
四等	2	±2.5	1/120 000（首级） 1/80 000（加密）	1/45 000
一级小三角	1	±5	1/40 000	1/20 000
二级小三角	0.5	±10	1/20 000	1/10 000

4．要有统一的规格

为了使不同工程部门施测的控制网能够互相利用、互相协调，也应制定统一的规范，如现行的《城市测量规范》和《工程测量规范》。

四、工程平面控制网布设方案

现以《城市测量规范》为例，将其中三角网的主要技术要求列于表 1.3，电磁波测距导线的主要技术要求列于表 1.4。从这些表中可以看出，工程三角网具有如下特点：① 各等级三角网平均边长较相应等级的国家网边长显著地缩短。② 三角网的等级较多。③ 各等级控制网均可作为测区的首级控制。这是因为工程测量服务对象非常广泛，测区面积大的可达几千平方千米（例如大城市的控制网），小的只有几公顷（例如工厂的建厂测量），根据测区面积大小，各个等级控制网均可作为测区的首级控制。④ 三、四等三角网起算边相对中误差，按首级网和加密网分别对待。对独立的首级三角网而言，起算边由电磁波测距求得，因此起算边的精度以电磁波测距所能达到的精度来考虑。对加密网而言，则要求上一级网最弱边的精度应能作为下一级网的起算边，这样有利于分级布网、逐级控制，而且也有利于采用测区内已有的国家网或其他单位已建成的控制网作为起算数据。以上这些特点主要是考虑了工程控制网应满足最大比例尺 1 : 500 的测图要求提出的。

表 1.4　电磁波测距导线的主要技术要求

等级	附合导线长度 /km	平均边长/m	每边测距中误差 /mm	测角中误差 / (")	导线全长相对 闭合差
三等	15	3 000	±18	±1.5	1/60 000
四等	10	1 600	±18	±2.5	1/40 000
一级	3.6	300	±15	±5	1/14 000
二级	2.4	200	±15	±8	1/10 000
三级	1.5	120	±15	±12	1/6 000

此外，目前在我国测距仪使用较普遍的情况下，电磁波测距导线已上升为比较重要的地位。表 1.4 中电磁波测距导线共分 5 个等级，其中的三、四等导线与三、四等三角网属于同一个等级。这 5 个等级的导线均可作为某个测区的首级控制。

知识点四　控制测量工作流程

用于工程测量的控制测量，一般作业流程如图 1.13 所示。

接受任务以后，先搜集本测区的资料，包括获取小比例尺地形图和去测绘管理部门抄录已有控制点成果；然后去测区踏勘，了解测区行政隶属，气候及地物、地貌状况，交通现状，当地风俗习惯等。同时踏勘原有三角点、导线点和水准点，了解觇标、标石和标志的现状。

在收集资料和现场踏勘的基础上进行控制网的技术设计。既要考虑控制网的精度，又要考虑节约作业费用，也就是说在进行控制网图上选点时，要从多个方案中选择技

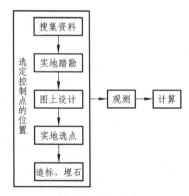

图 1.13　控制测量的作业流程

术和经济指标最佳的方案，这就是控制网优化问题。

根据图上设计进行野外实地选点，就是把图上设计的点位放到实地上去，或者说通过实地选点实现图上设计的目的。当然，在实地选点时根据实地情况改变原设计亦是常见的事。

为了长期保存点位和便于观测工作的开展，还应在所选的点上造标埋石。观测就是在野外采集确定点位的数据，其中包括大量的必要观测数据，亦含有一定的多余观测数据。计算是根据观测数据通过一定方法计算出点的最合适位置。

控制测量的任务是精确确定控制点的空间位置。其作业流程分为以下三步：

1）选定控制点位置

按工程建设的精度要求，并结合具体地形情况，在实地确定控制点点位，并将其标志出来。其工作步骤包括收集资料、实地踏勘、图上设计、实地选点、造标、埋石。

2）观　　测

用精密的仪器和科学的操作方法将控制网中的观测元素精密测定出来。

3）计　　算

用严密的计算方法将控制点的空间位置计算出来。计算步骤包括归算（将地面观测结果归算至椭球面上）、投影（将椭球面上的归算结果投影到高斯平面上）、平差（在高斯平面上按最小二乘法进行严密平差）。

知识点五　控制网选点、埋石

一、选　　点

如何把控制网的图上设计放到地面上去，只能通过实际选点来实现。图上设计是否正确以及选点工作是否顺利，在很大程度上取决于所用的地形图是否准确。如果差异较大，则应根据实际情况确定点位，对原来的图上设计作出修改。

选点时使用的工具主要有：望远镜、小平板、测图器具、花杆、通讯工具和清除障碍的工具等。此外，还应携带设计好的网图和有用的地形图。实地选点时应遵循以下选点原则：

（1）相邻点间通视良好，地势较平坦，便于测角和量距。

（2）点位应选在土质坚实处，便于保存标志和安置仪器。

（3）视野开阔，便于施测碎部。

（4）各边的长度应大致相等。

（5）点位应有足够的密度，分布较均匀，便于控制整个测区。

（6）视线应该旁离障碍物一定距离，并避免将点位选在高压输电线路正下方或强电磁干扰源附近。

点位选定后，要在每一点位上打一大木桩，其周围浇灌一圈混凝土，桩顶钉一小钉，作为临时性标志，若点位需要保存的时间较长，就要埋设混凝土桩或石桩，桩顶刻"十"字，作为永久性标志。控制点应统一编号。为了便于寻找，应量出控制点与附近固定而明显的地物点的距离，绘一草图，注明尺寸，称为点之记，如表1.5所示，便于日后寻找。

选点任务完成后，应提供下列资料：

（1）选点图；

（2）点之记；

（3）三角点一览表，表中应填写点名、等级、至邻点的概略方向和边长、建议建造的觇标类型及高度、对造埋和观测工作的意见等。

表 1.5　三角点点之记

点　　名	万家海	等级	三等（按工测规范）	标志类型	水泥现浇瓷质标志
点　　号		2		觇标类型	预应力钢筋混凝土寻常标
所在地		××市万庄公社幸福二队		交通路线	由本市开往清河口的长途汽车路经幸福二队站
与本点有关的方向及距离				点位略图	

1 : 25 000

有关问题说明	本点属××年旧网点位，但旧网标志、觇标均已破坏，现重埋、重选

二、标石的埋设

三角测量的标石中心是三角点的实际点位，通常所说的三角点坐标，就是指标石中心标志的坐标，所有三角测量的成果（坐标、距离、方位角）都是以标石中心为准的。因此，对于中心标石的任何损坏或位移，都将使三角测量成果失去作用或在很大程度上降低其精度。所以，中心标石埋设的质量，是衡量控制网质量的一项指标。

为了长期保存三角测量的成果，就必须埋设稳定、坚固和耐久的中心标石，同时要广泛宣传保护测量标志的重要意义。

国家规范按三角网的等级及其地质条件将中心标石分成 8 种规格。

三、四等三角点的标石由两块组成（见图 1.14）。下面一块叫盘石，上面一块叫柱石，盘石和柱石一般用钢筋混凝土预制，然后运到实地埋设。预制时，应在柱石顶面印字注明埋设单位及时间。标石也可用石料加工或用混凝土在现场浇制。

盘石和柱石中央埋有中心标志（见图 1.15）。埋石时必须使盘石和柱石上的标志位于同一铅垂线上。

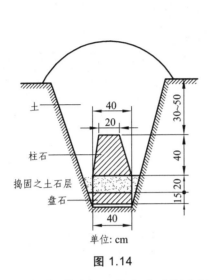

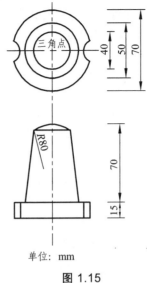

| 图 1.14 | 图 1.15 |

埋设标石一般在造标工作完成后即进行。不需要造标的点位在选定后即可埋石。埋石工作全部完成后，要到三角点所在地的乡人民政府办理三角点的托管手续。

【习题练习】

1. 控制测量在工程建设整个过程中的基本任务包括（　　　　）。
   A. 建立测图控制网　　　　　　　　B. 测绘地形图
   C. 建立施工控制网　　　　　　　　D. 建立变形监测网
   E. 进行施工放样

2. 专用控制网包括（　　　　）。
   A. 测图控制网　　　　　　　　　　B. 施工控制网
   C. 变形监测网　　　　　　　　　　D. 导线网
   E. GNSS 网

3. 以下控制网精度要求最高的是（　　　　）。
   A. 测图控制网　　　　　　　　　　B. 施工控制网
   C. 变形监测网　　　　　　　　　　D. 三角网

4. 平面控制网的布设主要形式有（　　　　）。
   A. 三角网　　　　　B. 三边网　　　　　C. 边角网
   D. 导线网　　　　　E. GNSS 网

5. 按照控制测量的工作内容可以将其分为（　　　　）。
   A. 测图控制　　　　　　　　　　　B. 平面控制
   C. 施工控制　　　　　　　　　　　D. 高程控制

6. GNSS 控制网的两种基本形式是（　　　　）。
   A. 点连接　　　　　　　　　　　　B. 网连接
   C. 面连接　　　　　　　　　　　　D. 边连接

7. 高程控制测量的方法有（　　　）。

    A. 几何水准测量　　　　　　　　　B. 三角高程测量

    C. 高差法　　　　　　　　　　　　D. 视线高法

8. 用几何水准测量方法进行高程控制的特点是（　　　）；三角高程测量法进行高程控制的特点是（　　　）。

    A. 精度较高

    B. 精度较低

    C. 受地形条件限制较大

    D. 受地形条件限制较小

    E. 适用于地势平坦地区

    F. 适用于地势起伏较大地区

9. 国家平面控制网的布设原则是（　　　）。

    A. 分级布网、逐级控制

    B. 应有足够的精度

    C. 应有足够的密度

    D. 要有统一的规格

10. 控制测量的作业流程是（　　　）。

    A. 收集资料、实地踏勘、选点、埋石、观测、计算

    B. 选定控制点位置、观测、计算

    C. 收集资料、实地选点、埋石、观测、计算

    D. 收集资料、实地踏勘、图上设计、观测、计算

11. 在进行平面控制测量时采用三角网，则观测数据包括（　　　）。

    A. 控制网内各三角形的各条边长

    B. 控制网内各三角形的各个内角

    C. 每个测站上仪器高度

    D. 每个目标点目标高度

12. 在进行平面控制测量时采用导线网，则观测数据包括（　　　）。

    A. 控制网内每条导线的边长

    B. 控制网内每两条导线之间的水平夹角

    C. 每个测站上仪器高度

    D. 每个目标点目标高度

    E. 每个目标方向上的竖直角

13. 控制网实地选点应该遵循的原则有（　　　）。

    A. 点位应该选在视野开阔、土质坚实的地方

    B. 相邻点间通视良好，地势较平坦，便于测角和量距

    C. 点位应有足够的密度，分布较均匀，便于控制整个测区

    D. 视线应该旁离障碍物一定距离，并避免将点位选在高压输电线路正下方或强电磁干扰源附近

    E. 各条边长应大致相等

任务二　控制测量技术设计

【知识概要】

1. 了解控制网的优化设计。
2. 了解控制网的精度估算。
3. 掌握控制测量技术设计及设计书的编制。

【技能任务】

1. 按照指定的控制网进行精度估算。
2. 按给定任务完成技术设计书的编写。

【技术规范】

1.《工程测量规范》。
2.《水利水电工程施工测量规范》。

【相关知识】

知识点一　控制网优化设计

在控制网的技术设计中，传统技术方法是首先考虑的是精度指标，其次考虑费用指标。这种方法主要以技术规范为依据，只要设计出的控制网经过精度估算，得出的最弱边相对精度能够满足有关规范对某一等级控制网的精度要求，即基本上完成了设计任务。我们称这种方法为"规范化设计"。

近代控制网优化设计不同于上述规范化设计，而是一种更为科学和精确的设计方法。它能同时顾及的不仅有精度和费用指标，还有其他一些指标。应用这种方法，可求得最为合理的设计方案。然而此法也有不足之处，主要是计算工作量大，必须依靠计算机进行。

一、控制网质量指标

在控制网的设计阶段，质量标准是设计的依据和目的，同时又是评定网质量的指标。

质量标准包括精度标准、可靠性标准、费用标准、可区分标准及灵敏度标准等。其中常用的主要是前 3 个标准。

1．精度标准

网的精度标准以观测值仅存在随机误差为前提，使用坐标参数的方差-协方差阵 D_{xx} 或协因数阵 Q_{xx} 来度量，要求网中目标成果的精度应达到或高于预定的精度。

2．可靠性标准

可靠性理论是以考虑观测值中不仅含有随机误差，还含有粗差为前提，并把粗差归入函数模型之中来评价网的质量。

网的可靠性，是指控制网能够发现观测值中存在的粗差和抵抗残存粗差对平差结果影响的能力。

3．费用标准

布设任何控制网都不可一味追求高精度和高可靠性而不考虑费用问题，尤其是在讲究经济效益的今天更是如此。网的优化设计，就是得出在费用最小（或不超过某一限度）的情况下使其他质量指标能满足要求的布网方案。具体地说就是采用下列原则之一：

（1）最大原则。在费用一定的条件下，使控制网的精度和可靠性最大或者可靠性能满足一定限制下使精度最高。

（2）最小原则。在使精度和可靠性指标达到一定的条件下，使费用支出最小。

一般来说，布网费用可表达为

$$C_{总} = C_{设计} + C_{造埋} + C_{观测} + C_{计算} + C_{分析} \tag{2.1}$$

式中，C 表示经费，下标表示经费使用的项目。优化设计中，主要考虑的是观测费用 $C_{观测}$。由于各种不同观测量，采用不同的仪器，其计算均不一样，很难用完整的表达式表达出来，只能视具体情况，采用不同的计算公式。

二、优化设计分类和方法

1．优化设计分类

工程控制网的优化设计，是在限定精度、可靠性和费用等质量指标的情况下，获得最合理、满意的设计。

网的优化设计可分为零、一、二、三类，见表 2.1。

（1）零类设计（基准设计）。即在控制网的网形和观测值的先验精度已定的情况下，选择合适的起始数据，使网的精度最高。

（2）一类设计（图形设计）。即在观测值先验精度和未知参数的准则矩阵已定的情况下，选择最佳的点位布设和最合理的观测值数目。

（3）二类设计（权设计）。即在控制网的网形和网的精度要求已定的情况下，进行观测工作量的最佳分配（权分配），决定各观测值的精度（权），使各种观测手段得到合理组合。

表 2.1　控制网优化设计的分类

设计分类	固定参数	待定参数
零类设计（ZOD）	B,P	X,Q_{xx}
一类设计（FOD）	P,Q_{xx}	B
二类设计（SOD）	B,Q_{xx}	Q
三类设计（THOD）	Q_{xx}，部分 B,P	部分 B,P

（4）三类设计（加密设计）。即对现有网和现有设计进行改进，引入附加点或附加观测值，导致点位增删或移动，观测值的增删或精度改变。

2．优化设计方法

控制网的优化设计方法大致可分为两种：解析法和模拟法。

1）解析法

解析法是将设计问题表达为含待求设计变量（如观测权、点位坐标）的线性或非线性方程组，或是线性、非线性数学规划问题。

解析法具有计算耗时较少、理论上较严密等优点，但其数学模型难于构造，最优解有时不符合实际或可行性差，权的离散化和程序设计较费时等缺点。

解析法可适用于各类设计问题，特别是零类设计。

2）模拟法

模拟法是对经验设计的初步网形和观测精度，模拟一组起始数据与观测值度输入计算机，按间接（参数）平差，组成误差方程、法方程、求逆进而得到未知参数的协因数阵（或方差-协方差阵），计算未知参数及其函数的精度，估算成本，或进一步计算可靠性数值等信息；与预定的精度要求、成本和可靠性要求等相比较；根据计算所提供的信息及设计者的经验，对控制网的基准、网形、观测精度等进行修正。然后重复上述计算，必要时再进行修正，直至获得符合各项设计要求的较理想的设计方案。工作流程如图 2.1 所示。

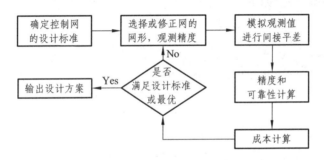

图 2.1　模拟法优化设计的工作流程

模拟法可用于除零类设计之外的各类设计，设计过程中可同时顾及任意数目的参数和目标，特别适用于一类和三类设计。

模拟法的优点是设计的计算简单，设计程序易于编制，且因优化过程可利用作业人员已有的经验随时进行人工干预。计算结果可用计算机或绘图仪输出和显示，进行人机对话，使设计过程达到高效率，使用灵活。

模拟法的缺点是较费时，计算量较大，所得结果相对解析法而言，在严格的数学意义上可能并非最优解。但从实用角度来说，模拟法具有更大的优越性。一种可能的发展方向就是解析法和模拟法相结合，互相取长补短，使优化设计的解算方法更为合理、可行。

知识点二　控制网精度估算

控制测量工作的第一阶段就是控制网的设计阶段。论述控制网的精度是否能满足需要是技术设计报告的主要内容之一。虽然对于评定控制网的优劣、费用的高低也是一项重要的指标，但是，通常首先考虑的是精度，只有在精度指标满足要求的情况下，才考虑选择费用较低廉的布设方案。本节着重介绍等边直伸导线和导线网的精度估算方法。

近 20 年来，随着电子计算机的广泛应用，以近代平差理论为基础的控制网优化设计理论获得了迅速发展。仅在表达控制网质量的指标方面，无论在广度和深度上，均非过去所能比。

一、精度估算目的和方法

精度估算的目的是推求控制网中边长、方位角或点位坐标等的中误差，它们都是观测量平差值的函数，统称为推算元素。估算的方法有两种。

1．公式估算法

此法是针对某一类网形导出计算某种推算元素（例如最弱边长中误差）的普遍公式。由于这种推算过程通常相当复杂，需经过许多简化才能得出有价值的实用公式，所以得出的结果都是近似的。而对另外一些推算元素，则难以得出有实用意义的公式。公式估算法的好处是，不仅能用于定量地估算精度值，而且能定性地表达出各主要因素对最后精度的影响，从而为网的设计提供有用的参考。推导估算公式的方法以最小二乘法中条件分组平差的精度计算公式为依据，现列出公式如下。

设控制网满足式（2.2a）、（2.2b）两组条件方程式

$$\left.\begin{aligned}
a_1 v_1 + a_2 v_2 + \cdots + a_n v_n + w_a &= 0 \\
b_1 v_1 + b_2 v_2 + \cdots + b_n v_n + w_b &= 0 \\
\vdots \quad\quad\quad\quad \\
r_1 v_1 + r_2 v_2 + \cdots + r_n v_n + w_r &= 0
\end{aligned}\right\} \tag{2.2a}$$

$$\left.\begin{aligned}
\alpha_1 v_1 + \alpha_2 v_2 + \cdots + \alpha_n v_n + w_\alpha &= 0 \\
\beta_1 v_1 + \beta_2 v_2 + \cdots + \beta_n v_n + w_\beta &= 0
\end{aligned}\right\} \tag{2.2b}$$

推算元素 F 是观测元素平差值的函数，其一般形式为

$$F = \varphi(l_1 + v_1, l_2 + v_2, \cdots, l_n + v_n) \tag{2.3}$$

式中，l_i 为观测值，φ 为其权，v_i 为其相应的改正数。实际上 v_i 的数值很小，可将式（2.3）按泰勒级数展开，并舍去二次以上各项，得到其线性式

$$F = F_0 + f_1 v_1 + f_2 v_2 + \cdots + f_n v_n \tag{2.4}$$

式中

$$F_0 = \varphi(l_1, l_2, \cdots, l_n)$$

$$f_1 = \frac{\partial \varphi}{\partial l_1}, \quad f_2 = \frac{\partial \varphi}{\partial l_2}, \quad \cdots, \quad f_n = \frac{\partial \varphi}{\partial l_n}$$

根据两组平差的步骤，首先按第一组条件式进行平差，求得第一次改正后的观测值，然后改化第二组条件方程式。设改化后的第二组条件方程式为

$$\left.\begin{aligned}
A_1 v_1 + A_2 v_2 + \cdots + A_n v_n + w_A &= 0 \\
B_1 v_1 + B_2 v_2 + \cdots + B_n v_n + w_B &= 0
\end{aligned}\right\} \tag{2.5}$$

则 F 的权倒数为

$$\frac{1}{P_F}=\left[\frac{ff}{P}\right]-\frac{\left[\dfrac{af}{P}\right]^2}{\left[\dfrac{aa}{P}\right]}-\frac{\left[\dfrac{bf}{P}\cdot1\right]^2}{\left[\dfrac{bb}{P}\cdot1\right]}-\cdots-\frac{\left[\dfrac{Af}{P}\right]^2}{\left[\dfrac{AA}{P}\right]}-\frac{\left[\dfrac{Bf}{P}\cdot1\right]^2}{\left[\dfrac{BB}{P}\cdot1\right]} \qquad (2.6)$$

如果平差不是按克吕格分组平差法进行的，即全部条件都是第一组，没有第二组条件，则在计算权倒数时应将式（2.6）的后两项去掉。

F 的中误差为

$$m_F=\pm\mu\sqrt{\frac{1}{P_F}} \qquad (2.7)$$

式中 μ——观测值单位权中误差。

2. 程序估算法

此法根据控制网略图，利用已有程序在计算机上进行计算。在计算过程中，使程序仅针对所需的推算元素计算精度并输出。

通常这些程序所用的平差方法都是间接平差法。设待求推算元素的中误差、权（或权系数）分别为 M_i、$P_i(Q_i)$，后者与网形和边角观测值权的比例有关（对边角网而言），不具有随机性。至于单位权中误差 μ，对验后网平差来说，是由观测值改正数求出的单位权标准差的估值，具有随机性。但对于设计的控制网来说，用于网的精度估算，可取有关规范规定的观测中误差或经验值。这时需要计算的主要是 $\sqrt{\dfrac{1}{P_i}}$ 或 $\sqrt{Q_i}$，所用程序最好具有精度估算功能。否则，应加适当修改，以使其自动跳过用观测值改正数计算 μ 的程序段，而直接由用户将指定值赋给 μ。如此计算出的 M_i 即为所需结果。在这种情况下，运行程序开始时应输入由网图量取的方向和边长作为观测值，各观测值的精度也应按设计值给出。输入方式按程序规定进行。

二、等边直伸导线精度分析

在城市及工测导线网中，单一导线是一种较常见的网形，其中又以等边直伸导线为最简单的典型情况。各种测量规范中有关导线测量的技术要求都是以对这种典型情况的精度分析为基础而制定的。为此下面将重点介绍附合导线的最弱点点位中误差和平差后方位角的中误差。本节中采用下列符号：

u 表示点位的横向中误差；

t 表示点位的纵向中误差；

M 表示总点位中误差；

D 表示导线端点的下标；

Z 表示导线中点的下标；

Q 表示起始数据误差影响的下标；

C 表示测量误差影响的下标。

例如 $t_{C,D}$ 表示由测量误差而引起的导线端点的纵向中误差；$u_{Q,z}$ 表示由起始数据误差而引起的导线中点的横向中误差。

1. 附合导线经角度闭合差分配后的端点中误差

如图 2.2 所示的等边直伸附合导线，经过角度闭合差分配后的端点中误差包括两部分：观测误差影响部分和起始数据误差影响部分。有关的计算公式已在测量学中导出，现列出如下：

$$t_{C,D} = \sqrt{n \cdot m_s^2 + \lambda^2 L^2} \tag{2.8}$$

$$u_{C,D} = \frac{m_\beta}{\rho} L \sqrt{\frac{(n+1)(n+2)}{12n}} \approx \frac{sm_\beta}{\rho} \sqrt{\frac{n+3}{12}} \tag{2.9}$$

$$t_{Q,D} = m_{AB} \tag{2.10}$$

$$u_{Q,D} = \frac{m_\alpha}{\rho} \cdot \frac{L}{\sqrt{2}} \tag{2.11}$$

式中　　n——导线边数；

　　　　m_s——边长测量的中误差；

　　　　λ——测距系统误差系数；

　　　　L——导线全长；

　　　　m_β——测角中误差，(″)；

　　　　m_{AB}——AB 边长的中误差；

　　　　m_α——起始方位角的中误差；

　　　　s——导线的平均边长。

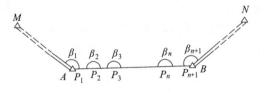

图 2.2　等边直伸附合导线

导线的端点中误差为

$$M_D = \sqrt{t_{C,D}^2 + u_{C,D}^2 + t_{Q,D}^2 + u_{Q,D}^2} \tag{2.12}$$

由式（2.8）~（2.12）可以看出，对于等边直伸附合导线而言，因测量误差而产生的端点纵向误差 $t_{C,D}$ 完全是由量边的误差引起的；端点的横向误差 $u_{C,D}$ 完全是由测角的误差引起的。这个结论从图形来看是显然的，然而，如果导线不是直伸的，则情况就不同了。测角的误差也将对端点的纵向（指连接导线起点和终点的方向）误差产生影响，同样量边的误差也将对导线的横向误差产生影响。也就是说，无论是纵向误差还是横向误差，都包含有两种观测量误差的影响。对于这种一般情况下的端点点位误差的公式，这里就不予推导了。

2. 附合导线平差后的各边方位角中误差

α_i 的中误差为

$$m_{\alpha_i} = \sqrt{\frac{1}{P_{\alpha_i}}} = m_\beta \sqrt{i - \frac{i^2}{n+1} - \frac{3i^2(n-i+1)^2}{n(n+1)(n+2)}} \qquad (2.13)$$

由式（2.13）可知 m_{α_i} 是导线边数 n、方位角序号 i 和测角中误差 m_β 的函数。现就 $m_\beta = 1$ 的情况算出不同的 n 和 i 对应的 m_{α_i} 值，并列于表 2.2。从中可以看出：① 一般地说，平差后各边方位角的精度最大仅相差约 0.3″（当 $n = 16$ 时）；② 对于 $n = 12 \sim 16$ 的导线，各边的 m_α 的平均值近似等于测角中误差 m_β；③ 方位角精度的最强边当 $n < 10$ 时在导线中间，当 $n > 10$ 时在导线两端；④ 方位角精度的最弱边大约在距两端点 1/5～1/4 导线全长的边上。根据表 2.2 数据绘曲线图，如图 2.3 所示。

表 2.2　直伸等边导线平差后各边方位角误差 m_α

导线边号 i	导线边数 n						
	4	6	8	10	12	14	16
1	0.63	0.73	0.79	0.82	0.85	0.87	0.89
2	0.55	0.73	0.86	0.95	1.01	1.06	1.10
3	0.55	0.66	0.81	0.93	1.03	1.11	1.18
4	0.63	0.66	0.75	0.87	0.99	1.10	1.18
5		0.73	0.75	0.82	0.94	1.05	1.15
6		0.73	0.81	0.82	0.90	1.00	1.10
7			0.86	0.87	0.90	0.98	1.06
8			0.79	0.93	0.94	0.98	1.03
9				0.95	0.99	1.00	1.03
10				1.82	1.03	1.05	1.06
11					1.01	1.10	1.10
12					0.85	1.11	1.15
13						1.06	1.18
14						0.87	1.18
15							1.10
16							0.89
平均	0.59	0.71	0.80	0.88	0.95	1.02	1.09

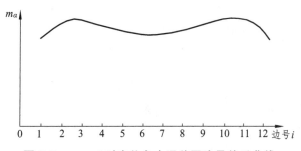

图 2.3　$m_\beta = 1$ 时方位角中误差同边号关系曲线

3．附合导线平差后中点的纵向中误差

$i+1$ 点纵向的中误差为

$$t_{i+1} = m_s \sqrt{i - \frac{i^2}{n}} \qquad (2.14)$$

对于导线的中点，距端点有 $\dfrac{n}{2}$ 条边，所以将 $i = \dfrac{n}{2}$ 代入式（2.14），得

$$t_{i+1} = m_s \sqrt{\frac{n}{2} - \frac{\left(\frac{n}{2}\right)^2}{n}} = \frac{1}{2} m_s \sqrt{n} \qquad (2.15)$$

以上是测距的偶然误差产生的纵向中误差。此外，中点的纵向误差还受测距系统误差的影响。对于严格直伸的附合导线来说，平差后可以完全消除这种系统性的影响。然而，实际上不可能布设完全直伸的导线，现假定由此而产生的纵向误差为 $\dfrac{1}{2}\lambda L$，于是考虑测距的偶然误差和系统误差之后，可以写出导线中点因测量误差而产生的纵向中误差为

$$t_{C,Z} = \sqrt{\frac{1}{4} n m_s^2 + \frac{1}{4} \lambda^2 L^2} = \frac{1}{2}\sqrt{n m_s^2 + \lambda^2 L^2} \qquad (2.16)$$

4．附合导线平差后中点的横向中误差

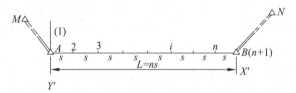

图 2.4　附合导线

对于图 2.4 的导线，只有方位角误差对横坐标有影响。对第 $i+1$ 点（距起点有 i 条边），则点位横向中误差为

$$u_{i+1} = \frac{s m_\beta}{\rho} \sqrt{\frac{i(i+1)(2i+1)}{6} - \frac{i^2(i+1)^2}{4(n+1)} - \frac{i^2(i+1)^2(3n-2i+2)^2}{12n(n+1)(n+2)}} \qquad (2.17)$$

对于导线中点，将 $i = \dfrac{n}{2}$ 代入式（2.17），得

$$u_{C,Z} = \frac{s m_\beta}{\rho} \sqrt{\frac{n(n+2)(n^2+2n+4)}{192(n+1)}} \qquad (2.18)$$

因导线全长为 $L = ns$，所以式（2.18）还可写成

$$u_{C,Z} = \frac{m_\beta}{\rho} L \sqrt{\frac{(n+2)(n^2+2n+4)}{192n(n+1)}} \qquad (2.19)$$

以上有关导线边方位角和点位精度的公式都是在等边直伸的条件下导出的，然而实际上

一条导线并不完全满足这两个条件。所以，在这种情况下应用这些公式都是近似的，它们只能作为精度分析时的参考。

5. 起始数据误差对附合导线平差后中点点位的影响

起始数据误差对平差后的附合导线中点的纵、横误差也有影响，由式（2.10）知，AB 边长的误差对端点纵向中误差的影响为 m_{AB}，则它对导线中点纵向误差产生的影响为

$$t_{Q,Z} = \frac{1}{2} m_{AB} \tag{2.20}$$

至于起始方位角误差对中点产生的横向误差可以这样来理解：当从导线一端推算中点坐标时，产生的横向误差为 $\frac{L}{2} \cdot \frac{m_\alpha}{\rho}$；而中点点位的平差值可以看做是从两端分别推算再取平均的结果。因而起始方位角误差对导线中点引起的横向误差为

$$u_{Q,Z} = \frac{m_\alpha}{\rho} \cdot \frac{L}{2\sqrt{2}} \tag{2.21}$$

附合导线平差后中点的点位中误差应为

$$M_Z = \sqrt{t_{C,Z}^2 + u_{C,Z}^2 + t_{Q,Z}^2 + u_{Q,Z}^2} \tag{2.22}$$

6. 附合导线端点纵横向中误差与中点纵横向中误差的比例关系

根据以上有关附合导线点位中误差的公式即可导出平差前端点点位中误差与平差后中点点位中误差的比例关系。根据这种关系，即可通过控制端点点位中误差（即导线闭合差的中误差）来控制导线中点（最弱点）的点位中误差，使其能满足规定的精度要求。各种测量规范中有关导线测量的主要技术要求，都是以这一关系作为重要依据的。下面来解决这个问题。

首先将 $u_{C,D}$ 与 $u_{C,Z}$ 进行比较。由式（2.9）和（2.19）可知

$$\frac{u_{C,D}}{u_{C,Z}} = \sqrt{4^2 \frac{n^2 + 2n + 1}{n^2 + 2n + 4}} \approx 4 \tag{2.23}$$

同样，将式（2.8）、（2.10）、（2.11）与（2.16）、（2.20）、（2.21）进行比较也可得出相应量之间的比例关系。现根据这些关系以及式（2.23），可得

$$\left.\begin{array}{l} t_{C,D} = 2t_{C,Z} \\ u_{C,D} = 4u_{C,Z} \\ t_{Q,D} = 2t_{Q,Z} \\ u_{Q,D} = 4u_{Q,Z} \end{array}\right\} \tag{2.24}$$

三、直伸导线特点

由测量学中的有关知识和以上分析可知，直伸导线的主要优点是：① 导线的纵向误差完全是由测距误差产生的；而横向误差完全是由测角误差产生的。因此在直伸导线平差时纵向闭合差只分配在导线的边长改正数中，而横向闭合差则只分配在角度改正数中；即使测角和

测距的权定得不太正确，也不会影响导线闭合差的合理分配。但对于曲折导线，情况就不是这样，它要求测角和测边的权定得比较正确才行，然而实际上这是难以做到的。②直伸导线形状简单，便于理论研究。本节中导出的有关点位精度关系的一些公式，都是针对等边直伸导线而言的，如果不是直伸导线，上述公式都只能是近似的。

直伸导线也有不足之处。模拟计算表明：直伸导线的点位精度并不是最高的，有人提出，精度较高的导线是一种转折角为90°和270°交替出现的状如锯齿形的导线。有关规范上之所以要求布设直伸导线，主要是考虑它所具有的上述优点，然而实用上很难布成完全直伸的导线。于是有关规范只能规定一个限度，在此容许范围内的导线可以认为是直伸的。

四、导线网精度估算

以等级导线作为测区的基本控制时，经常需要布设成具有多个结点和多个闭合环的导线网，尤其在城市和工程建设地区更是如此。在设计这种导线网时，需要估算网中两结点和最弱点位精度，以便对设计的方案进行修改。至于估算的方法，在过去采用的"等权代替法"是一种近似的方法，而且有一定的局限性。但是由此法导出的一些结论仍可作为导线网设计的参考。如今采用的主要是电算的方法。

下面介绍等权代替法。

测量学中已经导出计算支导线终点点位误差的公式，如式（2.25）所示。

$$M = \pm\sqrt{nm_s^2 + \lambda^2 L^2 + \frac{m_\beta^2}{\rho^2}L^2\frac{n+1.5}{3}} \tag{2.25}$$

式（2.25）略去了起始数据误差的影响，其中 $n = \dfrac{L}{s}$。由此式可见若不考虑起始数据误差，则在一定测量精度和边长的情况下，支导线终点点位误差与导线全长有关。这种关系如用图解表示可以看得更清楚。以城市四等电磁波测距导线为例；设导线测量的精度为 $m_s = 12\text{ mm} + 5\times10^{-6}D$，$\lambda = 2\times10^{-6}$，$m_\beta = \pm2.5''$，导线边长 s 分别为 500 m、1 000 m、1 500 m 和 2 000 m，导线总长为 1~10 km，代入式（2.25）计算支导线终点点位误差 M。将所得结果以 L 为横坐标，以 M 为纵坐标作图，如图 2.5 所示。由图可知，这些曲线都近似于直线，因此，在一定的测量精度与平均边长情况下，导线终点点位误差 M 大致与导线长度 L 成正比。设以长度为 L_0 的导线终点点位误差 M_0 作为单位权中误差，则长度为 L_i 的导线终点点位的权 P_i 及其中误差 M_i 可按近似公式（2.26）计算：

$$M_i = M_0\frac{L_i}{L_0} = M_0 L_i' = M_0\sqrt{\frac{1}{P_i}} \tag{2.26}$$

式中，$L_i' = \dfrac{L_i}{L_0}$。所以

$$L_i' = \sqrt{\frac{1}{P_i}} \quad \text{或} \quad P_i = \frac{1}{L_i'^2} \tag{2.27}$$

式中 L_i'——导线长 L_i 以 L_0 为单位时的长度。

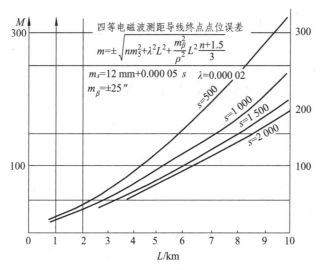

图 2.5　导线全长 L 和导线终点点位误差 M 关系曲线

由式（2.27）可知，如果已知线路的权 P_i，则可求出相应的单一线路长度 L_i'；反之如果已知线路长度 L_i'，则可求出相应的权 P_i。现以图 2.6 所示的一级导线网为例，说明如何运用以上公式估算网中结点和最弱点的点位精度。图中 A、B、C 为已知点，N 为结点。各线路长度如图 2.6 所示。试估计结点 N 和最弱点的点位中误差（不顾及起始数据误差影响）。

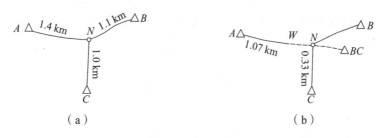

图 2.6　一级导线网

为了估计导线网中任意点的点位中误差，需设法将网化成单一导线，然后按加权平均的原理计算待估点的权，再设法求出单位权中误差，最后即可求出待估点的中误差。

设以 1 km 长的一级导线的端点点位中误差为单位权中误差，则图 2.6 中各段线路的等权线路 L' 即为已知的线路长，所以

$$L_{AN}' = 1.4 , \quad L_{BN}' = 1.1 , \quad L_{CN}' = 1.0$$

相应的权为

$$P_{AN} = \frac{1}{L_{AN}'^2} = 0.51 , \quad P_{BN} = \frac{1}{L_{BN}'^2} = 0.83 , \quad P_{CN} = \frac{1}{L_{CN}'^2} = 1.00$$

从线路 BN 和 CN 都可求得 N 点的坐标，如取其加权平均作为 N 点的坐标，则此坐标的权为

$$P_{BCN} = P_{BN} + P_{CN} = 0.83 + 1.00 = 1.83$$

这个权值相应的虚拟等权线路长为

$$L'_{BCN} = \sqrt{\frac{1}{P_{BCN}}} = \sqrt{\frac{1}{1.83}} = 0.74 \text{(km)}$$

这就相当于把 BN、CN 两条线路合并成一条等权的线路，其长度为 $L'_{BCN} = 0.74 \text{ km}$，如图 2.6（b）中虚线所示。现在原导线网已成为一条单一导线 $A{-}BC$，其等权线路长为

$$L'_{A-BC} = L'_{AN} + L'_{BCN} = 1.4 + 0.74 = 2.14 \text{(km)}$$

对于 $A{-}BC$ 这条单一导线而言，其最弱点 W 应在导线中点，即距两端为 $\frac{L'_{A-BC}}{2} = 1.07 \text{(km)}$ 处。

现在来求 N 点和 W 点的权。N 点的坐标可看作是从 AN 和 BCN 两条线路推算结果的加权平均，则 N 点的权为

$$P_N = P_{AN} + P_{BCN} = \frac{1}{L_{AN}^2} + \frac{1}{L_{BCN}^2} = \frac{1}{1.4^2} + \frac{1}{0.74^2} = 2.34$$

W 是导线的中点，其权应为线路 AW 的权的 2 倍，即

$$P_W = 2 \cdot \frac{1}{L_{AW}^2} = 2 \times \frac{1}{1.07^2} = 1.75$$

再来计算单位权中误差即长为 1 km 的一级导线端点的点位中误差。设导线的平均边长为 $s = 200 \text{ m}$，测距精度为 $M_s = \pm 12 \text{ mm}$，$\lambda = 2/1\,000\,000$，$m_\beta = \pm 5''$，$n = \frac{1\,000}{200} = 5$；代入式（2.25）得

$$M_{1 \text{ km}} = \sqrt{5 \times 12^2 + 2^2 + \left(\frac{5}{\rho} \times 10^6\right)^2 \times \frac{5+1.5}{3}} = \pm 40 \text{(mm)}$$

于是结点 N 和最弱点 W 的点位中误差为

$$M_N = M_{1 \text{ km}} \sqrt{\frac{1}{P_N}} = 40 \times \sqrt{\frac{1}{2.34}} = \pm 26 \text{(mm)}$$

$$M_W = M_{1 \text{ km}} \sqrt{\frac{1}{P_W}} = 40 \times \sqrt{\frac{1}{1.75}} = \pm 30 \text{(mm)}$$

用同样的方法可以估算多结点的导线网的精度。但是这种方法不能解决全部导线网的精度估算问题，例如带有闭合环的导线网等图形。对于其中几类特殊的网形，有人提出过其他的一些估算方法，然而要估算任意导线网的精度，如今只能用电子计算机进行。

对于某些典型的导线网，人们已用上述等权代替法以及其他的一些方法进行了研究，其结论可作为设计导线网时的参考。

如图 2.7 所示是若干种典型导线网图形，这些图形都可以转化为单一的等权线路。我们设想附合在两个高级控制点之间的单一等边直伸导线的容许长度为 $1.00 L$，如图 2.7（a）所示，则规定其他图形的最弱点点位误差与上述导线最弱点点位误差相等（亦即规定二者等权）的条件下，按等权代替法，算得各图形中高级点之间的容许长度及导线节的容许长

度，它们的容许值分别在图中标出，网的最弱点位置以黑点标识。在进行导线网的初步设计时，若某一级单导线的规定容许长度为 L，则同等级导线网中导线节的长度可由图 2.7 中所示的比例关系来规定。按这种方式设计导线网，其最弱点点位误差将等于图 2.7（a）中单导线的最弱点点位中误差。只要这一误差满足设计要求，则全部导线网的点位误差也必满足要求。

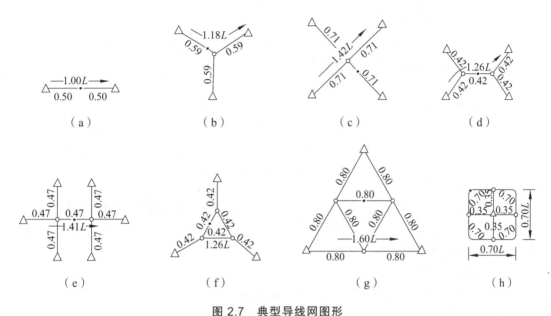

图 2.7　典型导线网图形

知识点三　控制测量技术设计及设计书编制

　　像任何工程设计一样，控制测量的技术设计是关系全局的重要环节，技术设计书是使控制网的布设既满足质量要求又做到经济合理的重要保障，是指导生产的重要技术文件。

　　技术设计的任务是根据控制网的布设宗旨结合测区的具体情况拟定网的布设方案，必要时应拟定几种可行方案。经过分析，对比确定一种从整体来说为最佳的方案，作为布网的基本依据。

一、搜集和分析资料

　　（1）测区内各种比例尺的地形图。

　　（2）已有的控制测量成果（包括全部有关技术文件、图表、手簿等）。特别应注意是否有几个单位施测的成果，如果有，则应了解各套成果间的坐标系、高程系统是否统一以及如何换算等问题。

　　（3）有关测区的气象、地质等情况，以供建标、埋石、安排作业时间等方面的参考。

　　（4）现场踏勘了解已有控制标志的保存完好情况。

　　（5）调查测区的行政区划、交通便利情况和物资供应情况。若在少数民族地区，则应了解民族风俗、习惯。

对搜集到的上述资料进行分析，以确定网的布设形式，起始数据如何获得，网的未来扩展等。

其次还应考虑网的坐标系投影带和投影面的选择。

此外还应考虑网的图形结构，旧有标志可否利用等问题。

二、网的图上设计

根据对上述资料进行分析的结果，按照有关规范的技术规定，在中等比例尺图上以"下棋"的方法确定控制点的位置和网的基本形式。

图上设计对点位的基本要求是：

1）从技术指标方面考虑

图形结构良好，边长适中，对于三角网求距角不小于 30°；便于扩展和加密低级网，点位要选在视野辽阔、展望良好的地方；为减弱旁折光的影响，要求视线超越（或旁离）障碍物一定的距离；点位要长期保存，宜选在土质坚硬，易于排水的高地上。

2）从经济指标方面考虑

充分利用制高点和高建筑物等有利地形、地物，以便在不影响观测精度的前提下，尽量降低觇标高度；充分利用旧点，以便节省造标埋石费用，同时可避免在同一地方不同单位建造数座觇标，造成既浪费资财、又容易造成混乱的局面。

3）从安全生产方面考虑

点位离公路、铁路和其他建筑物以及高压电线等应有一定的距离。

4）图上设计的方法及主要步骤

图上设计宜在中比例尺地形图（根据测区大小，选用 1∶25 000 ~ 1∶100 000 地形图）上进行，其方法和步骤如下：

（1）展绘已知点。

（2）按上述对点位的基本要求，从已知点开始扩展。

（3）判断和检查点间的通视。

若地貌不复杂，设计者又有一定读图经验时，则可较容易地对各相邻点间的通视情况作出判断。若有些地方不易直接确定，就得借助一定的方法加以检查。下面介绍一种简单可靠的方法——图解法。

如图 2.8 所示，设 A、B 为预选的点，C 为 AB 方向上的障碍物，A、B、C 三点的高程如图中所注。

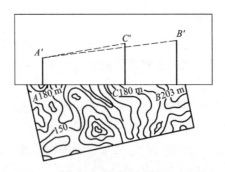

图 2.8　图解法示例

取一张透明纸，将其一边与 A、B 两点相切，在 A、B、C 三点处分别作纸边的垂线，垂线的长度依三点的高程按同一比例尺绘在纸上，得 AA′、BB′、CC′。连接 A′B′，若 C′在 A′B′之上（如本例所示），则不通视；如 C′在 A′B′之下，则通视。但必须注意：当 C′很接近 A′B′时，还得考虑地球气差的影响。例如，当 C′距任一端点为 1.2 km 时，C′虽比 A′B′低 0.1 m，但实际上并不通视。

（4）估算控制网中各推算元素的精度。

（5）拟定水准联测路线。水准联测的目的在于获得三角点高程的起算数据，并控制三角高程测量推算高程的误差累积。

（6）据测区的情况调查和图上设计结果，写出文字说明，并拟定作业计划。

三、编写技术设计书

技术设计书应包括以下几方面的内容：

（1）作业的目的及任务范围；

（2）测区的自然、地理条件；

（3）测区已有测量成果情况，标志保存情况，对已有成果的精度分析；

（4）布网依据的规范，最佳方案的论证；

（5）现场踏勘报告；

（6）各种设计图表（包括人员组织、作业安排等）；

（7）主管部门的审批意见。

【习题练习】

1. 工程控制网的优化设计是指（   ）。

　　A. 在限定精度、可靠性和费用等质量指标的前提下获得最满意、合理的设计

　　B. 为获得满意、合理的设计而对控制网的精度、可靠性和费用等进行限定

　　C. 为获得满意、合理的设计，对控制网的费用进行限定，精度和可靠性在限定的费用下尽可能提高

　　D. 在限定精度、可靠性指标的前提下获得最满意、合理的设计，同时尽可能减少成本

2. 控制网精度估算的目的是（   ）。

　　A. 估算出控制网中各元素的各种精度指标

　　B. 是推求控制网中边长、方位角或点位坐标等的中误差

　　C. 为控制网最优选择提供依据

　　D. 得出控制网的实际精度指标

3. 控制网精度估算的方法有（   ）。

　　A. 模拟估算法　　　　　　　　B. 公式估算法

　　C. 比较估算法　　　　　　　　D. 程序估算法

4. 直伸导线的特点有（   ）。

　　A. 纵向误差完全由测角误差产生

　　B. 横向误差完全由测角误差产生

C. 纵向误差完全由测距误差产生

D. 横向误差完全由测距误差产生

E. 形状简单，便于理论研究

5. 控制测量技术设计的主要步骤包括（　　　）。

A. 收集和分析资料　　　　　　B. 实地踏勘、选点

C. 网的图上设计　　　　　　　D. 编写技术设计书

6. 控制测量技术设计书应包括的内容有（　　　）。

A. 作业的目的及任务范围、测区的自然、地理条件

B. 测区已有测量成果情况，标志保存情况，对已有成果的精度分析

C. 布网依据的规范，最佳方案的论证

D. 现场踏勘报告及各种设计图表（包括人员组织、作业安排等）

E. 主管部门的审批意见

项目二　平面控制测量

任务三　精密测角

【知识概要】

1. 掌握精密水平角测量。
2. 熟悉精密测角的误差来源及注意事项。

【技能任务】

1. 用角观测法进行三、四等导线网水平角观测。
2. 用三联脚架法进行导线网水平角观测。
3. 用方向观测法进行四等导线水平角观测。

【技术规范】

1. 《工程测量规范》。
2. 《国家三角测量与精密导线测量规范》。
3. 《水利水电工程施工测量规范》。

【相关知识】

知识点一　水平角和垂直角

1. 水平角

如图 3.1 所示，A、P_1、P_2 为地面上的三个控制点。A 为测站点，P_1、P_2 为照准点。AV 为 A 点的铅垂线（重力方向线），过 A 点作垂直于 AV 的平面 M。平面 M 称为水平面。铅垂线 AV 与视准线 AP_1、AP_2 分别构成两个垂直面 Q_1、Q_2，两个垂直面 Q_1、Q_2 与水平面的交线分别为 Aq_1、Aq_2。Aq_1、Aq_2 分别叫做视准线 AP_1、AP_2 的水平视线。两水平视线 Aq_1、Aq_2 的夹角（即 Q_1、Q_2 两垂直面的二面角）称为测站点 A 观测目标 P_1、P_2 的水平角。

可见，水平角不是两条视准线间的夹角，而是两条视准线在水平面上投影线的夹角，就是说，水平角是在水平面上度量的。

水平角在 $0° \sim 360°$ 范围内按顺时针方向量取。

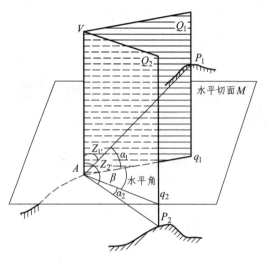

图 3.1　水平角和垂直角

2．垂直角

视准线 AP_1 与其水平视线 Aq_1 的夹角称为 A 点照准 P_1 点的垂直角。同样，视准线 AP_2 与其水平视线 Aq_2 的夹角为 A 点对 P_2 点的垂直角。所以，垂直角是视准线与其相应的水平视线的夹角，通常以 α 表示。

垂直角是在垂直面上度量的。水平视线以上为正（如图 3.1 中的 α_1），水平视线以下为负（如图 3.1 中的 α_2）。

视准线 AP_1、AP_2 与铅垂线 AV 的夹角 Z_1、Z_2：分别称为 AP_1、AP_2 的天顶距。由图 3.1 可见某一照准点的天顶距与垂直角有式（3.1）所示关系：

$$\alpha = 90° - Z \tag{3.1}$$

知识点二　精密测角仪器的几项调校

仪器的设计和制造不论如何精细，各主要部件之间的关系也不可能完全满足理论要求。另外，在仪器使用过程中，由于震动、磨损和温度变化的影响，也会改变各部件之间的正确关系。为此，应在使用仪器之前，对仪器进行检验和校正。本节介绍精密测角仪器的几项一般性的调整与校正，其他有关项目的检验和校正将结合仪器误差讨论，在下节加以介绍。

一、各主要螺旋的检查与调整

将仪器取出，安置在脚架上，按《规范》要求对仪器进行一般性检视，然后对仪器的各主要螺旋进行检查和调整。

1．脚螺旋的检视与调整

检查三个脚螺旋松紧是否适度，脚螺旋过松，仪器基座稳定性差，仪器照准部旋转时，可能使基座产生位移和偏转，给水平角观测结果带来系统误差；过紧，脚螺旋转动困难。当脚螺旋松紧度不合适时，可转动脚螺旋上的小调整螺旋，直到脚螺旋松紧合适为止。

另外，脚架上的螺丝也要检查，它们应是紧固的，不能稍有松动。否则，会使脚架松动，给观测带来影响。

2．微动螺旋的检视与调整

微动螺旋（包括水平微动螺旋、垂直微动螺旋、指标水准器微动螺旋）是与弹簧共同起作用的。在使用微动螺旋的过程中，若微动螺旋旋入过多，使弹簧过分压缩，将导致弹力过强；若旋入过少，弹簧过分伸张，将导致弹力不足。这两种情况下，都容易产生"后效"作用，给观测带来误差。另外，对于旧仪器，其微动螺旋的弹簧由于长期的压缩和锈蚀，容易产生弹力不足问题，应注意检查其弹力，若弹力不足，应及时修理。

二、照准部水准器轴与垂直轴正交的检校

使测角仪垂直轴与测站铅垂线一致，是获得垂直照准面和水平切面（水平面），从而测得水平角和垂直角的基本前提条件。使测角仪的垂直轴与测站铅垂线一致的过程，叫做整平仪器。整平仪器是借助于照准部水准器进行的。当照准部水准器轴与垂直轴正交时，将给整平仪器带来方便。由于外界温度变化及震动等原因，二者的正交常不能保持。所以，观测前应进行二者正交的检查和校正。检查和校正应在整平仪器后进行。

1．整平仪器及照准部水准器轴与垂直轴正交的检查

当照准部水准器轴与垂直轴不正交或不知道二者是否正交时，整平仪器的方法是：

（1）转动照准部，使照准部水准器与任意两个脚螺旋的连线平行（设这两个脚螺旋分别为 A、B，另一个脚螺旋为 C），并设垂直度盘位于 A 端，同时对向转动 A 和 B 两个脚螺旋，使照准部水准器气泡居中。

（2）将照准部转动 90°，使照准部水准器与 A、B 两个脚螺旋的连线正交（垂直度盘置于 C 端），转动脚螺旋 C，使照准部水准器气泡居中。

（3）先重复（1）再重复（2）的操作。

（4）在（3）操作的基础上，将照准部旋转 180°（此时照准部水准器仍与 A、B 两个脚螺旋的连线正交，垂直度盘位于 C 脚螺旋的另一侧），这时若照准部水准器气泡仍位于刻划中心，说明照准部水准器轴与垂直轴正交；否则，说明二者不正交，应转动脚螺旋 C，改正气泡偏离量的一半。

（5）再将照准部旋转 90°（此时照准部水准器与 A、B 两个脚螺旋的连线平行，垂直度盘在 B 端），此时，若照准部水准器轴与垂直轴正交，气泡将不偏离刻划中心；否则，气泡将偏离刻划中心，这时，可同时对向转动 A、B 两个脚螺旋，改正气泡偏移量的一半。

至此，仪器已被整置水平，仪器水平的标志是：不论仪器照准部转到什么位置，气泡偏离水准管刻划中心的格数及气泡在水准管上的位置保持不变。

2．照准部水准器轴与垂直轴正交的校正

经过上述的整平与正交检查，如果照准部水准器轴与垂直轴不正交（即仪器整平后气泡仍不居中），如图 3.2 所示，应紧接着进行校正。由图 3.2 可以看出，只要用改针改正照准部水准器一端的改正螺旋，使气泡居中，此时水准器轴即处在正确位置 $a'a$，与垂直轴正交。

几种常用测角仪的照准部水准器改正螺旋如图 3.3 所示。

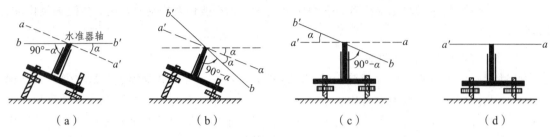

图 3.2 照准部水准器轴与垂直轴不正交的校正

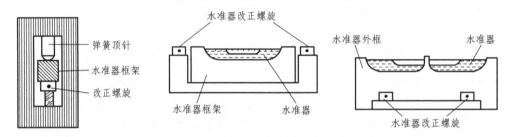

图 3.3 常用精密测角仪照准部水准器改正螺旋

三、望远镜调焦

望远镜是用来精确照准目标的。为此，目标在望远镜中的成像必须清晰，且成像于十字丝面上，为了达到这两个目的，观测之前，应转动望远镜的调焦环（或调焦螺旋），使目标清晰地成像于十字丝面上，这个过程叫做调焦，或叫对光。调焦的方法是：

（1）将望远镜指向天空，转动望远镜目镜，直到十字丝十分清晰为止。

（2）选择一个距离适中的目标，将望远镜指向目标，转动望远镜的调焦环（或调焦螺旋），使目标在望远镜中的成像清晰为止。

四、指标差的检查校正

由垂直角测定原理可知，垂直度盘指标水准器的气泡居中时，垂直度盘的读数指标与测站铅垂线垂直（或平行），并通过垂直度盘的分划中心，或者说，垂直度盘的读数指标线应垂直（或平行）于指标水准器轴。如果指标水准器的气泡居中时，垂直度盘的读数指标线的实际位置偏离正确位置一个角度 i，这个角度称为垂直度盘指标差。一般规定，当读数指标的实际位置使垂直度盘读数偏大时，i 为正；反之为负。

检查指标差的方法是：在盘左和盘右位置上用中丝照准同一目标，并在指标水准器气泡居中后，读出垂直度盘读数 L 和 R，用指标差计算公式

$$i = \frac{L + R - 360°}{2} \quad （J_2 级仪器）$$

或 $$i = L + R - 180° \quad （J_{07}、J_1 级仪器）$$

计算出该仪器的指标差，如果指标差的绝对值超出《规范》规定的限值；应进行指标差校正。

校正指标差的基本方法：

（1）对于 J_2 级仪器，用公式 $R_{正} = R - i$（或 $L_{正} = L - i$）算出垂直度盘的正确读数，对于 J_{07}、J_1 级仪器，则用 $R_{正} = R - i/2$（或 $L_{正} = L - i/2$）。式中 L、R 分别是测定指标差时的垂直度盘左、盘右的读数；i 为按指标差公式算得的指标差数值。

（2）在盘右（或盘左）位置上，以中丝精确照准测定指标差时的原目标，转动测微器，配置出与 $R_{正}$（或 $L_{正}$）相应的测微器读数，再转动垂直度盘指标水准器微动螺旋，使垂直度盘上的读数与 $R_{正}$（或 $L_{正}$）的大读数（度数及 10′ 或 2′ 的整倍数）相同，也就是说，应使垂直度盘上的读数与 $R_{正}$（或 $L_{正}$）相同。这时，指标水准器的气泡将偏离其中央位置。为此，可转动指标水准器的改正螺旋，使指标水准器气泡居中。至此，指标差的校正已经完成。

校正后，应进行检测，直到符合《规范》要求为止。

对于垂直度盘指标是自动归零的测角仪，其指标差的测定与校正方法与上述的方法基本相同，只是没有使指标水准器气泡居中的操作。校正的方法是：用测微器和垂直微动螺旋使垂直度盘读数为 $R_{正}$（或 $L_{正}$）。转动望远镜十字丝的改正螺旋，使十字丝水平中丝上下移动，直到照准原观测目标为止。

五、光学对点器检校

在控制点上进行水平角观测时，必须使仪器中心与标志中心一致。为此，开始观测前，使用垂球或光学对点器进行仪器对中。当使用光学对点器对中时，必须使光学对点器的视准轴与仪器的垂直轴重合，才能保证对中精度。检查、校正光学对点器视准轴与仪器垂直轴重合的工作，叫做光学对点器的检校。

有光学对点器的测角仪，大致有两种类型：一种光学对点器安装在测角仪的照准部上，与照准部一起转动；另一种光学对点器安装在仪器基座上，不和照准部一起转动。

下面分别说明两种不同情况的光学对点器的检校方法。

1．投影法

这种方法适用于光学对点器随照准部一起转动的仪器，检校的具体方法和步骤如下：

（1）置测角仪于脚架上，将仪器整平。

（2）在仪器下方地面上，平放一张白纸，固定仪器照准部，调整对点器目镜，直至对点器目镜中分划板上的圆圈清晰为止，然后，将对点器分划板圆圈中心标绘在白纸上，为第一位置 A_1。

（3）转动仪器照准部 120°，固定之，按（2）的方法，将对点器分划板圆圈中心标绘在白纸上，为第二位置 A_2。

（4）将仪器照准部再转动 120°，固定之，按上述方法在白纸上标绘出第三位置 A_3。

如果白纸上的三个投影点 A_1、A_2、A_3 重合，说明对点器视准轴与仪器垂直轴一致；如果三点分离，则两轴不一致，需要进行对点器调校。调校的方法是：

将对点器目镜后面盖板上的四个螺旋取下，并将目镜管伸出至尽头，把盖板移出，可以看到目镜管的两个固定螺旋，将这两个固定螺旋松开，移动目镜管，使对点器分划板圆圈中心与 A_1、A_2、A_3 组成的三角形中心一致，固定目镜固定螺旋。

再按上述方法检查对点器的对中精度，直到符合要求为止，即可固定对点器盖板。

2．垂球调校

对于将对点器安装在基座上的测角仪其对点器的检校方法有两种：一是在专用脚架上检校；另一种方法是用垂球进行检校。

使用专用脚架检校对点器的方法与上述投影法基本相同。用垂球进行检校的方法是：将仪器整置在脚架上，精确整置仪器水平，挂上对中垂球，使垂球尖尽可能的接近平放在地面上的白纸。待垂球静止时，将垂球尖投影到白纸上，然后取下垂球。调好对点器目镜焦距，从目镜中观察白纸上记下的垂球尖的位置是否在对点器分划板圆圈中心。若在圆圈中心，则说明对点器的视准轴与垂直轴一致；若不在圆圈中心，则需进行校正。

校正的方法是：用改针将对点器目镜后的三个改正螺旋都略微松开，再根据需要调整三个改正螺旋中的一个，使分划板圆圈中心与垂球尖的投影位置一致为止，这项改正需反复进行。最后，将改正螺旋固定。

知识点三　精密测角仪仪器误差及其检验和校正

仪器的制造和安装不论如何精细，也不可能完全满足理论上对仪器各部件及其相互几何关系的要求，加之在仪器使用过程中产生的磨损、变形，以及外界条件对仪器的影响，必然给角度测定结果带来误差影响。这种因仪器结构不能完全满足理论上对各部件及其相互关系的要求而造成的测角误差称为仪器误差。

仪器误差包括三轴误差（视准轴误差、水平轴倾斜误差、垂直轴倾斜误差），照准部旋转误差，分划误差（水平度盘分划误差、测微盘分划误差）以及光学测微器行差等。本节将介绍这些误差的产生原因，消除或减弱其影响的措施及检验方法。

一、三轴误差

仪器的三轴（视准轴、水平轴、垂直轴）之间在测角时应满足一定的几何关系，即视准轴与水平轴正交，水平轴与垂直轴正交，垂直轴与测站铅垂线一致。当这些关系不能满足时，将分别引起视准轴误差、水平轴倾斜误差、垂直轴倾斜误差。

1．视准轴误差

1）视准轴误差及其产生原因

望远镜的物镜光心与十字丝中心的连线称为视准轴。假设仪器已整置水平（即垂直轴与测站铅垂线一致），且水平轴与垂直轴正交，仅由于视准轴与水平轴不正交——即实际的视准轴与正确的视准轴存在夹角 C，称为视准轴误差。如图 3.4 所示。当实际的视准轴偏向垂直度盘一侧时，C 为正值，反之 C 为负值。

产生视准轴误差的原因是由于安装和调整不正确，使望远镜的十字丝中心偏离了正确的位置，造成视准轴与水平轴

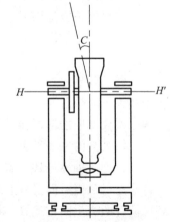

图 3.4　视准轴误差

不正交，从而产生了视准轴误差。此外，外界温度的变化也会引起视准轴的位置变化，产生视准轴误差。

2）视准轴误差对观测方向值的影响及消除影响的方法

视准轴误差 C 对观测方向值的影响 ΔC 为

$$\Delta C = \frac{C}{\cos \alpha} \tag{3.2}$$

式中 α ——观测目标的垂直角。

由 ΔC 的表达式可知：

（1）ΔC 的大小不仅与 C 的大小成正比，而且与观测目标的垂直角 α 有关。当 α 越大时，ΔC 也越大，反之就越小；当 $\alpha = 0$ 时，$\Delta C = C$。

（2）盘左观测时，实际视准轴位于正确视准轴的左侧，使正确的方向值 L_0 比含有视准轴误差的实际方向值 L 小 ΔC，即

$$L_0 = L - \Delta C$$

纵转望远镜，以盘右观测同一目标时，实际视准轴在正确视准轴的右侧，显然此时对方向值的影响恰好和盘左时的数值相同，符号相反，即正确的方向值较有误差的方向值 R 大，故

$$R_0 = R + \Delta C$$

取盘左与盘右的中数，得

$$\frac{1}{2}(L_0 + R_0) = \frac{1}{2}(L + R) \tag{3.3}$$

可以看出：视准轴误差对观测方向值的影响，在望远镜纵转前后，大小相等，符号相反。因此，取盘左与盘右的中数可以消除视准轴误差的影响。

（3）观测一个角度时，如果两个方向的垂直角相等，则视准轴误差的影响可在半测回角度值中得到消除。即使垂直角不相等，如果差异不大且接近于 0°，其影响也可以忽略。

（4）望远镜纵转前后，同一方向的盘左、盘右观测值之差为

$$L - R \pm 180° = 2\Delta C \tag{3.4}$$

视准轴与水平轴的关系是机械的结合，在短时间内，可以认为 C 是常值。由式（3.3）可知，若各个方向的垂直角 α 很小，且相差不大时，$2\Delta C$ 近似等于 $2C$，亦可认为是常值。因此，可将式（3.4）写成

$$L - R \pm 180° = 2C \tag{3.5}$$

式中，$2C$ 通常被称为二倍照准差。

3）计算 $2C$ 的作用及校正 $2C$ 的方法

在短暂的观测时间里，视准轴受温度等外界因素的影响所产生的变化是很小的。在观测过程中，$2C$ 变动的主要原因是观测照准读数等偶然误差的影响。因此，计算 $2C$ 并规定其变化范围可以作为判断观测质量的标准之一。

另外，$2C$ 的常值部分对观测结果是没有影响的，有影响的仅是它的变动部分。但是，$2C$ 数值过大时，对记簿计算不太方便，因此 $2C$ 绝对值过大时需校正。$2C$ 的绝对值对于 J_{07}、J_1 型仪器应不大于 $20''$，J_2 型仪器应不大于 $30''$。

校正 $2C$ 的方法如下：

首先选择一个垂直角接近于 $0°$ 的目标，用盘左、盘右观测出 $2C$ 值，若 $2C$ 值的绝对值大于《规范》规定的限差，应进行 $2C$ 的校正。

对于无目镜测微器的仪器，先按 $R_0 = R + C$（或 $L_0 = L - C$）算出正确读数。然后用测微盘对准正确读数的不足度盘一格的零数，再用水平微动螺旋使水平度盘的上下分划像重合，使水平度盘读数等于 R_0 或 L_0，此时望远镜的十字丝中心偏离目标影像。再用十字丝网校正螺旋使十字丝照准目标。

不同类型的仪器，其十字丝校正螺旋亦不尽相同，如图 3.5 所示。校正时，应注意校正螺旋的对抗性，应先松开一个再紧另一个。校正后，通常应再检测一次，直到达到目的为止。

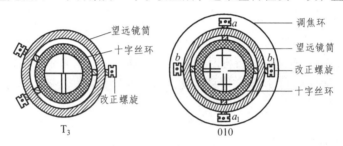

图 3.5　十字丝校正螺旋

2．水平轴倾斜误差

1）水平轴倾斜误差及产生原因

当视准轴与水平轴正交，且垂直轴与测站铅垂线一致时，仅由于水平轴与垂直轴不正交使水平轴倾斜一个小角 i，称为水平轴倾斜误差，如图 3.6 所示。

引起水平轴倾斜误差的主要原因是：在仪器安装、调整时不完善，致使仪器水平轴两支架不等高；或者水平轴两端的直径不相等。

2）水平轴倾斜误差对观测方向值的影响及消除影响的方法

水平轴倾斜误差 i 对观测方向值的影响 Δi 为

$$\Delta i = i \cdot \tan \alpha \qquad (3.6)$$

式中　α —— 观测目标的垂直角。

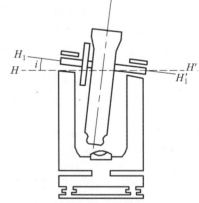

图 3.6　水平轴倾斜误差

由 Δi 的表达式可知：

（1）Δi 的大小不仅与 i 的大小成正比，而且与观测目标的垂直角 α 有关，当 α 越接近于 $90°$，Δi 亦越大，当 $\alpha = 0°$ 时，则 $\Delta i = 0°$。

（2）上述情况为盘左时，由于水平轴倾斜，使视准轴偏向垂直度盘一侧，正确的方向值 L_0 较有误差的方向值 L 小 Δi，即

$$L_0 = L - \Delta i \qquad (3.7)$$

纵转望远镜，在盘右位置观测时，正确读数较有误差的读数为大，故

$$R_0 = R + \Delta i \qquad (3.8)$$

取盘左和盘右读数的中数，得

$$\frac{1}{2}(L_0 + R_0) = \frac{1}{2}(L + R) \qquad (3.9)$$

式（3.9）说明，水平轴倾斜误差对观测方向值的影响，在盘左和盘右读数中，可以得到消除。

（3）观测一个角度时，如果两个方向的垂直角相差不大且接近于 $0°$，水平轴倾斜误差在半测回角度值中可以得到减弱或消除。

（4）在望远镜纵转前后，同一方向上的盘左和盘右的观测值之差

$$L - R \pm 180° = 2\Delta i \qquad (3.10)$$

这说明，即使没有视准轴误差，但由于水平轴倾斜误差的存在，使得同一方向的盘左和盘右读数之差值中，仍含有水平轴倾斜误差的影响。在山区，一个测站上的各个观测方向的垂直角相差较大，如果视准轴误差和水平轴误差同时存在时，则有

$$L - R \pm 180° = 2\Delta C + 2\Delta i \qquad (3.11)$$

这样，就不便于利用 $2C$ 的变化来判断观测成果的质量。所以，对仪器的 i 角的大小要加以限制，《规范》规定，J_{07}、J_1 型仪器的 i 角不得超过 $\pm 10''$，J_2 型仪器不得超过 $\pm 15''$。若超过限差，应对仪器进行校正。

3）水平轴倾斜误差的检验

（1）检验公式

式（3.11）为视准轴误差与水平轴倾斜误差同时存在时的盘左和盘右读数之差。

将式（3.2）和式（3.6）代入式（3.11），为书写简单，省去 " $\pm 180°$ "（下同），得

$$L - R = \frac{2C}{\cos \alpha} + 2i \cdot \tan \alpha \qquad (3.12)$$

若观测目标的垂直角 $\alpha > 0°$ 时，称之为高点。在盘左和盘右位置观测高点时，则

$$(L - R)_{高} = \frac{2C}{\cos \alpha_{高}} + 2i \cdot \tan \alpha_{高} \qquad (3.13)$$

若观测目标的垂直角 $\alpha < 0°$ 时，称之为低点。观测低点时，有

$$(L - R)_{低} = \frac{2C}{\cos \alpha_{低}} + 2i \cdot \tan \alpha_{低} \qquad (3.14)$$

在设置高点和低点时，若使

$$|\alpha_{高}| = |\alpha_{低}| = \alpha$$

把式（3.13）与式（3.14）相加和相减，可分别得到

项目一 平面控制测量

$$C = \frac{1}{4}[(L-R)_{高} + (L-R)_{低}]\cos\alpha \left.\right\}$$
$$i = \frac{1}{4}[(L-R)_{高} - (L-R)_{低}]\cot\alpha \left.\right\}$$ （3.15）

若对高点和低点均观测 n 个测回，则有

$$C = \frac{1}{4n}[\sum(L-R)_{高} + \sum(L-R)_{低}]\cos\alpha \left.\right\}$$
$$i = \frac{1}{4n}[\sum(L-R)_{高} - \sum(L-R)_{低}]\cot\alpha \left.\right\}$$ （3.16）

令

$$C_{高} = \frac{1}{2n}\sum(L-R)_{高} \left.\right\}$$
$$C_{低} = \frac{1}{2n}\sum(L-R)_{低} \left.\right\}$$ （3.17）

则

$$C = \frac{1}{2}(C_{高} + C_{低})\cos\alpha \left.\right\}$$
$$i = \frac{1}{2}(C_{高} - C_{低})\cot\alpha \left.\right\}$$ （3.18）

式（3.18）就是高低点法检验视准轴误差及水平轴倾斜误差的公式。

（2）检验方法

此项检验可在室内或室外进行。在室内检验时，可用两个照准器（任何装有十字丝的仪器均可）作为照准目标。在室外检验时，可在距仪器 5 m 以外的地方设置两个目标。

对两个目标位置的要求是：高点和低点应大致在同一方向上，两目标的垂直角的绝对值应不小于 3° 且大致相等，其差值不得超过 30″。

检验步骤是：

观测高点和低点间的水平角 6 测回，并在各测回间均匀分配度盘。在观测过程中，同一测回不得改变照准部的旋转方向，即半数测回顺时针方向旋转照准部，半数测回逆转。观测限差是：各测回角度值互差，J_{07}、J_1 型仪器应小于 ± 3″；J_2 型仪器不得超过 ± 8″。$2C$ 变化，高点和低点的分别比较，J_{07}、J_1 型仪器不得超过 ± 8″，J_2 型仪器不得超过 ± 10″。

观测高点和低点的垂直角，用中丝法观测 3 个测回，垂直角、指标差的互差不得超过 10″（各种类型的仪器要求相同）。

若有超限者，应进行重测。

顺便指出，当水平轴倾斜误差超限需要对仪器进行校正时，应由仪器检修人员进行。所以，此项误差的校正不再赘述。

3．垂直轴倾斜误差

1）垂直轴倾斜误差及其产生的原因

当仪器三轴间的关系均已正确时，由于仪器未严格整置水平，而使仪器垂直轴偏离测站铅垂线一个微小的角度 ν，称为垂直轴倾斜误差。如图 3.7 所示，OV 为与测站铅垂线一致的垂直轴位置，与之正交的水平轴为 HH_1，OV' 为与测站铅垂线不一致即倾斜一个小角 ν 的垂直轴的位置，水平轴也随之倾斜至 $H'H'_1$ 位置。这样，与水平轴正交的视准轴也偏离了正确位

置，当其绕水平轴俯仰时形成的照准面将不是垂直照准面，而是倾斜照准面，从而给水平方向观测带来误差。

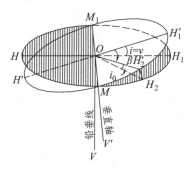

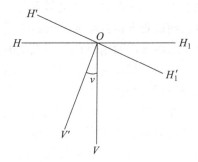

图 3.7　垂直轴倾斜误差　　　　　图 3.8　垂直轴倾斜误差对观测方向值的影响

2）垂直轴倾斜误差对观测方向值的影响

如图 3.8 所示，当垂直轴与测站铅垂线一致时，与之正交的水平轴 HH_1 处于水平位置，若照准部绕垂直轴旋转一周，水平轴 HH_1 将始终处于水平面 H_1MHM_1 上。当垂直轴倾斜一个小角 v，而处于 OV' 位置时，与之正交的水平轴处于 $H'H_1'$ 位置，若照准部旋转一周，水平轴 $H'H_1'$ 将始终处于倾斜面 $H_1'MHM_1'$ 上，由此可见，由于垂直轴与测站铅垂线不一致，将引起与之正交的水平轴倾斜，从而给水平方向观测值带来误差。由图 3.8 可看出，水平轴 $H'H_1'$ 的倾斜量是变化的；当水平轴 $H'H_1'$ 与垂直轴倾斜面 VOV' 一致，水平轴倾斜量最大，为 v（与垂直轴倾斜的小角 v 相等）；当水平轴 $H'H_1'$ 转到 MOM_1 位置——与垂直轴倾斜面 VOV' 正交时最小——为零。也就是说，在水平轴随照准部绕倾斜的垂直轴 OV' 由 $H'OH_1'$ 位置转动到 MOM_1 位置时，水平轴的倾斜量将由 $v \to 0$。当水平轴 $H'H_1'$ 在 OH_2' 位置时，设水平轴的倾斜量为 i_v，若观测目标的垂直角为 α，则垂直轴倾斜误差 v 对水平方向观测值的影响可依式（3.6）写出

$$\Delta v = i_v \tan\alpha \tag{3.19}$$

为了说明 i_v 与 v 的关系，过 H_2' 与 OV 作大圆弧，交 MH_1 于 H_2。水平轴由 OH_1' 转至 OH_2' 时的转角为 β，因为 OH_1' 与 OM 正交，则 $MN_2' = 90° - \beta$，在球面三角形 MH_2H_2' 中，因为 $\angle MH_2H_2' = 90°$，$MH_2' = 90° - \beta$，$\angle H_2MH_2' = v$，$H_2H_2' = i_v$，依正弦公式得

$$\sin i_v = \frac{\sin v \sin(90° - \beta)}{\sin 90°} = \sin v \cos\beta$$

因为 i_v 和 v 均为小角度，因此有

$$i_v = v\cos\beta \tag{3.20}$$

代入式（3.19）可得

$$\Delta v = v \cdot \cos\beta \cdot \tan\alpha$$

3）垂直轴倾斜误差对观测方向值的影响特性及减弱其影响的措施

通过上述分析可知，Δv 有如下特性：

（1）垂直轴倾斜的方向和大小，不随照准部转动而变化，所引起的水平轴倾斜方向在望

远镜纵转前后是相同的（即 Δv 的正负号不变），因而，对任一观测方向不能期望通过盘左和盘右观测取中数而消除其误差影响。

（2）垂直轴倾斜误差对观测方向值的影响，不仅与垂直轴倾斜量、观测目标的垂直角有关，而且随观测方向方位的不同而不同。

为了减弱或消除垂直轴倾斜误差的影响，作业过程中应采取以下措施：

（1）观测前要精密整平仪器，观测过程中要经常注意照准部水准器是否居中，其气泡偏离中央不得超出一格。否则，应停止观测，重新整置仪器水平。

（2）在一站的观测过程中，适当地增加重新整平仪器的次数，以便改变垂直轴倾斜的方向，使其对观测结果的影响具有偶然性。

（3）当观测目标的垂直角较大时，可对其观测值加入垂直轴倾斜改正。为此，应事先测定仪器照准部水准器格值。在观测方向值中加入垂直轴倾斜改正的方法和测定照准部水准器格值的方法见《规范》。

二、偏心差

仪器的水平度盘，不但要求其刻划准确精密，而且要求安装时应使盘分划中心与照准部旋转中心一致。同时，还要求度盘分划中心与度盘旋转中心一致。即要求三心（照准部旋转中心、度盘分划中心及度盘旋转中心）一致。这个要求如不能满足，就将产生照准部偏心差和水平度盘偏心差，现分别说明如下。

1．照准部偏心差

1）照准部偏心差的影响和性质

在水平角观测中，照准部绕垂直轴转动，若照准部旋转中心与水平度盘分划中心不一致，产生的误差叫照准偏心差。如图 3.9 所示，L 为水平度盘分划中心，V 是照准部旋转中心。两中心之间的距离 $LV = e$ 称为照准部偏心距。度盘零分划线 LO 与偏心距方向间的角度（$\angle OLP = P$）称为照准部偏心角。

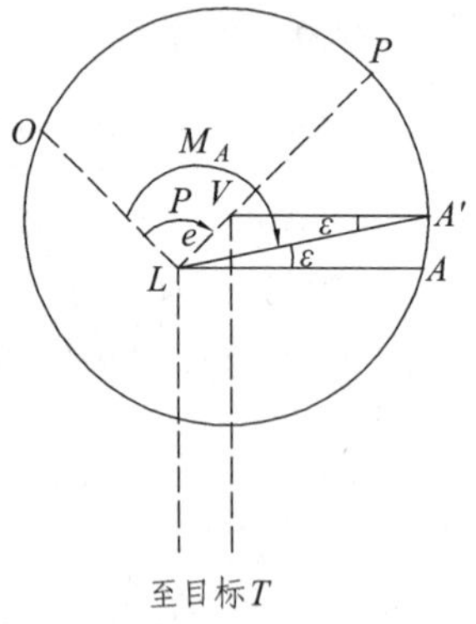

当 V 与 L 重合时，照准目标 T，测微器的读数为 A，即正确读数应为 $\angle OLA$；当有照准部偏心差时，照准目标 T，测微器的读数为 A'，即读数为 $\angle OLA' = M_A$。二者的读数之差，即是照准部偏心差对水平方向观测读数的影响。

在 $\Delta VA'L$ 中，$\angle VA'L = \varepsilon$，$\angle VLA' = M_A - P$，$VL = e$ 因为偏心距很小，$VA' \approx LA \approx r$（r 为水平度盘半径）。

依正弦定理得

图 3.9　照准部偏心差

$$\sin \varepsilon = \frac{e}{r}\sin(M_A - P) \tag{3.21}$$

由于 ε 角很小，式（3.21）可写成

$$\varepsilon = \frac{e}{r}\rho''\sin(M_A - P) \tag{3.22}$$

式（3.22）就是照准部偏心差对水平方向读数的影响的表达式。

由式可见，照准部偏心差的影响是以 2π 为周期的系统性误差。

2）消除照准部偏心差影响的方法

如上所述，当存在照准部偏心差时，测微器 A 的水平度盘正确的读数 M，比实际读数 M_A 大 ε，即

$$M = M_A + \varepsilon$$

如果在相距测微器 A 的 $180°$ 处再安装一个测微器 B，那么，测微器 B 在水平度盘上的实际读数应为

$$M_B = M_A + 180°$$

由式（3.22）可得照准部偏心差对测微器 A 和测微器 B 在水平度盘上的读数的影响分别为

$$\varepsilon_A = \frac{e}{r}\rho'' \sin(M_A - P)$$

$$\begin{aligned}\varepsilon_B &= \frac{e}{r}\rho'' \sin(M_B - P) \\ &= \frac{e}{r}\rho'' \sin(M_A + 180° - P) \\ &= -\frac{e}{r}\rho'' \sin(M_A - P) \\ &= -\varepsilon_A''\end{aligned}$$

由此可以得出结论：相对 $180°$ 的两个测微器所得读数的平均值，可以消除照准部偏心差的影响。

对于采用重合法读数的光学经纬仪，由于光学测微器的特殊构造，可以直接得到 A、B 两个测微器读数的平均值（即正、倒像分划线重合读数）。因此，采取对径 $180°$ 分划线重合法读数，也可完全消除照准部偏心差的影响。

2．水平度盘偏心差

前已提到，若水平度盘的旋转中心与其分划中心不重合，产生的偏心差称为水平度盘偏心差。

如图 3.10 所示，L 为水平度盘分划中心，R 为水平度盘旋转中心，$LR = e_1$ 为水平度盘偏心差，又称水平度盘偏心距；O 为水平度盘零分划，P_1 为 LR 的延长线与水平度盘相交的分划，零分划方向 LO 与偏心距方向 LR（即 LP_1）之间的角度 $P_1 = \angle OLP_1$，称为水平度盘偏心角。e_1、P_1 统称为水平度盘偏心元素。

我们知道，在水平角观测过程中，要在整测回之间变换水平度盘以减弱度盘分划误差影响。如图 3.10 所示，当变换水平度盘时（照准部保持不动），度盘分划中心 L 将在以度盘旋转中心 R 为圆心，以 r_1（RL）为半径的圆周上移动。从而使照准

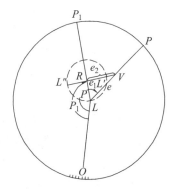

图 3.10　水平度盘偏心差

部的偏心元素 e、P 随之变动——当 L 转至 RV 的连线 L' 上时，照准部偏心元素 e 的数值为最小（为 $L'V = e - e_1$）；当 L 转至 RV 的延长线 L'' 上时，照准部偏心元素 e 的数值最大（为 $L''V = e + e_1$），这个位置称为度盘最不利位置；在 L 转至其他位置时，偏心距 e 的数值介于最小和最大之间。由此可见，当存在水平度盘偏心差时，转动水平度盘后，它对观测方向读数的影响，是通过改变照准部偏心元素，并以照准部偏心差影响的形式表现出来，显然，消除其影响的方法亦是用度盘正、倒像分划重合法读数来实现。

水平度盘偏心差的检验应在照准部偏心差检验之后紧接着进行，其目的是：由于水平度盘偏心差的存在，变换水平度盘时，将使照准部偏心差的大小发生变化。因此，为查明照准部偏心差可能达到的最大值，必须对水平度盘偏心差进行检验。《规范》规定，用于一、二等三角观测的仪器，每 2 ~ 3 年进行一次照准部偏心差和水平度盘偏心差的检验。对于三、四等三角观测，不进行此项检验，只需在每期作业开始前进行"照准部旋转是否正确"的检验。为此，不再介绍偏心差检验的具体方法，当需要进行此项检验时，按照《规范》规定的方法进行。

三、照准部旋转误差

观测中，观测方向是分布在测站四周的，只有通过旋转照准部和俯仰望远镜才能照准目标。因此，不仅要求垂直轴、水平轴、视准轴三者的关系正确，而且要求照准部旋转灵活、平稳。照准部转动平稳，就是转动时不产生偏斜和平移，照准部旋转时是否平稳的检验就是"照准部旋转是否正确的检验"；照准部转动灵活就是转动时没有紧滞现象，使固定在底座上的水平度盘没有丝毫的带动现象，否则，将引起仪器底座位移而产生系统误差。为此还要进行"照准部旋转时仪器底座位移而产生的系统误差的检验"。

1. 照准部旋转是否正确及其检验

我们知道，照准部是绕垂直轴旋转的。照准部转动时，若照准部产生晃动（倾斜或平移），就称为照准部旋转不正确。

照准部旋转不正确时：将带来垂直轴倾斜误差和照准部偏心差，因为前一种误差对观测方向读数的影响不能通过正倒镜观测的方法消除，从而影响观测成果的质量。因此，进行此项检验是必要的。

照准部旋转不正确的原因是：垂直轴和轴套间的间隙过大；其间的润滑油较黏和油层分布不均匀。另外，某些类型的经纬仪采用半运动式柱形轴，它是用一组滚珠与轴套的锥形面接触，这些滚珠除承受仪器照准部的重量外，还对垂直轴的转动起定向作用，当各个滚珠的形状和大小有较大差异时，也将引起照准部旋转不正确。

照准部旋转不正确的表现形式是：仪器不易整置水平；在旋转 1 ~ 2 周的过程中，照准部水准器的气泡会从中央向一端偏离，而后，经水准管中央逐渐偏向另一侧。然后回复到中央位置，呈现周期性。判断照准部旋转是否正确，就是以此为依据。

检验方法如下：

（1）整置仪器，使垂直轴垂直，读记照准部水准器气泡两端（或中间位置）的读数至 0.1 格。

（2）顺时针方向旋转照准部，每旋转照准部45°，待气泡稳定后，按（1）的方法读记照准部水准器气泡一次，如此连续顺转三周。

（3）紧接着（2）的操作，逆时针方向旋转照准部，每旋转45°，读记水准器气泡一次，连续逆转三周。

在上述操作过程中，照准部不得有多余旋转。

各个位置气泡读数互差，对于J_{07}、J_1型仪器不超过2格（按气泡两端读数之和进行比较为4格），对于J_2型仪器不得超过1格（按气泡两端读数之和比较为2格）。如果超出上述限差，并以照准部旋转两周为周期而变化，则照准部旋转不正确，应对仪器进行检修。

2. 照准部旋转时仪器底座位移产生系统误差的检验

前面已经指出，仪器的水平度盘是与底座固定在一起的，如果在转动照准部时底座有带动现象，将使水平度盘与照准部一起转动，从而给水平方向观测带来系统误差。照准部转动时，仪器底座产生位移的原因是：由于支承仪器底座脚螺旋与螺孔之间常有空隙存在，当照准部转动时，垂直轴与轴套间的摩擦力可能使脚螺旋在螺孔内移动，因而使底座连同水平度盘产生微小的方位变动；垂直轴与轴套间的摩擦力，使底座产生弹性扭曲，从而带动底座和水平度盘、三脚架架头和脚架间的松动，使底座和水平度盘产生带动。

进行此项检验，实质上是鉴定仪器的稳定性。检验方法如下：

在仪器墩或牢固的脚架上整置好仪器，选一清晰的目标（或设置一目标）。顺转照准部一周照准目标读数，再顺转一周照准目标读数；然后，逆转一周照准目标读数，再逆转一周照准目标读数。以上操作作为一测回，连续测定十个测回，分别计算顺、逆转二次照准目标的读数的差值，并取十次的平均值，此值的绝对值对于J_1型仪器应不超过0.3″，对于J_2型仪器应不超过1.0″。

四、水平度盘分划误差

水平方向或水平角的观测值，是通过在水平度盘上的分划读数求得的，如果度盘分划线的位置不正确，将影响到测角的精度。

1. 水平度盘分划误差种类

根据误差产生的原因和特性，水平度盘分划误差可分为三种：

（1）分划偶然误差

水平度盘在用刻度机刻度的过程中，因外界偶然因素的影响，使刻度机在度盘上刻出的某些分划线时而偏左，时而偏右，没有明显的周期性规律，这种误差称为分划偶然误差。它的大小在±0.20″~±0.25″。这种误差只要在较多的度盘位置上进行观测读数，误差影响就可得到较好的抵偿。

（2）度盘分划长周期误差

因为被刻度盘的旋转中心与刻度机的标准盘旋转中心不重合，被刻度盘与标准盘不平行，标准齿盘有误差等，使刻出的度盘分划线存在着一种以水平度盘全周为周期，有规律性变化的系统性误差，这种误差称为分划长周期误差。其大小可达±2″。这种误差的最重要特点是，在它的一个周期内，其数值一半为正，一半为负，总和为零。

（3）度盘分划短周期误差

因刻度机的扇形轮和涡轮有偏心差，扇形轮和涡轮有齿距误差，使刻出的度盘分划线产生一种以度盘一小段弧（30′~1°）为周期，并在度盘全周上多次重复出现有规律变化的系统误差，这种误差称为分划短周期误差。其大小可达±1.0″~±1.2″。

2．减弱水平度盘分划误差影响的方法

根据上述度盘分划误差的产生原因和基本特性可知，对于分划偶然误差，只要在度盘的多个位置上进行观测就可减弱；对于长周期误差，按其周期性的特点，将观测的各测回均匀地分布在一个周期内（即度盘的全周），取各测回观测值的中数，即可减弱或消除其影响。

应当指出，测微器分划也存在周期性系统误差，为了减弱它的影响，各测回观测的测微器位置，也要均匀地分配在测微器的全周上。

综上所述，为了减弱度盘分划误差和测微器分划误差的影响，在进行水平方向观测或水平角观测时，各测回零方向应对准的度盘位置和测微器位置可按式（3.23）计算。

$$\left.\begin{array}{l} \dfrac{180°}{m}(i-1)+4'(i-1)+\dfrac{120''}{m}\left(i-\dfrac{1}{2}\right) \quad (J_{07}、J_1型仪器) \\[3mm] \dfrac{180°}{m}(i-1)+10'(i-1)+\dfrac{600''}{m}\left(i-\dfrac{1}{2}\right) \quad (J_2型仪器) \end{array}\right\} \qquad (3.23)$$

式中　i——测回序号，即 $i=1$，2，3，…，m。

五、垂直微动螺旋使用正确性检验

望远镜在小范围内俯仰时，都是通过转动垂直微动螺旋来进行的，即用垂直微动螺旋通过制动臂来转动水平轴。但是，由于仪器的水平轴系的结构特点（重量偏于垂直度盘一端，以及制动臂与水平轴结合不良等），用垂直微动螺旋转动水平轴时，可能使水平轴产生水平位移，从而引起视准轴变动，给水平方向观测值带来误差。

检验方法：首先精确整平仪器，然后，用望远镜照准一悬挂有垂球的细线，转动垂直微动螺旋，使望远镜俯仰2°~3°，观察望远镜的十字丝中心与垂球线是否始终一致。如果十字丝中心离开了垂球线，说明垂直微动螺旋使用不正确。在进行水平角观测时，禁止使用垂直微动螺旋俯仰望远镜，而用手俯仰望远镜。

知识点四　水平角观测主要误差和操作基本规则

观测工作是在野外复杂条件下进行的，由于观测人员和仪器的局限性以及外界因素的影响，观测中会有误差。为使观测结果达到一定的精度，需要找出误差的规律，研究和采取消除或减弱误差影响的措施，制定出观测操作中应遵守的基本规则，以保证观测成果的精度。

水平角观测误差主要来源于三个方面：一是观测过程中引起的人为误差；二是外界条件引起的误差；三是仪器误差。仪器误差又包含仪器本身的误差和操作过程中产生的误差。

对于人为误差，主要是通过提高观测技能加以减弱，这里不进行讨论。

一、外界条件对观测精度的影响

外界条件主要是指观测时大气的温度、湿度、密度、太阳照射方位及地形、地物等因素。它对测角精度的影响，主要表现在观测目标成像的质量，观测视线的弯曲，觇标或脚架的扭转等方面。

1．目标成像质量

观测目标是测角的照准标的，它的成像好坏，直接影响着照准精度。如果成像清晰、稳定，照准精度就高；成像模糊、跳动，照准精度就低。

我们知道，目标影像是目标从光线在大气中传播一定距离后进入望远镜而形成的。假如大气层保持静止，大气中没有水汽和灰尘，目标成像一定是清晰、稳定的。但实际的大气层不可能是静止的，也不可能没有水汽和灰尘。日出以后，由于阳光的照射，使地面受热，近地面处的空气受热膨胀不断上升，而远离地面的冷空气下降，形成近地面处空气的上下对流。当视线通过时，使其方向、路径不断变化，从而引起目标影像上下跳动。由于地面的起伏及土质、植被的不同，各处的受热程度也不同。因此，空气不仅有上下对流，还会产生水平方向上的对流，当视线通过时，目标影像就左右摆动。

另外，随着空气的对流，地面灰尘、水汽也随之上升，使空气中的灰尘、水汽越来越多；光线通过时其亮度的损失也愈大，目标成像就愈不清晰。

由上可知，目标成像跳动或摆动的原因是空气的对流；目标成像是否清晰，主要取决于空气中灰尘和水汽的多少。为了保证目标成像的质量，应采取如下措施：

（1）保证足够的视线高度

因为愈靠近地面，空气愈不稳定，灰尘和水气也愈多，成像质量愈差；反之视线愈远离地面，成像质量愈好。在选点时，一定要按《规范》要求，确保视线有一定高度，在观测时，必要时也可采取适当措施，提高视线高度。

（2）选择有利的观测时间

如果仅考虑目标成像的质量，只要符合下列要求，就是有利的观测时间：不论观测水平角还是垂直角，均要求目标成像尽可能清晰；观测水平角时，成像应无左右摆动；观测垂直角时应无上下跳动。

但是，选择观测时间的时候，不仅要考虑到目标的成像质量，还要考虑到其他因素对测角精度的影响，如折光的影响等，不可顾此失彼。

2．水平折光

光线通过密度不均匀的介质时，会发生折射，使光线的行程不是一条直线而是曲线。由于越近地面空气的密度越大，使得垂直方向大气密度呈上疏下密的垂直密度梯度，而使光线产生垂直方向的折光，称为垂直折光。空气在水平方向上密度也是不均匀的，形成水平密度梯度，而产生水平方向的折光，称为水平折光。下面对水平折光加以讨论，垂直折光将在"三角高程"中加以讨论。

光线通过密度不均匀的空气介质时，经连续折射形成一条曲线，并向密度大的一侧弯曲。如图 3.11 所示，来自目标 B 的光线进入望远镜时，望远镜所照准的方向是曲线 BdA 的切线 Ab。这个方向显然与正确方向 AB 不一致，有一个微小的夹角 δ，称为微分折光。微分折光

δ 在水平面上的投影分量 $B'Ab''$（即水平分量）称为水平折光；微分折光 δ 在铅垂面上的投影分量 $\angle BAb'$（即垂直分量）称为垂直折光。产生水平折光的原因是，大气在水平方向上的不均匀分布；产生垂直折光的原因是，大气在垂直方向上的不均匀分布。水平折光影响水平方向观测，垂直折光影响垂直角观测。

1）产生水平折光的原因

当相邻两地的地形和地面覆盖物不同时，在阳光照射下，会出现两地靠近地面处空气密度的差异，而产生水平对流现象。如图3.12所示，一部分为沙石地，另一部分是湖泊。沙石地面辐射强，气温上升快，大气密度较小；湖泊上方气温上升慢，大气密度较大，在温度升高时空气就由右向左连续对流，经过一段时间，对流逐渐缓慢，成像也较稳定，但在地类分界面附近，大气密度必然由密到稀，形成稳定的水平方向的密度差异。当观测视线从分界面附近通过密度不同的空气层时，成为弯向一侧的曲线，产生水平折光，视线两侧的空气密度差别愈大，则水平折光影响就愈大。

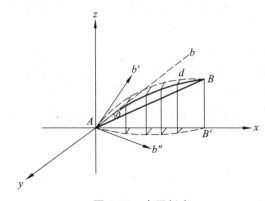

图 3.11　水平折光

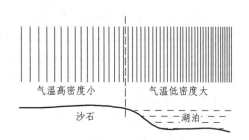

图 3.12　产生水平折光的原因

可见，产生水平折光的根本原因就在于视线通过的大气层的水平方向的密度不同。

2）水平折光影响规律

一般情况下，除视线远离地面，或视线两侧的地形和地面覆盖物完全相同外，都会在不同程度上存在水平折光影响。由于视线很长，它所通过的大气层的情况非常复杂，因此无法用一个算式来计算出水平折光的数值，只能根据水平折光产生的原因、条件以及光线传播的物理特性和实践经验，找出水平折光对水平角观测影响的一般规律：

（1）由于白天和夜间大气温度变化的情况相反，因而水平折光对方向值的影响，白天与夜间的数值大小趋近相等，符号相反。如图3.13所示，在 A 点设站观测 B 点。在白天，由于日光的照射，使沙土地的温度高于水的温度，则沙土地上空的空气密度比水面上空的空气密度小。当视线通过时，成为一凹向湖泊的曲线，使 AB 方向的方向观测值偏小。在夜间，沙土地面的温度比水的温度低，视线成为凹向沙土地的曲线，使 AB 方向的方向观测值偏大。

（2）视线越靠近对热量吸收和辐射快的地形、地物，水平折光影响就越大。

（3）视线通过形成水平折光的地形、地物的距离越长，影响就越大。

（4）引起空气密度分布不均匀的地形、地物越靠近测站，水平折光影响就越大。如图3.14所示，$\delta_2 > \delta_1$。

（5）视线两侧空气密度悬殊越大，水平折光的影响就越大。

（6）视线方向与水平密度梯度方向越垂直，水平折光影响越大。

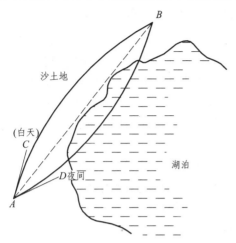

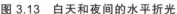

图 3.13　白天和夜间的水平折光

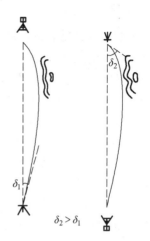

图 3.14　折光影响的不对称现象

从上述的规律不难看出，水平折光影响的性质是：就一测站的某一方向而言，在相同的观测时间和类似的气象条件下，水平折光总是偏向某一侧，对观测方向值产生系统性影响。但是，在大面积三角锁网中，每一条视线所受的影响各不相同，对锁网中所有方向来讲，具有偶然特性。如果锁网中有大的山脉、河流等，则沿它们边沿的一系列视线就会含有同符号的系统影响。

3）减弱水平折光影响的措施

根据作业实践证明，水平折光是影响测角精度的影响较大、数值较大的误差，应该采取有力的措施减弱其影响。作业中常用的措施有：

（1）选点时，要保证视线超越或旁离障碍物一定的距离。视线应尽量避免从斜坡、大的河流、较大的城镇及工矿区的边沿通过。若无法避开时，应采取适当措施，如增加视线高度。

（2）造标时，应使视线至觇标各部位保持一定的距离，如一、二等应不小于 20 cm，三、四等应不小于 10 cm。

（3）一等水平角观测，一份成果的全部测回应在三个以上时间段完成（上午、下午、夜间各为一个时间段）。每一角度的各测回应尽可能在不同条件下观测，至少应分配在两个不同的时间段，同一角度不得连续观测。二等点上的观测，一般应在两个以上不同时间段内完成。每个角度的全部测回，分配在上、下午观测。

（4）选择有利的观测时间。稳定的大气层，尽管目标成像稳定，但不能说明没有水平折光的影响。与此相反，在成像微有跳动的情况下，正是大气层相互对流的时候，对减弱水平折光是有利的。因此，在选择观测时间时，不但要考虑到目标成像清晰、稳定，还要照顾到对减弱水平折光影响有利。在日出前后、日落前后、大雨前后，虽然目标成像是理想的，但这时水平折光影响也最大，应停止观测。

（5）在水平折光严重的地理条件下，应适当缩短边长或尽量避开之。

二、仪器操作误差对测角精度的影响

影响观测精度的因素除上述外界条件之外，还有仪器误差，如视准轴误差：水平轴倾斜误差、垂直轴倾斜误差、测微器行差、照准部及水平度盘偏心差、度盘和测微器分划误差等。下面进一步讨论在观测过程中仪器转动时，可能产生的一些误差。

1．照准部转动时的弹性带动误差

当照准部转动时，垂直轴与轴套间的摩擦力使仪器的基座部分产生弹性扭转，与基座相连的水平度盘也被带动而发生微小的方位变动。这种带动主要发生在照准部开始转动时，因为必须克服轴与轴套间互相密接的惯力，而照准部在转动过程中，只需克服较小的摩擦力，故当照准部向右转动时，水平度盘也随之向右带动一个微小的角度，使读数偏小；向左转动照准部时，使读数偏大，这就给观测结果带来系统性影响。

消除其影响的方法是：在半测回中，照准部旋转方向保持不变。这样就使照准各个目标所产生的误差影响的符号相同，大小基本相等，则由各方向组成的角度值中可基本消除之。在一、二等三角观测中规定，一测回中照准部旋转方向保持不变。如图 3.15 所示，在测站上要观测 A、B 目标之间的夹角 β，上半测回先照准目标 A，按顺时针（或逆时针）方向转动照准部照准目标 B。下半测回先照准目标 B，然后按顺时针（或逆时针）方向旋转照准部照准目标 A。就是说，上半测回测 β 角，下半测回测（360° − β）角。由于上、下半测回中照准旋转方向一致，所受的这种误差影响基本相同。那么，若上半测回测得的 β 角偏小，下半测回测得的（360° − β）角也偏小，由此所得的 β 角值就偏大。这样取上、下半测回的角度值 β 的中数，就可以基本上消除此种误差影响。

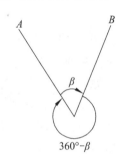

图 3.15　上、下半测回照准旋转方式

2．脚螺旋的空隙带动

由于仪器脚螺旋与螺孔之间存在微小空隙，当转动照准部时，就带动基座使脚螺旋杆靠近螺孔壁的一侧，直到空隙完全消失为止。这样在观测过程中，基座连同水平度盘就产生微小的方位移动，使观测结果受到误差影响。这种微小的方位移动就叫做脚螺旋空隙带动。

显然，这种误差对在改变照准部旋转方向后照准的第一个目标影响最大，若保持照准部旋转方向不变，对以后各方向的观测结果的影响逐渐减小。减弱这种误差影响的方法是：在开始照准目标之前，先将照准部按预定旋转方向转动 1～2 周，再照准目标进行观测，以后，在一测回或半测回中，照准旋转方向始终不变。

3．水平微动螺旋的隙动差

当水平微动螺旋弹簧的减弱或受油腻影响，旋退水平微动螺旋照准目标时，螺旋杆端就出现微小的空隙，在读数过程，弹簧才逐渐伸张而消除空隙，使视准轴离开目标，给读数带来误差，这就是水平微动螺旋的隙动差。

减弱其影响的方法是：照准每一目标，均需向"旋进"方向转动水平微动螺旋。所谓旋进方向就是压紧弹簧的方向。对于光学经纬仪来说，当水平微动螺旋旋进时，望远镜所指方向将向左移动，所以，在概略转动照准时，无论顺旋或逆旋，都要使目标在望远镜纵丝的左侧少许，在望远镜中观看，由于所见的是倒像，故目标应在纵丝的右侧少许，然后用水平微动螺旋旋进照准目标。另外，要尽量使用水平微动螺旋的中间部分。为做到这一点，每一测回开始前,应将微动螺旋旋到中间部位。

通过以上分析可以看出,虽然点上的观测工作是在外界复杂条件下进行的,存在着较多的误差影响,但它们都有一定的规律,只要善于掌握这些规律,通过必要的措施,误差影响的绝大部分是可以消除的。

水平角观测的主要误差及其产生原因、影响性质、消除或减弱措施,见表 3.1。

表 3.1 水平角观测的主要误差及其消除或减弱方法

项 目		产生原因	影响性质	消除和减弱措施
外界条件引起的主要误差	目标成像质量不佳	(1)地面对阳光热量的吸收和辐射,使大气产生对流,引起目标影像跳动; (2)大气中的水汽和尘埃使空气透明度不好,造成目标成像不够清晰	对成果精度的影响呈偶然性	(1)使视线有足够的高度; (2)选择有利的观测时间
	水平折光	不同的地面对热量的吸收或辐射的能力不同,引起大气密度在水平方向上分布不均匀,视线通过时产生折射,使水平方向值蒙受误差影响	对某一方向或某一测站的方向值呈系统性影响	(1)选点时尽量避开容易形成水平折光的地形、地物; (2)选择有利的观测时间; (3)视线超越或旁离障碍物一定的距离
仪器结构本身引起的主要误差	视准轴误差	(1)视准轴与水平轴不正交; (2)仪器望远镜单方向受热	对某一方向值的影响随目标高度变化;对盘左和盘右读数的影响大小相等,符号相反	(1)取盘左、盘右读数的中数; (2)防止仪器单方面受热或日光直接照射仪器
	水平轴倾斜误差	(1)水平轴两端支架不等高; (2)水平轴两端直径不等	对某一方向的影响随目标高度的变化而变化,对盘左和盘右读数的影响大小相等,符号相反	取盘左、盘右读数的均值
	垂直轴倾斜误差	由于仪器没有整置水平使垂直轴与测站铅垂线存有微小夹角	对方向值呈系统性影响,影响大小随垂直轴倾斜方向目标高度变化,对盘左、盘右读数影响大小相等,符号相同	(1)测前精密整平仪器; (2)观测过程中经常重新整平仪器; (3)当目标垂直角值较大时计算改正
	照准部偏心差	照准部旋转中心与水平度盘刻划中心不一致	以 2π 为周期的系统性影响	对径分划线重合读数,消除其影响
	水平度盘偏心差	水平度盘的旋转中心与水平度盘的刻划中心不一致	以 2π 为周期的系统性影响	对径分划线重合读数,消除其影响
	水平度盘分划误差	刻度机各部分结构和配合不正确	周期性系统影响	各测回均匀分配度盘位置减弱其影响
操作中的仪器误差	照准部转动时的弹性带动误差	当照准部转动时垂直轴与轴套间的摩擦力使仪器底座产生弹性扭转	对方向值呈系统影响	半测回中照准部旋转方向保持不变
	脚螺旋的空隙带动	脚螺旋杆与孔壁之间存在空隙	改变照准部旋转方向后对第一个目标方向值的影响最大,以后逐渐减小	(1)开始照准目标前将照准部向预定方向旋转1~2周; (2)半测回中不得回转照准部; (3)将仪器整置水平后固定脚螺旋
	水平微动螺旋的隙动差	水平微动螺旋的弹簧的弹力减弱,旋退水平微动螺旋照准目标时,螺杆端出现微小空隙	系统性影响	(1)照准目标时一律旋进水平微动螺旋; (2)使用水平微动螺旋的中部

三、水平角观测操作的基本规则

水平角观测操作的基本规则，是根据各种误差对测角的影响规律制定出来的，实践证明，它对消除或减弱各种误差影响是行之有效的，应当自觉遵守。

（1）一测回中不得变动望远镜焦距。观测前要认真调整望远镜焦距，消除视差，一测回中不得变动焦距。转动望远镜时，不要握住调焦环，以免碰动焦距。

其作用在于，避免因调焦透镜移动不正确而引起视准轴变化。

（2）在各测回中，应将起始方向的读数均匀分配在度盘和测微盘上。这是为了消除或减弱度盘、测微盘分划误差的影响。

（3）上、下半测回间纵转望远镜，使一测回的观测在盘左和盘右进行。

一般上半测回在盘左位置进行，下半测回在盘右位置进行。作用在于消除视准轴误差及水平轴倾斜误差的影响，并可获得二倍照准差的数值，借以判断观测质量。

（4）下半测回与上半测回照准目标的顺序相反，并保持对每一观测目标的操作时间大致相等。

其作用在于减弱觇标内架或脚架扭转的影响以及视准轴随时间、温度变化的影响等，就是说，在一测回观测中要连续均匀，不要由于某一目标成像不佳或其他原因而停留过久，在高标上观测更应注意此问题。

（5）半测回中照准部的旋转方向应保持不变。这样可以减弱度盘带动和空隙带动的误差影响。若照准部已转过所照准的目标，就应按转动方向再转一周，重新照准，不得反向转动照准部。因此，在上、下半测回观测之前，照准部要按将要转动的方向先转 1~2 周。

（6）测微螺旋、微动螺旋的最后操作应一律"旋进"，并使用其中间部位，以消除或减弱螺旋的隙动差影响。

（7）观测中，照准部水准器的气泡偏离中央不得超过《规范》规定的格数。其作用在于减弱垂直轴倾斜误差的影响。在测回与测回之间应查看气泡的位置是否超出规定，若超出，应立即重新整平仪器。若一测回中发现气泡偏离超出规定，应将该测回作废，待整平后，再重新观测该测回。

知识点五 角观测法和三联脚架法测导线

目前使用全站仪进行控制测量主要布设导线网，每个测站上基本只有两个方向需要观测，因此工程实践中多采用角观测法和三联脚架法进行观测，提高观测精度和工作效率。

一、角观测法

如图 3.16 所示，以 A 为测站测量 AB 和 AC 之间的水平夹角 β_A 时，我们看到这时存在两个角度 $\beta_{A左}$、$\beta_{A右}$，角观测法的基本思想就是在一个测站点上既观测左角，又观测右角；奇数测回测左角，偶数测

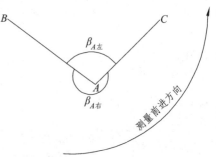

图 3.16 角观测法示意图

回测右角。假设一个测站上需要观测 5 个测回，其具体观测步骤如下：

（1）第 1 测回属于奇数测回，应该测 $\beta_{A左}$：盘左位置精确照准 B 目标，将度盘配置在 0°00′ 附近，顺时针旋转照准部瞄准 C 目标，读记水平度盘读数，得到上半测回角度值 $\beta_{A左1上半测回}$；倒转望远镜盘右位置照准目标 C，读记水平度盘读数，逆时针旋转照准部瞄准 B 目标，读记水平度盘读数，得到下半测回角度值 $\beta_{A左1下半测回}$，则本测回最终结果为 $\beta_{A左1} = \dfrac{\beta_{A左1上半测回} + \beta_{A左1下半测回}}{2}$。

（2）第 2 测回属于偶数测回，应该测 $\beta_{A右}$：盘左位置精确照准 B 目标，按照度盘配置公式将度盘位置调整至计算位置，此时先不记录此数据。顺时针旋转照准部瞄准 C 目标，读记水平度盘读数，再顺时针旋转瞄准 B 目标，读记水平度盘读数，得到上半测回角度值 $\beta_{A右2上半测回}$ ＝ B 方向读数减 C 方向读数；倒转望远镜盘右位置照准目标 B，读记水平度盘读数，逆时针旋转照准部瞄准 C 目标，读记水平度盘读数，得到下半测回角度值 $\beta_{A右2下半测回}$ ＝ B 方向读数减 C 方向读数，则本测回最终结果为 $\beta_{A右2} = \dfrac{\beta_{A右2上半测回} + \beta_{A右2下半测回}}{2}$。

（3）以此类推，第 3 测回、第 4 测回、第 5 测回可以依次得到结果：$\beta_{A左3}$、$\beta_{A右4}$、$\beta_{A左5}$。

则最终 5 测回观测完成以后可以得到：

$$\beta_{A左} = \frac{\beta_{A左1} + \beta_{A左3} + \beta_{A左5}}{3}$$

$$\beta_{A右} = \frac{\beta_{A右2} + \beta_{A右4}}{2}$$

以此可以计算圆周角闭合差：$\Delta = \beta_{A左} + \beta_{A右} - 360°$，并根据表 3.2 的限差要求判断观测成果质量是否合格。

表 3.2　圆周角闭合差限差

导线等级	二	三	四	五
Δ/(″)	2.0	3.5	5.0	8.0

（4）若圆周角闭合差没有超限，则可以计算观测角的平差值：$\hat{\beta}_{A左} = \beta_{A左} - \dfrac{\Delta}{2}$，$\hat{\beta}_{A右} = 360° - \hat{\beta}_{A左}$。

二、三联脚架法测导线

如图 3.17 所示的导线测量中，当从测站点 B 迁站至测站点 C 时，下方箭头表示的是常规的迁站方法，即将 B 点的仪器和脚架一起搬至 C 点，将 A 点的棱镜和脚架一起搬至 B 点，将 C 点处的棱镜和脚架一起搬至 D 点；而图中上方箭头表示的是三联脚架法的迁站方法，即将 A 点处的棱镜和脚架一起搬至 D 点，仅松开 B 点和 C 点处仪器或者棱镜与之基座连接的锁，将仪器或棱镜与基座分离，脚架和基座均保持不动，将 B 点与基座分离后的仪器和 C 点与基座分离后的棱镜进行交换。

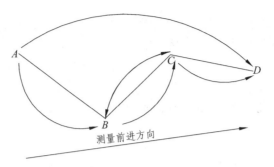

图 3.17　导线测量示意图

三联脚架法的优点有：

（1）减少了仪器整置的次数，大大提高了工作效率；

（2）一个测站上可以多次量高，容易发现量高粗差；

（3）大大减弱仪器对中误差和目标偏心误差对测角和测距的影响。

知识点六　方向观测法

根据水平角观测操作基本规则，可制定出不同的观测方法，不论哪种观测方法均应能有效地减弱各种误差影响，保证观测结果的必要精度；操作程序要尽可能的简单、有规律，以适应野外作业。不同等级的水平角观测的精度要求不同，其观测方法也不同。当前三、四等以下的水平角观测采用"方向观测法"。有时，二等三角观测也使用方向观测法。

一、方向观测法原理

如图 3.18 所示，若测站上有 5 个待测方向：A、B、C、D、E，选择其中的一个方向（如 A）作为起始方向（亦称零方向）。在盘左位置，从起始方向 A 开始，按顺时针方向依次照准 A、B、C、D、E，并读取度盘读数，称为上半测回；然后纵转望远镜，在盘右位置按逆时针方向旋转照准部，从零方向 A 开始，依次照准 A、E、D、C、B 并读数，称为下半测回。上下半测回合为一测回。这种观测方法就叫做方向观测法（又叫方向法）。

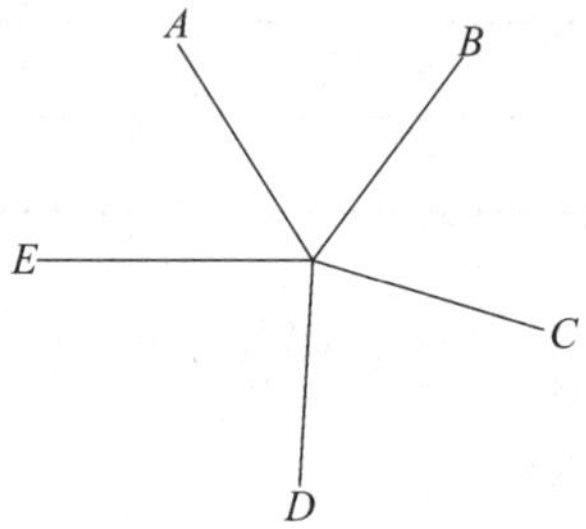

如果在上半测回照准最后一个方向 E 之后继续按顺时针方向旋转照准部，重新照准零方向 A 并读数；下半测回也从零方向 A 开始，依次照准 A、E、D、C、B、A，并进行读数。这样，在每半测回中，都从零方向开始照准部旋转一整周，再闭合到零方向上的操作，就叫"归零"。通常把这种"归零"的方向观测法称为全圆方向法。习惯上把方向观测法和全圆方向法统称为方向观测法或方向法。当观测方向多于 3 个时，采用全圆方向法。

图 3.18　方向观测法

"归零"的作用是：当应观测的方向较多时，半测回的观测时间也较长，这样在半测回中很难保持仪器底座及仪器本身不发生变动。由于"归零"，便可以从零方向的两次方向值之差（即归零差）的大小，判明这种变动对观测精度影响的程度以及观测结果是否可以采用。

采用方向观测法时，选择理想的方向作为零方向是最重要的。如果零方向选择的不理想，不仅是观测工作无法顺利进行，而且还会影响方向值的精度。选择的零方向应满足以下的条件：

第一，边长适中。就是说，与本点其他方向比较，其边长既不是太长，又不是最短。

第二，成像清晰，目标背景最好是天空。若本点所有目标的背景均不是天空时，可选择背景为远山的目标作为零方向。另外，零方向的相位差影响要小。

第三，视线超越或旁离障碍物较远，不易受水平折光影响，视线最好从觇标的两橹柱中间通过。

有些方向虽能满足上述要求，但经常处在云雾中，也不宜选作零方向。

当需要分组观测时，选择零方向更要慎重，以保证各组均使用同一个零方向。

二、观测方法

1．观测度盘表

为了减弱度盘和测微盘分划误差影响，应在开始观测前编出观测度盘表。各测回零方向应对准的度盘位置按式（3.23）计算。

计算所得即为方向观测度盘数据，见表3.3。

采用方向观测法时，可根据测站点的等级和仪器类型，遵守表列测回数规定，并按表3.3配置各测回零方向的度盘和测微器位置，不需要重新编制观测度盘表。

表3.3　方向观测度盘

等级	二　　等		三　　等			四　　等		
仪器	J₀₇型	J₁（T₃）型	J₀₇型	J₁（T₃）型	J₂（T₂、010）型	J₀₇型	J₁（T₃）型	J₂（T₂、010）型
测回数	12 ° ′ ″	15 ° ′ ″	6 ° ′ ″	9 ° ′ ″	12 ° ′ ″	4 ° ′ ″	6 ° ′ ″	9 ° ′ ″
Ⅰ	0 00 02	0 00 02	0 00 05	0 00 03	0 00 25	0 00 08	0 00 05	0 00 33
Ⅱ	15 04 07	12 04 06	30 04 15	20 04 10	15 11 15	45 04 23	30 04 15	20 11 40
Ⅲ	30 08 12	24 08 10	60 08 25	40 08 17	30 22 05	90 08 38	60 08 25	40 22 47
Ⅳ	45 12 17	36 12 14	90 12 35	60 12 23	45 32 55	135 12 53	90 12 35	60 33 53
Ⅴ	60 16 22	48 16 18	120 16 45	80 16 30	60 43 45		120 16 45	80 45 00
Ⅵ	75 20 27	60 20 22	150 20 55	100 20 37	75 54 35		150 20 55	100 56 07
Ⅶ	90 24 32	72 24 26		120 24 43	90 05 25			120 07 13
Ⅷ	105 28 37	84 28 30		140 28 50	105 16 15			140 18 20
Ⅸ	120 32 42	96 32 34		160 32 57	120 27 05			160 29 27
Ⅹ	135 36 47	108 36 38			135 37 55			
Ⅺ	150 40 52	120 40 42			150 48 45			
Ⅻ	165 44 57	132 44 46			165 59 35			
ⅩⅢ		144 48 50						
ⅩⅣ		156 52 54						
ⅩⅤ		168 56 58						

2．一测回操作程序

（1）照准零方向标的，按观测度盘表配置测微盘和度盘。

（2）按顺时针方向旋转照准部1~2周后，精确照准零方向标的，读取水平度盘和测微盘读数（重合对径分划线两次，读取水平度盘读数一次，读取测微盘读数两次）。

（3）顺时针方向旋转照准部，精确照准2方向标的，按（2）方法进行读数，继续按顺时针方向旋转照准部，依次精确照准3，4，…，n方向标的并读数，最后闭合至零方向（当观测的方向数小于3时，可以不"归零"）。

（4）纵转望远镜，按逆时针方向旋转照准部1~2周后，依次精确照准1，n，…，3，2，1方向标的，并按（2）读数方法进行读数。

以上操作为一测回，方向观测测回数见表3.4。

表 3.4　方向法观测的测回数

仪器类型	等　级		
	二　等	三　等	四　等
J₁ 型	15	9	6
J₂ 型		12	9

3．观测手簿的记录与计算

表3.5所列结果，是使用全站仪进行二等方向观测两个测回的手簿记录、计算示例。因为观测顺序是：上半测回为A，B，C，D，A，下半测回为A，D，C，B，A，所以手簿"读数"栏中两个半测回的记录也必须与之相应，即上半测回由上往下，下半测回由下往上记录。然后再取盘左盘右观测的平均值并用各方向的观测值减去A方向的观测值，得到归零之后的方向值。

表 3.5　方向观测记录表

测站	目标	读数		2C值	平均读数	归零方向值	各测回归零后方向值的平均值
		盘左	盘右				
		(° ′ ″)	(° ′ ″)	(″)	(° ′ ″)	(° ′ ″)	(° ′ ″)
1	2	3	4	5	6	7	8
O（1）					24		
	A	140 18 25	320 18 21	+4	23	0 00 00	0 00 00
	B	200 29 10	20 29 05	+5	08	60 10 44	60 10 44
	C	272 07 32	92 07 30	+2	31	131 49 07	131 49 08
	D	307 52 17	127 52 10	+7	14	167 33 50	167 33 51
	A	140 18 27	320 18 21	+6	24		
O（2）					23		
	A	140 18 27	320 18 19	+8	23	0 00 00	
	B	200 29 09	20 29 07	+2	08	60 10 45	
	C	272 07 30	92 07 34	−4	32	131 49 09	
	D	307 52 19	127 52 11	+8	15	167 33 52	
	A	140 19 26	320 18 20	+6	23		

三、观测结果选择

1．观测限差

观测结果中，有一些数值在理论上应该满足一定的关系。例如，同一个方向各测回的方向值应相同；归零差应为零等。由于各种误差的影响，实际上是不可能的。为了保证观测结果的精度，利用它们理论上存在的关系，通过大量的实践验证，对其差异规定出一定的界限，称为限差。在作业中用这些限差检核观测质量，决定成果的取舍。在限差以内的结果，认为合格；超限成果，则不合格，应舍去重新观测。

方向观测法中的限差规定见表 3.6。表 3.6 中的限差规定是经过长期作业实践和周密理论分析而总结出来的，只要作业人员严格按照作业规则操作，在正常的外界条件下，这些限差指标是完全能够满足的。另外限差是对观测质量的最低要求，作业人员不应满足于观测成果不超限，而应努力提高技术水平，严格遵守操作规则，认真分析误差影响（尤其是系统误差）的因素，采取相应的措施，在不增加作业时间的前提下，最大限度地消除或减弱其影响，尽可能地提高观测成果质量。

表 3.6 方向观测法限差规定

序号	项 目	二 等		三 等			四 等		
		J_{07} 型 /（″）	J_1 型 /（″）	J_{07} 型 /（″）	J_1 型 /（″）	J_2 型 /（″）	J_{07} 型 /（″）	J_1 型 /（″）	J_2 型 /（″）
1	半测回归零差	5	6	5	6	8	5	6	8
2	一测回内 $2C$ 互差	9	9	9	9	13	9	9	13
3	不纵转望远镜时，同一方向值在一测回中上、下半测回之差	6		6			6		
4	化归同一起始方向后，同一方向值各测回互差	5	6	5	6	9	5	6	9
5	三角形最大闭合差	3.5″		7.0″			9.0″		

2．观测结果的取舍

为了保证观测成果质量，凡是超限成果都必须重测。但超限的具体情况比较复杂，究竟应该重测哪个，要根据观测的实际情况，仔细地分析，合理地确定其取舍。任何主观臆断或盲目重测都可能造成观测结果的混乱，影响成果质量。判定重测时注意：

第一，超限现象是有其规律可循的。观测结果中的主要误差是偶然误差，它是按其自身的规律性出现的，因此在成果取舍时，要根据偶然误差的特性加以判断。同时也要根据观测时的具体条件，注意分析系统误差的影响，合理地确定取舍。

第二，在判断重测时应仔细分析造成超限的真正原因。客观原因，如仪器、目标成像、水平折光等；主观原因，如操作、照准、观测时间的选择等。假如判定有错误，将会直接影响成果质量，甚至会造成全部重测。

第三，判定重测的方法只是一些基本原则，不可能是包罗万象的公式。在具体处理时，凡不易判定或把握不大时，要注意从严处理，以避免漏洞。

测回互差超限时，除明显的孤值外，应重测观测结果中最大和最小值的测回，这是判定重测的基本原则。

四、测站平差

在一份成果中，各个方向均观测了若干个测回，同一方向在各测回中的观测值虽然都是合限的。但因受各种误差的影响，彼此间存在差别，不可能相等，因此就要按照一定的方法，由同方向各测回的观测值求出该方向的最可靠的方向值（又叫平差值），作为该方向的观测结果，这就叫测站平差。

这里所介绍的测站平差，是用算术中数的方法，求出各个方向的平差方向值。即

$$\text{某一方向的平均方向值} = \frac{\text{该方向各测回观测值之和}}{\text{测回数}} \tag{3.24}$$

在实际作业中，测站平差计算是在固定表格——"水平方向观测记簿"上进行的，如表3.7所示。

表 3.7　水平方向观测记簿

方向号数	方向名称	测站平差后方向值 ° ′ ″		$(C+\gamma)$ 归零	加归心改正后方向值	备注
1	小　山	0　00　00.0				一测回方向值中误差
2	黄土岭	59　15　13.2				$\mu = \pm 0.83''$
3	河　山	141　44　44.9				m个测回方向值中数的误差
4	白云山	228　37　24.9				$M = \pm 0.28''$
5	岭西村	297　07　05.7				

观测日期	测回号	1 小山 T ° ′ 0 00	V	2 黄土岭 T ° ′ 59 15	V	3 河山 T ° ′ 141 44	V	4 白云山 T ° ′ 228 37	V	5 岭西村 T ° ′ 297 07	V	6 ° ′	V
7.3		″	″	″	″	″	″	″	″	″	″	″	″
	Ⅰ	00.0		14.0	−0.8	(48.5)		25.1	−0.2	06.9	−1.2		
	Ⅱ	00.0		12.5	+0.7	46.0	−1.1	25.0	−0.1	05.9	−0.2		
	Ⅲ	00.0		11.6	+1.6	45.0	−0.1	23.4	+1.5	04.7	+1.0		
	Ⅳ	00.0		11.4	+1.8	46.3	−1.4	26.0	−1.1	05.3	+0.4		

续表 3.7

观测日期	测回号	1 小山　T 0　00	V	2 黄土岭　T 59　15	V	3 河山　T 141　44	V	4 白云山　T 228　37	V	5 岭西村　T 297　07	V	6 °　′	V
	V	(00.0)		(09.2)		(41.8)		(23.0)		(00.8)			
	VI	00.0		15.0	− 1.8	43.1	+ 1.8	24.1	+ 0.8	04.7	+ 1.0		
	VII	00.0		(17.1)		44.0	+ 0.9	26.2	− 1.3	06.6	− 0.9		
	VIII	00.0		13.0	+ 0.2	44.5	+ 0.4	放弃		06.7	− 1.0		
	IX	00.0		14.8	− 1.6	45.2	− 0.3	24.8	+ 0.1	05.5	+ 0.2		
	重 V	00.0		13.2	0.0	44.7	+ 0.2	24.4	+ 0.5	04.9	+ 0.8		
	重 VI	00.0				45.6	− 0.7						
	重 VII	00.0		12.9	+ 0.3								
	重 VIII	00.0						25.3	− 0.4				
中　数		00.0		13.2		44.9		24.9		05.7			
$\sum|V|_i$				8.8		6.9		6.0		6.7			

注：① 括弧中的成果为划去不采用。

② 一测回方向值的中误差 $\mu = k\dfrac{\sum|v|}{n} = \pm 0.83''$，式中 $\sum|v| = 28.4$，$n = 9$，$k = 0.147$。

③ m 个测回方向值中数中误差 $m = \dfrac{u}{\sqrt{m}} = 0.28''$，$m$ 为测回数。

测站平差计算步骤如下：

（1）按表 3.7 的格式，从观测手簿中抄取所有观测方向的各测回方向值（超限的基本测回观测结果也抄入相应位置，并划去，表示不予采用）。

（2）按表 3.7 格式计算所有方向的平差方向值，取至 0.1″。

（3）计算出各测回观测值与其平差值之差，已入 "V" 栏内。

（4）求出各个方向的 V 值的绝对值之和 $\sum|v|$。

（5）求出各个方向的 $\sum|v|_i$ 之和 $\sum|v|$。

（6）按公式 $k = \dfrac{1.25}{\sqrt{m(m-1)}}$ 求出 k 值，式中 m 为本测站的测回数。

（7）按公式 $u = k\dfrac{\sum|v|}{n}$ 求出一测回方向值的中误差 u，式中 n 为本测站的观方向数。

（8）按公式 $M = \dfrac{u}{\sqrt{m}}$ 求出平差方向值中数的中误差 M。

五、方向观测法的特点及其应用范围

方向观测法有很多优点，例如，观测程序和测站平差简单，有规律；工作量较小；方向数不多时，可以有效地减弱各种误差的影响等。在边长较短，精度要求不高时，是一种好方法。但边较长，精度要求又很高时（如一等三角测量），方向观测法就不适用了。因为观测长边时，要求所有的目标成像都同时清晰、稳定是很困难的。为了等候各个目标的成像清晰、稳定，往往要浪费很多时间。另外，由于一测回照准的目标较多，每一测回观测时间必然较长，这样，由各种外界条件引起的误差影响将会加剧，很难达到更高的精度要求。所以，《规范》规定，方向观测法主要用于三、四等水平角观测。进行二等水平角观测时，若观测方向数少于7个，也可采用此法。

顺便指出，按方向法观测时，若测站方向数超过7个，应进行分组方向观测。分组观测在较早的控制测量书中有叙述。由于现在已基本不布设三角网，本书略去此项内容。

六、固定角测站平差

在高等点上设站进行低等观测时，应联测上两个高等方向。在观测完成后，将高等方向的方向夹角作为固定值，对低等观测方向值进行平差，称为固定角平差。其作用就是将低等方向值符合到高等方向值上。

其计算方法为：先计算出联测角观测值与已知的固定角值之差 W；再算出第一联测方向的改正数（$+W/2$）和第二联测方向的改正数（$-W/2$）。如果零方向为已知高等方向，则把上述的改正数归零并算出平差方向值，如表3.8所示。

应当说明，上述的固定角平差计算只有在固定角闭合差合限的情况下才能进行。若固定角闭合差超限，应分析原因，然后重测。若重测后仍超限，应检查已知数据，以及分析判断已知点的稳定性。固定角闭合差的限值为

$$W_{限} = \pm 2\sqrt{m_1^2 + m_2^2} \tag{3.25}$$

式中　　m_1——原固定角的中误差；
　　　　m_2——本期水平角观测的中误差。

表 3.8　固定角测站平差

方向号	观测方向值 ° ′ ″	改正数 ″	V 归零 ″	平差方向值 ° ′ ″	已知方向值 ° ′ ″	备　注
1	0　00　00.0	+0.89	0.0	0　00　00.0	38　16　45.28	
2	48　32　15.6		-0.9	48　32　14.7		
3	76　19　23.4	-0.89	-1.8	76　19　21.6	114　36　07.44	
4	130　38　32.8		-0.9	130　38　31.8		
5	216　54　44.5		-0.9	216　54　43.6		
$W = 76°19′23.4″ - (114°36′07.44″ - 38°16′45.82″) = +1.78″$						

【习题练习】

1. 视差产生的原因是（　　）。

　A. 仪器本身出现机械故障

　B. 天气条件不好，可见度低

C. 目标离观测仪器距离太远

D. 目标成像面与十字丝平面不完全重合出现相对移动

2. 如何消除视差（　　　）。

A. 尽量选择短边进行测量

B. 反复多次调节目镜和物镜，使十字丝和目标成像均很清晰

C. 通过调节水平微动螺旋精确照准目标

D. 通过脚螺旋的调节使水准气泡居中

3. 指标差的检验过程是（　　　）。

A. 分别在盘左和盘右用中丝照准同一目标并在指标水准管气泡居中后得到竖盘读数 L、R

B. 利用指标差计算公式计算出指标差的大小

C. 判断指标差是否超限

D. 进行指标差的校正

4. 若在盘左对一台 2″ 级全站仪进行指标差 i 的校正，则盘左正确的读数为（　　　）。

A. $L_0 = L + i$　　　B. $L_0 = L / i$　　　C. $L_0 = L - i$　　　D. $L_0 = L \times i$

5. 全站仪三轴误差包括（　　　）。

A. 水平轴倾斜误差　　　　　　　　B. 垂直轴倾斜误差

C. 水准轴倾斜误差　　　　　　　　D. 视准轴倾斜误差

6. 在全站仪三轴误差对观测的水平方向值影响中，可以用盘左盘右取均值的方法消除的是（　　　）。

A. 水平轴倾斜误差　　　　　　　　B. 垂直轴倾斜误差

C. 水准轴倾斜误差　　　　　　　　D. 视准轴倾斜误差

7. 如何消除或削弱垂直轴倾斜对水平方向观测的影响？（　　　）

A. 采用盘左盘右取平均值的方法完全消除。

B. 观测前精密的将仪器整置水平。

C. 观测过程中应多次重新整置仪器。

D. 垂直角较大时加相应的改正。

8. 如何消除或削弱水平度盘分划误差？（　　　）

A. 采用盘左盘右取均值的方法。

B. 观测前精密整置仪器。

C. 各测回变换不同的度盘起始位置。

D. 观测过程中应多次重新整置仪器。

9. 为了保证观测中目标成像质量，应采取的措施是（　　　）。

A. 尽量降低视线高度

B. 保证足够的视线高度

C. 尽量选择短距离观测

D. 选择有利的观测时间

10. 关于角观测法测量说法正确的是（　　　）。

A. 既测前进方向的左角又测右角

B. 奇数测回测右角

C. 偶数测回测右角

D. 奇数测回测左角

E. 偶数测回测左角

11. 经圆周角闭合差调整以后的左角值为（　　　）。

A. $\hat{\beta}_{左} = \beta_{左} - \Delta$ 　　　　B. $\hat{\beta}_{左} = \beta_{左} + \Delta$

C. $\hat{\beta}_{左} = \beta_{左} - \dfrac{\Delta}{2}$ 　　　　D. $\hat{\beta}_{左} = \beta_{左} + \dfrac{\Delta}{2}$

12. 三联脚架法测导线的优点有（　　　）。

A. 减少了仪器整置的次数，大大提高工作效率

B. 一个测站上可以多次量高，容易发现量高粗差

C. 大大减弱仪器对中误差和目标偏心误差对测角和测距的影响

D. 仪器搬站过程中不用装箱，缩短了搬站时间

13. 方向观测法中"归零"的作用是（　　　）。

A. 检查零方向读数是否出错

B. 将度盘读数归为零度零分零秒

C. 检查半测回观测成果的质量

D. 计算归零差的大小

14. 若 A、B、C、D 四个点分布在东、西、南、北四个方向上，采用方向观测法以 A 为零方向，上半测回观测顺序为（　　　）。

A. $ABCDA$ 　　　B. $ADBCA$ 　　　C. $ACBDA$ 　　　D. $ADCBA$

任务四　精密测距

【知识概要】

1. 掌握电磁波测距基本原理。

2. 熟悉脉冲式测距与相位式测距。

3. 了解精密测距的误差来源及注意事项。

【技能任务】

1. 使用全站仪进行导线网边长测量。

2. 对导线网边长进行改正计算。

【技术规范】

1.《中、短程光电测距规范》。

2.《工程测量规范》。

3.《水利水电工程施工测量规范》。

【相关知识】

知识点一　电磁波测距基本原理

一、概　述

建立高精度的水平控制网，需要测定控制网的边长。过去精密距离测量，都是用因瓦基线尺直接丈量待测边的长度，虽然可以达到很高的精度，但丈量工作受地形条件的限制，速度慢，效率低。从六十年代起，由于电磁波测距仪不断更新、完善和愈益精密，它以速度快，效率高取代了因瓦基线尺，广泛用于水平控制网和工程测量的精密距离测量中。

随着近代光学、电子学的发展和各种新光源（激光、红外光等）相继出现，电磁波测距技术得到迅速的发展，出现了以激光、红外光和其他光源为载波的光电测距仪和以微波为载波的微波测距仪。因为光波和微波均属于电磁波的范畴，故它们又统称为电磁波测距仪。

由于光电测距仪不断地向自动化、数字化和小型轻便化方向发展，大大地减轻了测量工作者的劳动强度，加快了工作速度，所以在工程控制网和各种工程测量中，多使用各种类型的光电测距仪。

光电测距仪按仪器测程大体分三大类：

（1）短程光电测距仪：测程在 3 km 以内，测距精度一般在 1 cm 左右。这种仪器可用来测量三等以下的三角锁网的起始边，以及相应等级的精密导线和三边网的边长，适用于工程测量和矿山测量。这类测程的仪器很多，如：瑞士的 ME3000，精度可达 $\pm(0.2\ mm + 0.5 \times 10^{-6}D)$ ；DM502、DI3S、DI$_4$，瑞典的 AGA-112、AGA-116，美国的 HP3820A，英国的 CD6，日本的 RED2、SDM3E，德国的 ELTA. 2、ELDI2 等，精度均可达 $\pm(5\ mm + 5 \times 10^{-6}D)$ ；德国的 EOT 2000，我国的 HGC-1、DCH-2、DCH3、DCH-05 等。

短程光电测距仪，多采用砷化镓（GaAs 或 GaAlAs）发光二极管作为光源（发出红外荧光），少数仪器也用氦-氖（He-Ne）气体激光器作为光源。砷化镓发光二极管是一种能直接发射调制光的器件，即通过改变砷化镓发光二极管的电流密度来改变其发射的光强。

（2）中程光电测距仪：测程在 3~15 km 左右的仪器称为中程光电测距仪，这类仪器适用于二、三、四等控制网的边长测量，如：我国的 JCY-2、DCS-1，精度可达 $\pm(10\ mm + 1 \times 10^{-6}D)$ ，瑞士的 ME5000 精度可达 $\pm(0.2\ mm + 0.2 \times 10^{-6}D)$ ；DI5、DI20，瑞典的 AGA-6、AGA-14A 等精度均可达到 $\pm(5\ mm + 5 \times 10^{-6}D)$ 。

（3）远程激光测距仪：测程在 15 km 以上的光电测距仪，精度一般可达 $\pm(5\ mm + 1 \times 10^{-6}D)$ ，能满足国家一、二等控制网的边长测量。如瑞典的 AGA-8、AGA-600，美国的 Range master，我国的 JCY-3 型等。

中、远程光电测距仪，多采用氦-氖（He-Ne）气体激光器作为光源，也有采用砷化镓激光二极管作为光源，还有其他光源的，如二氧化碳（CO_2）激光器等。由于激光器发射激光具有方向性强、亮度高、单色性好等特点，其发射的瞬时功率大，所以，在中、远程测距仪中多用激光作载波，称为激光测距仪。

根据测距仪出厂的标称精度的绝对值，按 1 km 的测距中误差，测距仪的精度分为三级，见表 4.1。

表 4.1　测距仪的精度分级

测距中误差/mm	测距仪精度等级
小于 5	Ⅰ
5 ~ 10	Ⅱ
11 ~ 20	Ⅲ

电磁波测距是通过测定电磁波束在待测距离上往返传播的时间 t_{2D} 来计算待测距离 D 的，如图 4.1 所示，电磁波测距的基本公式为

$$D = \frac{1}{2} c t_{2D} \tag{4.1}$$

式中　c——电磁波在大气中的传播速度。

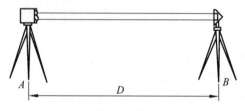

图 4.1　电磁波测距示意图

电磁波在测线上的往返传播时间 t_{2D}，可以直接测定，也可以间接测定。直接测定电磁波传播时间是用一种脉冲波，它是由仪器的发送设备发射出去，被目标反射回来，再由仪器接收器接收，最后由仪器的显示系统显示出脉冲在测线上往返传播的时间 t_{2D} 或直接显示出测线的斜距，这种测距仪称为脉冲式测距仪。间接测定电磁波传播时间是采用一种连续调制波，它由仪器发射出去，被反射回来后进入仪器接收器，通过发射信号与返回信号的相位比较，即可测定调制波往返于测线的迟后相位差中小于 2π 的尾数。用 n 个不同调制波的测相结果，便可间接推算出传播时间 t_{2D}，并计算（或直接显示）出测线的倾斜距离。这种测距仪器称为相位式测距仪。目前这种仪器的计时精度达 10^{-10} s 以上，从而使测距精度提高到 1 cm 左右，可基本满足精密测距的要求。现今用于精密测距的测距仪多属于这种相位式测距仪，我们将讨论用于控制测量的相位式光电测距仪。

二、相位式光电测距仪基本公式

如图 4.2（a）所示，测定 A,B 两点的距离 D，将相位式光电测距仪整置于 A 点（称测站），反射器整置于另一点 B（称镜站）。测距仪发射出连续的调制光波，调制波通过测线到达反射器，经反射后被仪器接收器接收［见图 4.2（b）］。调制波在经过往返距离 $2D$ 后，相位延迟了 Φ。我们将 A,B 两点之间调制光的往程和返程展开在一直线上，用波形示意图将发射波

与接收波的相位差表示出来，如图 4.2（c）所示。

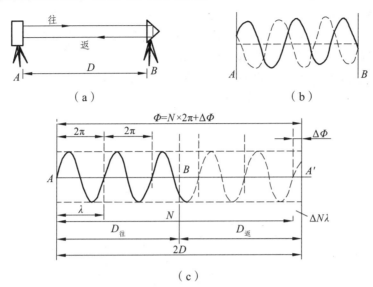

（a）　　　　　　　　　　　　　（b）

（c）

图 4.2　相位式光电测距仪测距原理

设调制波的调制频率为 f，它的周期 $T=1/f$，相应的调制波长 $\lambda=cT=c/f$。由图 4.2（c）可知，调制波往返于测线传播过程所产生的总相位变化 Φ 中，包括 N 个整周变化 $N\times2\pi$ 和不足一周的相位尾数 $\Delta\Phi$，即

$$\Phi=N\times2\pi+\Delta\Phi \tag{4.2}$$

根据相位 Φ 和时间 t_{2D} 的关系式 $\Phi=wt_{2D}$，其中 w 为角频率，则

$$t_{2D}=\Phi/w=\frac{1}{2\pi f}(N\times2\pi+\Delta\Phi) \tag{4.3}$$

将式（4.3）代入式（4.1）中，得

$$D=\frac{c}{2f}(N+\Delta\Phi/2\pi)=L(N+\Delta N) \tag{4.4}$$

式中　L——测尺长度，$L=c/2f=\lambda/2$；

　　　N——整周数；

　　　ΔN——不足一周的尾数，$\Delta N=\Delta\Phi/2\pi$。

式（4.4）为相位式光电测距的基本公式。由此可以看出，这种测距方法同钢尺量距相类似，用一把长度为 $\lambda/2$ 的"尺子"来丈量距离，式中 N 为整尺段数，而 $\Delta N\times\dfrac{\lambda}{2}$ 等于 ΔL 为不足一尺段的余长，则

$$D=NL+\Delta L \tag{4.5}$$

式中，c,f,L 为已知值，$\Delta\Phi,\Delta N$ 或 ΔL 为测定值。

由于测相器只能测定 $\Delta\Phi$，而不能测出整周数 N，因此使相位式测距公式（4.4）或式（4.5）

产生多值解。可借助于若干个调制波的测量结果(ΔN_1、ΔN_2、…或 ΔL_1、ΔL_2、…）推算出 N 值，从而计算出待测距离 D。

ΔL 或 ΔN 和 N 的测算方法，有可变频率法和固定频率法。可变频率法是在可变频带的两端取测尺频率 f_1 和 f_2，使 ΔL_1 或 ΔN_1 和 ΔL_2 或 ΔN_2 等于零，亦即 $\Delta \Phi_1$ 和 $\Delta \Phi_2$ 均等于零。这时在往返测线上恰好包括 N_1 个整波长 λ_1 和 N_2 个整波长 λ_2，同时记录出从 f_1 变至 f_2 时出现的信号强度作周期性变化的次数，即整波数差（$N_2 - N_1$）。于是由式（4.5），顾及 $L_1 = \lambda_1/2, L_2 = \lambda_2/2$ 和 $\Delta L_1 = \Delta L_2 = 0$，有

$$D = \frac{1}{2}N_1\lambda_1 = \frac{1}{2}N_2\lambda_2 \tag{4.6}$$

解算式（4.6），可得

$$\left.\begin{array}{l} N_1 = \dfrac{N_2 - N_1}{\lambda_1 - \lambda_2}\lambda_1 \\[3mm] N_2 = \dfrac{N_2 - N_1}{\lambda_1 - \lambda_2}\lambda_2 \end{array}\right\} \tag{4.7}$$

按式（4.7）算出 N_1 或 N_2，将其代入式（4.6）便可求得距离 D，按这种方法设计的测距仪称为可变频率式光电测距仪。

固定频率法是采用两个以上的固定频率为测尺的频率，不同的测尺频率的 ΔL 或 ΔN 由仪器的测相器分别测定出来，然后按一定计算方法求得待测距离 D。这种测距仪称为固定频率式测距仪。现今的激光测距仪和微波测距仪大多属于固定频率式测距仪。

知识点二　相位式测距仪工作原理

相位式光电测距仪的种类较多，但其基本的工作原理是相同的。本节将讨论相位式光电测距仪的工作原理，并着重介绍它的几个主要部件的工作原理。

一、相位式光电测距仪工作原理

相位式光电测距仪的工作原理可按图 4.3 所示的原理图来说明。

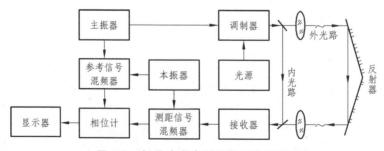

图 4.3　相位式光电测距仪工作原理

由光源所发出的光波（红外光或激光），进入调制器后，被来自主控振荡器（简称主振）的高频测距信号 f_1 所调制，成为调幅波。这种调幅波经外光路进入接收器，会聚在光电器件

上，光信号立即转化为电信号。这个电信号就是调幅波往返于测线后经过解调的高频测距信号，它的相位已延迟了Φ：

$$\Phi = 2\pi \times N + \Delta\Phi$$

这个高频测距信号与来自本机振荡器（简称本振）的高频信号f'_1经测距信号混频器进行光电混频，经过选频放大后得到一个低频（$\Delta f = f_1 - f'_1$）测距信号，用e_D表示。e_D仍保留了高频测距信号原有的相位延迟$\Phi = 2\pi \times N + \Delta\Phi$。为了进行比相，主振高频测距信号$f_1$的一部分称为参考信号与本振高频信号$f'_1$同时送入参考信号混频器，经过选频放大后，得到可作为比相基准的低频（$\Delta f = f_1 - f'_1$）参考信号，e_0表示，由于e_0没有经过往返测线的路程，所以e_0不存在象e_D中产生的那一相位延迟Φ。因此，e_D和e_0同时送入相位器采用数字测相技术进行相位比较，在显示器上将显示出测距信号往返于测线的相位延迟结果。

当采用一个测尺频率f_1时，显示器上就只有不足一周的相位差$\Delta\Phi$所相应的测距尾数，超过一周的整周数N所相应的测距整尺数就无法知道，为此，相位式测距仪的主振和本振 2 个部件中还包含一组粗测尺的振荡频率，即主振频率f_2、f_3、…和本振频率f'_2、f'_3、…。如前所述，若用粗测尺频率进行同样的测量，把精测尺与一组粗测尺的结果组合起来，就能得到整个待测距离的数值了。

二、差频测相

在目前测相精度一般为千分之一的情况下，为了保证必要的测距精度，精测尺的频率必须选得很高，一般为十几 MHz ~ 几十 MHz，例如 HGC-1 型短程红外测距仪的精测尺频率$f_1 = 15\,\text{MHz}$，JCY-2 型精密激光测距仪的精测尺频率$f_1 = 30\,\text{MHz}$。在这样高的频率下直接对发射波和接收波进行相位比较，受电路中寄生变量的影响，在技术上将遇到极大的困难。另外为了解决测程的要求，须选择一组频率较低的粗测尺，当粗测尺频率为 150 kHz 时，与精测尺频率 15 MHz，两者相差 100 倍。这样有几种频率就要配备几种测相电路，使线路复杂化。为此，目前相位式测距仪都采用差频测相，即在测距仪内设置一组与调制光波的主振测尺频率（f_i）相对应的本振频率（f'_i），经混频后，变成具有相同的差频Δf。也就是使高频测距信号和高频基准信号在进入比相前均与本振高频信号进行差频，成为测距和基准低频信号。在比相时，由于低频信号的频率大幅度降低（如精测尺频率为 15 MHz，混频后低频为 4 kHz 时，降低了 3 750 倍），周期相应扩大，即表象时间得到放大，这就大大地提高了测相精度。此外，因测相电路读数直接与频率有关，频率不同，电路亦应改变。若用差频测相，使"精"、"粗"测尺的各个不同的高频信号差频后均成为频率相同的低频信号，则仪器中只要设置一套测相电路就可以了。

图 4.4 是相位式测距仪的差频测相原理图。现由图说明混频只改变频率，而不改变相位关系。

设主振测尺频率为f，其角频率$\omega = 2\pi f$，发射时刻t的相位为$\omega t + \theta$（θ为初相角）。设本振频率为f'，角频率为$\omega' = 2\pi f'$，发射时刻t的相位为$\omega' t + \theta'$，θ'为其初相角。主振和本振两个高频信号经过混频后，取其差频$\Delta f = f - f'$，得到低频参考信号e_0，该信号在发射时刻t的相位为

$$\varphi_0 = (\omega - \omega')t + (\theta - \theta') \tag{4.8}$$

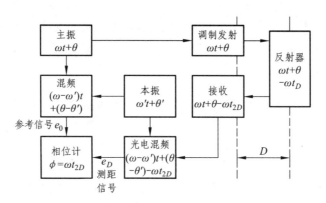

图 4.4　相位式测距仪的差频测相原理

　　主振测距信号到达反射器所需的时间为 t_D，因此产生的相位延迟为 ωt_D，测距信号到达反射器的相位为 $\omega t+\theta-\omega t_D$；再从反射器回到测站相位同样延迟了 ωt_D，因此测距信号接收时的相位为 $\omega t+\theta-\omega t_{2D}$（这里 $t_{2D}=2t_D$）。测距信号与本振信号进行光电混频后取其差频 Δf，得到低频测距信号 e_D，该信号在发射时刻 t 的相位为

$$\varphi_D = (\omega-\omega')\ t+(\theta-\theta')-\omega t_{2D} \tag{4.9}$$

　　在相位器中测定测距信号与参考信号两种低频信号的相位差 φ_{2D}，即为式（4.8）和式（4.9）相减：

$$\varphi_{2D} = \varphi_D - \varphi_0 = \omega t_{2D} \tag{4.10}$$

　　由此可见，相位差 φ_{2D} 即为测距信号在 2 倍测线距离上的相位延迟。以上说明了经混频后的低频信号仍保持着原高频信号间的相位关系。

知识点三　精密测距误差来源及注意事项

　　测距误差的大小与仪器本身的质量，观测时的外界条件以及操作方法有着密切的关系。为了提高测距精度，必须正确地分析测距的误差来源，性质及大小，从而找到消除或削弱其影响的办法，使测距获得最优精度。

一、测距误差主要来源

　　由式（4.4）可知，相位式测距的基本公式为

$$D = \frac{1}{2f}\frac{c_0}{n}\left(N+\frac{\Delta\Phi}{2\pi}\right) \tag{4.11}$$

式中　　　　　　　　　$c_0 = cn$

　　将式（4.11）线性化并根据误差传播定律得测距误差

$$M_D^2 = D^2\left[\left(\frac{m_{c_0}}{c_0}\right)^2+\left(\frac{m_f}{f}\right)^2+\left(\frac{m_n}{n}\right)^2\right]+\left(\frac{\lambda}{4\pi}\right)^2 m_\Phi^2 \tag{4.12}$$

式中 c_0——光在真空中传播的速度；

$\quad\quad f$——测尺频率；

$\quad\quad n$——大气折射率；

$\quad\quad \Phi$——相位；

$\quad\quad \lambda$——测尺波长；

$\quad\quad m_{c_0}$、m_f、m_n、m_Φ——由 c_0、f、n、Φ 引起的误差。

式（4.12）表明，测距误差 M_D 是由以上各项误差综合影响的结果。实际上，观测边长 S 的中误差 M_S 还应包括仪器加常数的测定误差 m_K 和测站及镜站的对中误差 m_l，即

$$M_S^2 = D^2 \left[\left(\frac{m_{c_0}}{c_0} \right)^2 + \left(\frac{m_f}{f} \right)^2 + \left(\frac{m_n}{n} \right)^2 \right] + \left(\frac{\lambda}{4\pi} \right)^2 m_\Phi^2 + m_K^2 + m_l^2 \quad\quad (4.13)$$

式（4.13）中的各项误差影响，就其方式来讲，有些是与距离成比例的。如 m_{c_0}、m_f 和 m_n 等，这些误差称为"比例误差"；另一些误差影响与距离长短无关。如 m_Φ、m_K 及 m_l 等，称其为"固定误差"。另一方面，就各项误差影响的性质来看，有系统的，如 m_{c_0}、m_f，m_K 及 m_n 中的一部分；也有偶然的，如 m_Φ、m_l 及 m_n 中的另一部分。对于偶然性误差的影响，我们可以采取不同条件下的多次观测来削弱其影响；而对系统性误差影响则不然，但我们可以事先通过精确检定，缩小这类误差的数值，达到控制其影响的目的。

二、比例误差的影响

由式（4.13）可看出，光速值 c_0、调制频率 f 和大气折射率 n 的相对误差使测距误差随距离 D 而增加，它们属于比例误差。这类误差对短程测距影响不大，但对中远程精密测距影响十分显著。

1. 光速值 c_0 误差的影响

1975 年国际大地测量及地球物理联合会同意采用的光速暂定值 $c_0 = 299\ 792\ 458 \pm 1.2\ \mathrm{m/s}$。这个暂定值是目前国际上通用的数值，其相对误差 $m_{c_0}/c_0 = 4 \times 10^{-9}$，这样的精度是极高的，所以，光速值 c_0 对测距误差的影响甚微，可以忽略不计。

2. 调制频率 f 误差的影响

调制频率的误差，包括两个方面，即频率校正的误差（反映了频率的精确度）和频率的漂移误差（反映了频率稳定度）。前者由于可用 $10^{-7} \sim 10^{-8}$ 的高精度数字频率计进行频率的校正，因此这项误差是很小的。后者则是频率误差的主要来源，它与精测尺主控振荡器所用的石英晶体的质量，老化过程以及是否采用恒温措施密切相关。当主控振荡器的石英晶体不加恒温措施的情况下，其频率稳定度为 $\pm 1 \times 10^{-5}$。这个稳定度远不能满足精密测距的要求（一般要求 m_f/f 在 $0.5 \times 10^{-6} \sim 1.0 \times 10^{-6}$ 范围内），为此，精密测距仪上的振荡器采用恒温装置或者气温补偿装置，并采取了稳压电源的供电方式，以确保频率的稳定，尽量减少频率误差。目前，频率相对误差 m_f/f 估计为 -0.5×10^{-6}。

频率误差影响在精密中远程测距中是不容忽视的，作业前后应及时进行频率检校，必要时还得确定晶体的温度偏频曲线，以便频率改正。

3. 大气折射率 n 误差的影响

在式（4.11）中，若只是大气折射率 n 有误差，则有

$$dD/D = -dn/n \tag{4.14}$$

通常，大气折射率 n 约为 1.0003，因 dn 是微小量，故这里取 $n=1$，于是

$$dD/D = -dn \tag{4.15}$$

对于激光（$\lambda = 6\,328\overset{\circ}{A}$）测距来说，大气折射率 n 由式（4.16）给出，即

$$n = 1 + \frac{170.91 \times P - 15.02e}{273.2 + t} \times 10^{-6} \tag{4.16}$$

由式（4.16）可以看出，大气折射率 n 的误差是由于确定测线上平均气象元素（P 气压、t 温度、e 湿度）的不正确引起的，这里包括测定误差和气象代表性误差（即测站与镜站上测定值之平均. 经过前述的气象元素代表性改正后，依旧存在的代表性误差）。各气象元素对 n 值的影响，可按式（4.16）分别求微分，并取中等大气条件下的数值（$P = 101.325\ \text{kPa}$，$t = 20\ ℃$，$e = 1.333\,22\ \text{kPa}$）代入后有

$$\left. \begin{aligned} dn_t &= -0.95 \times 10^{-6}\,dt \\ dn_P &= +0.37 \times 10^{-6}\,dP \\ dn_e &= -0.05 \times 10^{-6}\,de \end{aligned} \right\} \tag{4.17}$$

由此可见，激光测距中温度误差对折射系数的影响最大。当 $dt = 1\ ℃$ 时，$dn_t = -0.95 \times 10^{-6}$，由此引起的测距误差约一百万分之一。影响最小的是湿度误差。

从以上的误差分析来看，正确地测定测站和镜站上的气象元素，并使算得的大气折射系数与传播路径上的实际数值十分接近，从而大大地减少大气折射的误差影响，这对精密中、远程测距乃是十分重要的。因此，在实际作业中必须注意以下几点：

（1）气象仪表必须经过检验，以保证仪表本身的正确性。读定气象元素前，应使气象仪表反映的气象状态与实地大气的气象状态充分一致。温度读至 0.2 ℃，其误差应小于 0.5 ℃，气压读至 0.066 7 kPa，其误差应小于 0.133 3 kPa，这样，由于气象元素的读数误差引起的测距误差可小于 1×10^{-6}。

（2）气象代表性的误差影响较为复杂，它受到测线周围的地形、地物和地表情况以及气象条件诸多因素的影响。为了削弱这方面的影响，选点时应注意地形条件，尽量避免测线两端高差过大的情况，避免视线擦过水域。观测时，应选择在空气能充分调和的有微风的天气或温度比较稳定的阴天。必要时，可加测测线中间点的温度。

（3）气象代表性的误差影响，在不同的时间（如白天与黑夜），不同的天气（如阴天和晴天），具有一定的偶然性，有相互抵消的作用。因此，采取不同气象条件下的多次观测取平均值，也能进一步地削弱气象代表性的误差影响。

三、固定误差的影响

如前所述，测相误差 m_Φ，仪器加常数误差 m_K 和对中误差 m_l 都属于固定误差。它们都具有一定的数值，与距离的长短无关，所以在精密的短程测距时，这类误差将处于突出的地位。

1．对中误差 m_l

对于对中或归心误差的限制，在控制测量中，一般要求对中误差在 3 mm 以下，要求归心误差在 5 mm 左右。但在精密短程测距时，由于精度要求高，必须采用强制归心方法，最大限度地削弱此项误差影响。

2．仪器加常数误差 m_K

仪器加常数误差包括在已知线上检定时的测定误差和由于机内光电器件的老化变质和变位而产生加常数变更的影响。通常要求加常数测定误差 $m_K \le 0.5m$，此处 m 为仪器设计（标称）的偶然中误差。对于仪器加常数变更的影响，则应经常对加常数进行及时检测，予以发现并改用新的加常数来避免这种影响。同时，要注意仪器的保养和安全运输，以减少仪器光电器件的变质和变位，从而减少仪器加常数可能出现的变更。

3．测相误差 m_Φ

测相误差 m_Φ 是由多种误差综合而成。这些误差有测相设备本身的误差，内外光路光强相差悬殊而产生的幅相误差，发射光照准部位改变所致的照准误差以及仪器信噪比引起的误差。此外，由仪器内部的固定干扰信号而引起的周期误差也在测相结果中反映出来。

1）测相设备本身的误差

目前常用方法有移相——鉴相平衡测相法和自动数字测相法两种。

当采用移相——鉴相平衡测相法时，测相设备本身的误差与电感移相器的质量，读数装置的正确性以及鉴相器的灵敏度等有关。其中电感移相器与机械计数器是联动的，由于移相器电路元件的变化和非线性误差影响，以及鉴相器的不灵敏，使机械计数器的读数与应有值不符，而产生测相误差，对此，必须提高移相器和鉴相器本身的质量。测距时，采用内外光路的多次交替观测，这样可以消除相位零点的漂移，提高测相精度。

当采用自动数字测相法时，数字相位计本身的误差与检相电路的时间分辨率、时间脉冲频率，以及一次测相的检相次数有关。一般来说，检相触发器和门电路的启闭愈灵敏，时标脉冲的频率愈高，则测相精度愈高，这自然和设备的质量有关。测相的灵敏度还与信号的强弱有关，而信号的强弱又与大气能见度、反光镜大小等因素有关。所以选择良好的大气条件配置适当的反光镜，也可以减少数字相位计产生的测相误差。

2）幅相误差

由信号幅度变化而引起的测距误差称为幅相误差。产生的原因是：放大电路有畸变或检相电路有缺陷，当信号强弱不同时，使移相量发生变化而影响测距结果，这种误差有时达 1～2 cm。为了减小幅相误差，除了在制造工艺上改善电路系统外，尽量使内外光路信号强度大致相当。一般内光路光强调好后是不大改变的，因而必须对外光路接收信号作适当的调整，为此在机内设置了自动增益控制电路，还专门设置了手动减光板等设备，供作业时随时调节接收信号强度，使内外光路接收信号接近。通过这种措施，幅相误差可望小于 ± 5 mm。

3）照准误差

当发射光束的不同部位照射反射镜时，测量结果将有所不同，这种测量结果不一致而存在的偏差称为照准误差。产生照准误差的原因是发射光束的空间相位的不均匀性，相位漂移以及大气的光束漂移而产生的。据研究，$KD*P$ 调制器的发射光束空间相位不均匀性达 $\pm 2°$，当精尺长为 2.5 m 时，由此引起的照准误差约为 $\pm 2 \sim 3$ cm。而且相位不均匀性，即使采用内外光路观测，也因二者不可能截取发射光束的相同部位，无法消除这种误差影响。可见，照准误差是影响测相精度的一项主要误差来源。为了尽可能地消除这种误差影响，观测前，要精确进行光电瞄准，使反射器处于光斑中央。多次精心照准和读数，取平均后的照准误差可望小于 ± 5 mm。大气光束漂移的影响可选择有利观测时间和多次观测的办法加以削弱。

4）信噪比引起的误差

测相误差还与信噪比有关。由于大气抖动和仪器内部光电转换过程中可能产生的噪音（包括光噪音、电噪音和热噪音）使测相产生误差。这种误差是随机变化的，它的影响随信号强度的增强而减小（即随信噪比的增大而减小）。所以，为了削弱信噪比的影响，必须增大信号强度，并采用增多检相次数取平均值的办法。一般仪器一次自动测相的结果也是几百乃至几千次以上的检相平均值。

总的测相误差 m_ϕ 为以上几项误差的综合。

5）周期误差

所谓周期误差，是指按一定距离为周期而重复出现的误差。它是由机内同频串扰信号的干扰而产生的。这种干扰主要由机内电信号的串扰而产生。如发射信号通过电子开关，电源线等通道或空间渠道的耦合串到接收部分，也可能由光串扰产生，如内光路漏光而串到接收部分。周期误差可采取测定其振幅和初相而在观测值中加以改正来消除其影响。

知识点四　精密测距改正计算

距离观测值的化算，即将实测的距离值，加上各项改正之后，化算为两标石中心投影在椭球面上的正确距离。这些改正大致可分三类：第一类是由仪器本身所造成的改正；第二类是因大气折射而引起的改正，有气象改正和波道弯曲改正；第三类是属于归算方面的改正，即归心改正，倾斜改正和投影到椭球面上的改正，仪器加常数改正，周期误差改正。以下仅介绍其中的两项改正。

一、频率改正

相位式测距基本公式为

$$D = \frac{c}{2f_1}(N_1 + \Delta N_1) \tag{4.18}$$

由式（4.18）看出，若精测尺频率 f_1 有漂移，则式中的精测尺长度 $u_1 = \dfrac{c}{2f_1}$ 就不准，测得的距离初步值 D_0 必须加一频率改正 ΔD_f。频率与距离的变化关系，可对式（4.18）取微分，得

$$\frac{\mathrm{d}D}{D_0} = \frac{-\mathrm{d}f_1}{f_1} \tag{4.19}$$

可见，频率变化对距离的影响是系统性的。频率增大，测尺缩短，使量得的距离过长，应加一负的改正。设精尺频率的漂移值为 Δf，由此引起的距离改正 ΔD_f 为

$$\Delta D_f = \frac{\Delta f}{f_1} D_0 \tag{4.20}$$

通常，精测尺频率可通过检测，用补偿的办法调整到规定的标准值，这时频率改正就不必加了。但是，考虑到搬运振动，晶体老化等原因会导致频率变化，因此作业前后常常要进行频率对比，发现频率变化过大时，$\Delta f > 10 \text{ Hz}$，就要考虑对测得的距离加上频率改正 ΔD_f。

二、气象改正 ΔD_n

相位式测距基本公式（4.18）可进一步写为

$$D = \frac{1}{2f_1} \frac{c_0}{n} (N_1 + \Delta N_1) \tag{4.21}$$

式中　c_0——真空中的光速值；

n——光波（或微波）沿测线传播时的大气折射率。

必须指出，在计算距离初步值时，亦即设计仪器精测尺长度 $u = \frac{1}{2f} \cdot \frac{c_0}{n}$ 时，常取标准或平均大气条件下的折射系数 n_0。而实际的大气折射率为 n，二者相差 $\Delta n = n - n_0$，由此引起距离改正 ΔD 为

$$\Delta D_n = -(n - n_0)D_0 \tag{4.22}$$

JCY-2 型等激光测距仪设计时采用的折射率值 n_0，就是标准大气（$t = 0 \text{ °C}$，$P = 101.325 \text{ kPa}$ 和 $e = 0$）情况下群波折射率值，即 $n_0 = n_g^0 = 1.000\,300\,23$，而实际大气的折射率为

$$n = n_g = 1 + \frac{809.394P - 112.660e}{273.2 + t} \times 10^{-6} \tag{4.23}$$

将式（4.23）和 $n_0 = n_g^0 = 1.000\,300\,23$ 代入式（4.22）中，得

$$\Delta D_n = \left(300.23 - \frac{809.394P - 112.660e}{273.2 + t} \right) D_0 \tag{4.24}$$

式中　e——水汽压力，是空气干温 t、湿温 t' 及气压 P 的函数，即

$$e = E' - \delta(t - t')P(1 + 0.001\,146t') \tag{4.25}$$

按照马格努斯经验公式，当湿温计的湿球不结冰时

$$\left.\begin{array}{l} \delta = 0.000662 \\ E' = 0.610748 \times 10^{7.5t'/(237.3+t')} \end{array}\right\} \qquad (4.26a)$$

当湿温计的湿球结冰时

$$\left.\begin{array}{l} \delta = 0.000583 \\ E' = 0.610748 \times 10^{9.5t'/(265.5+t')} \end{array}\right\} \qquad (4.26b)$$

式（4.23）~（4.26）中 P、e 的单位为 kPa，t 和 t' 的单位为 °C，ΔD_n 的单位为 mm，D_0 的单位为 km。必须说明，以前气压计的单位一般为 mmHg 或 mba（毫巴），现已禁止使用，若还使用旧仪表，则需将气压读数单位换算成 kPa 后再按上述公式计算，其换算公式为

$$1 \text{ mmHg} = 133.322 \text{ Pa} = 0.133\ 322 \text{ kPa}$$
$$1 \text{ mba} = 10^5 \text{ Pa} = 100 \text{ kPa}$$

不难看出，气象改正数随温度和气压的变化而变化，因此气象元素（温度和气压）最好是取测线上的平均值来计算。气象改正数的计算方法有四种：

（1）直接按（4.24）式计算；

（2）按公式编制诺模图（如 DI1000）；

（3）按公式编制计算用表（如 JCY-2）；

（4）按公式制成改正系数盘（如 DCJ-32）。

例如 $t = 30.9$ °C，$t' = 26.2$ °C，$P = 100.525$ kPa，$D_0 = 10\ 652.425$ m，则按式（4.25）计算气象改正数为

$$e = 3.078\ 7 \text{ kPa}$$

代入式（4.22）得

$$\Delta D = 367.9 \text{ mm}$$

则经气象改正后的距离为

$$D = D_0 + \Delta D = 10\ 652.793\ （\text{m}）$$

【习题练习】

1. 电磁波测距的基本原理是（　　　）。

 A. $D = \dfrac{1}{2}Ct_{2D}$ B. $D = \dfrac{1}{4}Ct_{4D}$

 C. $D = Ct_D$ D. $D = \dfrac{1}{3}Ct_{3D}$

2. 电磁波测距误差按其表现方式及与测距边长的关系可以分为（　　　）。

 A. 比例误差   B. 系统误差   C. 偶然误差   D. 固定误差

3. 电磁波测距误差按其影响性质主要包括（　　　）。

 A. 比例误差   B. 系统误差   C. 偶然误差   D. 固定误差

4. 加常数是指（　　　）。
　　A. 仪器或者棱镜中心偏离其地面点位中心的改正值
　　B. 仪器或者棱镜的机械中心与其光电中心不一致引起的测距误差
　　C. 仪器或者棱镜光电中心与地面标志点位不一致的改正值
　　D. 给测量出的距离观测值加上的一个常数改正量
5. 电磁波测距中的气象改正值与哪些因素有关？（　　　）。
　　A. 温度　　　　　　B. 湿度　　　　　　C. 气压　　　　　　D. 海拔

任务五　GNSS 控制测量

【知识概要】

1. 掌握 GNSS 控制网的布设。
2. 掌握 GNSS 控制网外业观测。
3. 熟悉 GNSS 控制网平差。

【技能任务】

1. 完成指定测区的 GNSS 控制网布网工作。
2. 使用 GNSS 进行指定测区的数据采集。
3. 使用 GNSS 处理软件进行基线解算和平差。

【技术规范】

1.《工程测量规范》。
2.《全球定位系统（GPS）测量规范》。
3.《水利水电工程施工测量规范》。

【相关知识】

知识点一　GNSS 控制网设计

一、总　述

一个完整的技术设计，主要应包含如下内容：

1. 项目来源

介绍项目的来源、性质。即项目由何单位、部门下达、发包，属于何种性质的项目等。

2. 测区概况

介绍测区的地理位置、气候、人文、经济发展状况、交通条件、通讯条件等。这可为今后工程施测工作的开展提供必要的信息。如在施测时作业时间、交通工具的安排，电力设备使用，通讯设备的使用等。

3. 工程概况

介绍工程的目的、作用、要求、GNSS 网等级（精度）、完成时间、有无特殊要求等在进行技术设计、实际作业和数据处理中所必须要了解的信息。

4. 技术依据

介绍工程所依据的测量规范、工程规范、行业标准及相关的技术要求等。

5. 现有测绘成果

介绍测区内及与测区相关地区的现有测绘成果的情况。如已知点、测区地形图等。

6. 施测方案

介绍测量采用的仪器设备的种类、采取的布网方法等。

7. 作业要求

规定选点埋石要求、外业观测时的具体操作规程、技术要求等，包括仪器参数的设置（如采样率、截止高度角等）、对中精度、整平精度、天线高的量测方法及精度要求等。

8. 观测质量控制

介绍外业观测的质量要求，包括质量控制方法及各项限差要求等。如数据删除率、RMS值、RATIO 值、同步环闭合差、异步环闭合差、相邻点相对中误差、点位中误差等。

9. 数据处理方案

详细的数据处理方案，包括基线解算和网平差处理所采用的软件和处理方法等内容。

对于基线解算的数据处理方案，应包含如下内容：基线解算软件、参与解算的观测值、解算时所使用的卫星星历类型等。

对于网平差的数据处理方案，应包含如下内容：网平差处理软件、网平差类型、网平差时的坐标系、基准及投影、起算数据的选取等。

10. 提交成果要求

规定提交成果的类型及形式；若国家技术质量监督总局或行业发布新的技术设计规定，应据之编写。

二、GNSS 基线向量网等级

根据我国 1992 年所颁布的全球定位系统测量规范，GNSS 基线向量网被分成了 A、B、C、D、E 五个级别。下面是我国全球定位系统测量规范中有关 GNSS 网等级的有关内容。GNSS网的精度指标，通常是以网中相邻点之间的距离误差来表示的，其具体形式为

$$\sigma = \sqrt{a^2 + (b \times D)^2} \tag{5.1}$$

式中　σ——网中相邻点间的距离中误差，mm；

　　　a——固定误差，mm；

　　　b——比例误差，$\times 10^{-6}$；

D——相邻点间的距离，km。

对于不同等级的 GNSS 网的精度要求见表 5.1。

表 5.1　不同等级 GNSS 网的精度要求

测量分类	固定误差 a /mm	比例误差 b/10^{-6}	相邻点距离/km
A	≤5	≤0.1	100～2 000
B	≤8	≤1	15～250
C	≤10	≤5	5～40
D	≤10	≤10	2～15
E	≤10	≤20	1～10

注：A 级网一般为区域或国家框架网、区域动力学网；B 级网为国家大地控制网或地方框架网；C 级网
　　为地方控制网和工程控制网；D 级网为工程控制网；E 级网为测图网。

美国联邦大地测量分管委员会（Federal Geodetic Control Subcommittee，FGCS）在 1988
年公布的 GNSS 相对定位的精度标准中有一个 AA 级的等级，此等级的网一般为全球性的坐
标框架。

三、GNSS 基线向量网布网形式

GNSS 网常用的布网形式有跟踪站、会战式、多基准站式（枢纽点式）、同步图形扩展式、
单基准站式等。

1．跟踪站式

1）布网形式

若干台接收机长期固定安放在测站上，进行常年、不间断的观测，即一年观测 365 d，
一天观测 24 h，这种观测方式很像跟踪站，因此，这种布网形式被称为跟踪站式。

2）特　点

接收机在各个测站上进行了不间断的连续观测，观测时间长、数据量大，而且在处理采
用这种方式所采集的数据时，一般采用精密星历，因此，采用此种形式布设的 GNSS 网具有
很高的精度和框架基准特性。

每个跟踪站为保证连续观测，一般需要建立专门的永久性建筑即跟踪站，用以安置仪器
设备，这使得这种布网形式的观测成本很高。

此种布网形式一般用于建立 GNSS 跟踪站（AA 级网），对于普通用途的 GNSS 网，由于
此种布网形式观测时间长、成本高，故一般不被采用。

2．会战式

1）布网形式

在布设 GNSS 网时，一次组织多台 GNSS 接收机，集中在一段不太长的时间内，共同作
业。在作业时，所有接收机在若干天的时间里分别在同一批点上进行多天、长时段的同步观
测，在完成一批点的测量后，所有接收机又都迁移到另外一批点上进行相同方式的观测，直
至所有的点观测完毕，这就是所谓的会战式的布网。

2）特　点

所布设的 GNSS 网，因为各基线均进行过较长时间、多时段的观测，因而具有特高的尺度精度。此种布网方式一般用于布设 A、B 级网。

3．多基准站式

1）布网形式

若干台接收机在一段时间里长期固定在某几个点上进行长时间的观测，这些测站称为基准站，在基准站进行观测的同时，另外一些接收机则在这些基准站周围相互之间进行同步观测（见图 5.1）。

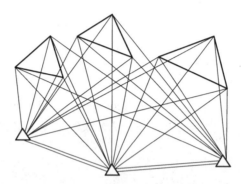

图 5.1　多基准站的布网形式

2）特　点

所布设的 GNSS 网，由于在各个基准站之间进行了长时间的观测，因此，可以获得较高精度的定位结果，这些高精度的基线向量可以作为整个 GNSS 网的骨架，具较强的图形结构。

4．同步图形扩展式

1）布网形式

多台接收机在不同测站上进行同步观测，在完成一个时段的同步观测后，又迁移到其他的测站上进行同步观测，每次同步观测都可以形成一个同步图形，在测量过程中，不同的同步图形间一般有若干个公共点相连，整个 GNSS 网由这些同步图形构成。

2）特　点

具有扩展速度快，图形强度较高，且作业方法简单的优点。同步图形扩展式是布设 GNSS 网时最常用的一种布网形式。

5．单基准站式

1）布网形式

单基准站式又称作星形网方式，它是以一台接收机作为基准站，在某个测站上连续开机观测，其余的接收机在此基准站观测期间，在其周围流动，每到一点就进行观测，流动的接收机之间一般不要求同步，这样，流动的接收机每观测一个时段，就与基准站间测得一条同步观测基线，所有这样测得的同步基线就形成了一个以基准站为中心的星形。流动的接收机有时也称为流动站，如图 5.2 所示。

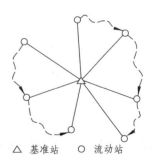

△ 基准站　　○ 流动站

图 5.2　星形布网方式

2）特 点

单基准站式的布网方式的效率很高，但是由于各流动站一般只与基准站之间有同步观测基线，故图形强度很弱，为提高图形强度，一般需要每个测站至少进行两次观测。

四、GNSS 基线向量网设计指标

在布设 GNSS 网时，我们除了遵循一定的设计原则外，还需要一些定量指标来指导我们的工作。在我们进行 GNSS 网的设计时经常需要采用效率指标、可靠性指标和精度指标等。

1．效率指标

在进行 GNSS 网的设计时，我们经常采用效率指标来衡量某种网设计方案的效率，以及在采用某种布网方案作业时所需要的作业时间、消耗等。

在布设一个 GNSS 网时，在点数、接收机数和平均重复设站次数确定后，则完成该网测设所需的理论最少观测期数（同步观测的时段数）就可以确定。但是，当按照某个具体的布网方式和观测作业方式进行作业时，要按要求完成整网的测设，所需的观测期数与理论上的最少观测期数会有所差异，理论最少观测期数与设计的观测期数的比值，称之为效率指标（e），即

$$e = \frac{s_{\min}}{s_d} \tag{5.2}$$

式中　s_d——设计观测期数；

　　　$s_{\min}$——理论最少观测期数，且

$$s_{\min} = \mathrm{INT}\left(\frac{R \cdot n}{m}\right)$$

　　　R——平均重复设站次数；

　　　m——接收机数；

　　　n——GNSS 网的点数；

　　　$\mathrm{INT}(\ )$——凑整函数，$\mathrm{INT}(x) \geqslant x$。

效率指标（e）可用来衡量 GNSS 网设计的效率。

2．可靠性指标

GNSS 网可靠性可以分为内可靠性和外可靠性。所谓 GNSS 网的内可靠性就是指所布设的 GNSS 网发现粗差的能力，即可发现的最小粗差的大小；所谓 GNSS 网的外可靠性就是指 GNSS 网抵御粗差的能力，即未剔除的粗差对 GNSS 网所造成的不良影响的大小。由于内、外可靠性指标在计算上过于烦琐，因此，在实际的 GNSS 网的设计中采用一个计算较为简单的反映 GNSS 网可靠性的数量指标，该指标就是整网的多余独立基线数与总的独立基线数的比值，称为整网的平均可靠性指标（η），即

$$\eta = \frac{l_r}{l_t} \tag{5.3}$$

式中　l_r——多余的独立基线数，且

$$l_r = l_t - l_n$$

其中　l_n——必要的独立基线数，$l_n = n - 1$；

　　　　l_t——总的独立基线数，$l_t = s(m-1)$：其中，s 为观测期数，m 为同步观测接收机的台数。

3．精度指标

当 GNSS 网布网方式和观测作业方式确定后，GNSS 网的网形就确定了，根据已确定的 GNSS 网的网形，可以得到 GNSS 网的设计矩阵 B，从而可以得到 GNSS 网的协因数阵 $Q = (B^{\mathrm{T}} PB)$，在 GNSS 网的设计阶段可以采用 $tr(Q)$ 作为衡量 GNSS 网精度的指标。

该指标可通过相关软件（如武汉大学测绘学院开发的 COSA 软件）计算得到。

五、GNSS 网设计准则

GNSS 网设计的出发点是在保证质量的前提下，尽可能地提高效率，努力降低成本。因此，在进行 GNSS 的设计和测量时，既不能脱离实际的应用需求，盲目地追求不必要的高精度和高可靠性；也不能为追求高效率和低成本，而放弃对质量的要求。

1．选　点

（1）为保证对卫星的连续跟踪观测和卫星信号的质量，要求测站上空应尽可能的开阔，在 10°～15°高度角以上不能有成片的障碍物。

（2）为减少各种电磁波对 GNSS 卫星信号的干扰，在测站周围约 200 m 的范围内不能有强电磁波干扰源，如大功率无线电发射设施、高压输电线等。

（3）为避免或减少多路径效应的发生，测站应远离对电磁波信号反射强烈的地形、地物，如高层建筑、成片水域等。

（4）为便于观测作业和今后的应用，测站应选在交通便利，上点方便的地方。

（5）测站应选择在易于保存的地方。

2．提高 GNSS 网可靠性的方法

（1）增加观测期数（增加独立基线数）。

在布设 GNSS 网时，适当增加观测期数（时段数）对于提高 GNSS 网的可靠性非常有效。因为，随着观测期数的增加，所测得的独立基线数就会增加，而独立基线数的增加，对网的可靠性的提高是非常有益的。

（2）保证一定的重复设站次数。

保证一定的重复设站次数，可确保 GNSS 网的可靠性。一方面，通过在同一测站上的多次观测，可有效地发现设站、对中、整平、量测天线高中的人为错误；另一方面，重复设站次数的增加，也意味着观测期数的增加。不过，需要注意的是，当同一台接收机在同一测站上连续进行多个时段的观测时，各个时段间必须重新安置仪器，以更好地消除各种人为操作误差和错误。

（3）保证每个测站至少与三条以上的独立基线相连，这样可以使得测站具有较高的可靠性。

在布设 GNSS 网时，各个点的可靠性与点位无直接关系，而与该点上所连接的基线数有关，点上所连接的基线数越多，点的可靠性则越高。

（4）在布网时要使网中所有最小异步环的边数不大于6条。

在布设 GNSS 网时，检查 GNSS 观测值（基线向量）质量的最佳方法是异步环闭合差，而随着组成异步环的基线向量数的增加，其检验质量的能力将逐渐下降。

3．提高 GNSS 网精度的方法

（1）为保证 GNSS 网中各相邻点具有较高的相对精度，对网中距离较近的点一定要进行同步观测，以获得它们间的直接观测基线。

（2）为提高整个 GNSS 网的精度，可以在全面网之上布设框架网，以框架网作为整个 GNSS 网的骨架。

（3）在布网时要使网中所有最小异步环的边数不大于6条。

（4）在布设 GNSS 网时，引入高精度激光测距边，作为观测值与 GNSS 观测值（基线向量）一同进行联合平差，或将它们作为起算边长。

（5）若要采用高程拟合的方法，测定网中各点的正常高/正高，则需在布网时，选定一定数量的水准点，水准点的数量应尽可能多，且应在网中均匀分布，还要保证有部分点分布在网中的四周，将整个网包含在其中。

（6）为提高 GNSS 网的尺度精度，可采用如下方法：增设长时间、多时段的基线向量。

4．布设 GNSS 网时起算点的选取与分布

若要求所布设的 GNSS 网的成果与旧成果吻合最好，则起算点数量越多越好，若不要求所布设的 GNSS 网的成果完全与旧成果吻合，则一般可选 3~5 个起算点，这样既可以保证新老坐标成果的一致性，也可以保持 GNSS 网的原有精度。

为保证整网的点位精度均匀，起算点一般应均匀地分布在 GNSS 网的周围。要避免所有的起算点分布在网中一侧的情况。

5．布设 GNSS 网时起算边长的选取与分布

在布设 GNSS 网时，可以采用高精度激光测距边作为起算边长，激光测距边的数量可在 3~5 条左右，可设置在 GNSS 网中的任意位置。但激光测距边两端点的高差不应过分悬殊。

6．布设 GNSS 网时起算方位的选取与分布

在布设 GNSS 网时，可以引入起算方位，但起算方位不宜太多，起算方位可布设在 GNSS 网中的任意位置。

知识点二　GNSS 控制网外业观测

一、GNSS 外业观测作业方式

同步图形扩展式的作业方式具有作业效率高，图形强度好的特点，是目前在 GNSS 测量中普遍采用的一种布网形式，在此主要介绍该布网方式的作业方式。采用同步图形扩展式布设 GNSS 基线向量网时的观测作业方式主要有点连式、边连式、网连式、混连式四种方式。

1．点连式

1）观测作业方式

在观测作业时，相邻的同步图形间只通过一个公共点相连，如图 5.3 所示。这样，当有 m

台仪器共同作业时，每观测一个时段，就可以测得 $m-1$ 个新点，当这些仪器观测观测了 s 个时段后，就可以测得 $1+s\cdot(m-1)$ 个点。

2）特　点

作业效率高，图形扩展迅速；缺点是图形强度低，如果连接点发生问题，将影响到后面的同步图形。

2．边连式

1）观测作业方式

在观测作业时，相邻的同步图形间有一条边（即两个公共点）相连，如图 5.4 所示。这样，当有 m 台仪器共同作业时，每观测一个时段，就可以测得 $m-2$ 个新点，当这些仪器观测了 s 个时段后，就可以测得 $2+s\cdot(m-2)$ 个点。

图 5.3　点连式观测作业示意图

图 5.4　边连式观测作业示意图

2）特　点

具有较好的图形强度和较高的作业效率。

3．网连式

1）观测作业方式

在作业时，相邻的同步图形间有 3 个（含 3 个）以上的公共点相连，如图 5.5 所示。这样，当有 m 台仪器共同作业时，每观测一个时段，就可以测得 $m-k$ 个新点，当这些仪器观测了 s 个时段后，就可以测得 $k+s\cdot(m-k)$ 个点。

2）特　点

所测设的 GNSS 网具有很强的图形强度，但网连式观测作业方式的作业效率很低。

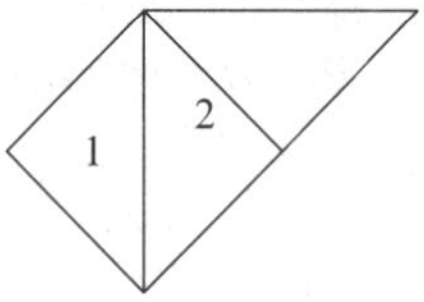

图 5.5　网连式观测作业示意图

4．混连式

1）观测作业方式

在实际的 GNSS 作业中，一般并不是单独采用上面所介绍的某一种观测作业模式，而是根据具体情况，有选择地灵活采用这几种方式作业，这样一种观测作业方式就是所谓的混连式。

2）特　点

实际作业中最常用的作业方式，它实际上是点连式、边连式和网连式的一个结合体。

二、外业 GNSS 调度与观测记录

1．调度计划

为保证 GNSS 外业观测作业的顺利进行，保障精度，提高效率，在进行 GNSS 外业观测

之前，就编制好调度计划。

1）GNSS 卫星可见性预报图表

GNSS 定位的精度与卫星的几何分布密切相关。从 GNSS 可见性预报图表中可以了解卫星的分布状况。通常利用厂家提供的商用软件，根据由软件得出的计划外业日期的预报星历和测区的概略坐标得到；对于特殊的工程可从 IGS 网站中获取预报星历。预报图表（见图 5.6）主要内容包括可见的卫星星号，卫星高度角，方位角及空间位置精度因子 PDOP 和几何精度因子 GDOP 等。如图 5.6 所示为 2006 年 4 月 26 日 8：00～13：00 的星历预报，截止高度角取 15 度，所用软件为 LEICA. Satelite Availability。

（1）星历预报表（见表 5.2）

表 5.2 星历预报表

Time	Sats.	PDOP	GDOP	Satellite Nos							
08.00	5	1.53	8.06	2	4	17	24	28			
08.10	5	1.51	7.66	2	4	17	24	28			
08.20	5	1.49	6.84	2	4	17	24	28			
08.30	6	1.31	4.77	2	4	10	17	24	28		
08.40	7	1.18	2.73	2	4	5	10	17	24	28	
08.50	7	1.18	2.80	2	4	5	10	17	24	28	
09.00	7	1.24	2.73	2	4	5	10	13	17	24	
09.10	7	1.25	2.97	2	4	5	10	13	17	24	
09.20	7	1.25	3.19	2	4	5	10	13	17	24	
09.30	7	1.26	3.34	2	4	5	10	13	17	24	
09.40	7	1.27	3.37	2	4	5	10	13	17	24	
09.50	6	1.33	3.60	2	4	5	10	13	17		
10.00	7	1.22	2.44	2	4	5	10	13	17	30	
10.10	6	1.36	2.61	2	4	5	10	17	30		
10.20	6	1.37	2.53	2	4	5	10	17	30		
10.30	7	1.16	2.39	2	4	5	10	17	29	30	
10.40	6	1.29	2.70	2	4	5	10	29	30		
10.50	7	1.15	2.62	2	4	5	10	26	29	30	
11.00	7	1.15	2.73	2	4	5	10	26	29	30	
11.10	8	1.07	2.36	2	4	5	6	10	26	29	30
11.20	8	1.07	2.49	2	4	5	6	10	26	29	30
11.30	8	1.07	2.51	2	4	5	6	10	26	29	30
11.40	8	1.08	2.43	2	4	5	6	10	26	29	30
11.50	8	1.09	2.28	2	4	5	6	10	26	29	30
12.00	8	1.11	2.13	2	4	5	6	10	26	29	30
12.10	6	1.32	3.43	2	6	10	26	29	30		
12.20	5	1.60	6.64	2	6	10	26	29			
12.30	5	1.64	6.10	2	6	10	26	29			
12.40	5	1.69	5.33	2	6	10	26	29			
12.50	6	1.60	2.59	2	6	10	18	26	29		
13.00	7	1.38	2.30	2	6	10	18	21	26	29	

（2）星历预报图（见图 5.6）

如图 5.6 所示，在 8：00～8：40 间预报的 GDOP 值偏高，在调度中一定要加以考虑，避开观测效果不佳的时段。

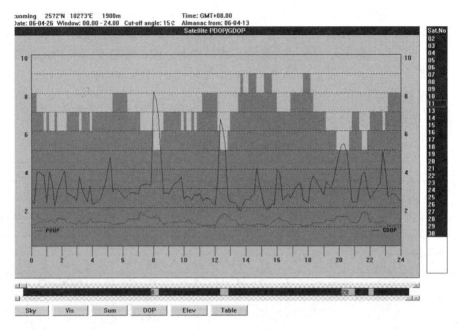

图 5.6　预报星历分析图

2．外业调度

按照技术设计与实地踏勘所得结果，对需测 GNSS 点分布的情况，交通路线等因素加以综合考虑，顾及星历预报，制定合理的外业调度计划。

根据测量规范，确定观测段数及每时段观测时间，在保证结果精度的基础上，尽量提高作业效率。

3．观测作业

目前接收机的自动化程度较高，操作人员只需做好以下工作即可：

（1）各测站的观测员应按计划规定的时间作业，确保同步观测。

（2）确保接收机存储器（目前常用 CF 卡）有足够存储空间。

（3）开始观测后，正确输入高度角，天线高及天线高量取方式。

（4）观测过程中应注意查看测站信息、接收到的卫星数量、卫星号、各通道信噪比、相位测量残差、实时定位的结果及其变化和存储介质记录等情况。一般来讲，主要注意 DOP 值的变化，如 DOP 值偏高（GDOP 一般不应高于 6），应及时与其他测站观测员取得联系，适当延长观测时间。

（5）同一观测时段中，接收机不得关闭或重启；将每测段信息如实记录在 GNSS 测量手簿上。

（6）进行长距离高等级 GNSS 测量时，要将气象元素，空气湿度等如实记录，每隔 1 h或 2 h 记录一次。

知识点三　GNSS 控制网平差

一、基线解算

1．观测值的处理

GNSS 基线向量表示了各测站间的一种位置关系，即测站与测站间的坐标增量。GNSS 基线向量与常规测量中的基线是有区别的，常规测量中的基线只有长度属性，而 GNSS 基线向量则具有长度、水平方位和垂直方位等三项属性。GNSS 基线向量是 GNSS 同步观测的直接结果，也是进行 GNSS 网平差，获取最终点位的观测值。

若在某一历元中，对 k 颗卫星数进行了同步观测，则可以得到 $k-1$ 个双差观测值；若在整个同步观测时段内同步观测卫星的总数为 l 则整周未知数的数量为 $l-1$。

在进行基线解算时，电离层延迟和对流层延迟一般并不作为未知参数，而是通过模型改正或差分处理等方法将它们消除。因此，基线解算时一般只有两类参数，一类是测站的坐标参数 $X_C \atop 3,1$，数量为 3；另一类是整周未知数参数 $X_N \atop m-1,1$（m 为同步观测的卫星数），数量为 $m-1$。

2．基线解算

基线解算的过程实际上主要是一个平差的过程,平差所采用的观测值主要是双差观测值。在基线解算时，平差要分三个阶段进行，第一阶段进行初始平差，解算出整周未知数参数的和基线向量的实数解（浮动解）；在第二阶段，将整周未知数固定成整数；在第三阶段，将确定了的整周未知数作为已知值，仅将待定的测站坐标作为未知参数，再次进行平差解算，求解出基线向量的最终解-整数解（固定解）。

1）初始平差

根据双差观测值的观测方程（需要进行线性化），组成误差方程，然后组成法方程，然后求解待定的未知参数及其精度信息，其结果为：

待定参数：

$$\hat{X} = \begin{bmatrix} \hat{X}_C \\ \hat{X}_N \end{bmatrix} \tag{5.4}$$

待定参数的协因数阵：

$$Q = \begin{bmatrix} Q_{\hat{X}_C \hat{X}_C} & Q_{\hat{X}_C \hat{X}_N} \\ Q_{\hat{X}_N \hat{X}_C} & Q_{\hat{X}_N \hat{X}_N} \end{bmatrix} \tag{5.5}$$

单位权中误差：$\hat{\sigma}_0$。

通过初始平差，所解算出的整周未知数参数 X_N 本应为整数，但由于观测值误差、随机模型和函数模型不完善等原因，使得其结果为实数，因此，此时与实数的整周未知数参数对应的基线解被称作基线向量的实数解或浮动解。

为了获得较好的基线解算结果，必须准确地确定出整周未知数的整数值。

2）整周未知数的确定

第二节已提及，此处不再详述。

3）确定基线向量的固定解

当确定了整周未知数的整数值后，与之相对应的基线向量就是基线向量的整数解。

二、基线解算分类

1．单基线解算

1）定　义

当有 m 台 GNSS 接收机进行了一个时段的同步观测后，每两台接收机之间就可以形成一条基线向量，共有 $m(m-1)/2$ 条同步观测基线，其中可以选出相互独立的 $m-1$ 条同步观测基线，至于这 $m-1$ 条独立基线如何选取，只要保证所选的 $m-1$ 条独立基线不构成闭合环就可以了。这也是说，凡是构成了闭合环的同步基线是函数相关的，同步观测所获得的独立基线虽然不具有函数相关的特性，但它们却是误差相关的，实际上所有的同步观测基线间都是误差相关的。所谓单基线解算，就是在基线解算时不顾及同步观测基线间的误差相关性，对每条基线单独进行解算。

2）特　点

单基线解算的算法简单，但由于其解算结果无法反映同步基线间的误差相关的特性，不利于后面的网平差处理，一般只用在较低级别 GNSS 网的测量中。

2．多基线解算

1）定　义

与单基线解算不同的是，多基线解算顾及了同步观测基线间的误差相关性，在基线解算时对所有同步观测的独立基线一并解算。

2）特　点

多基线解由于在基线解算时顾及了同步观测基线间的误差相关特性，因此，在理论上是严密的。

三、基线解算质量控制

1．单位权方差因子 $\hat{\sigma}_0$

1）定　义

单位权方差因子的由式（5.6）定义：

$$\hat{\sigma}_0 = \sqrt{\frac{V^{\mathrm{T}}PV}{f}} \tag{5.6}$$

式中　V——观测值的残差；

　　　P——观测值的权；

　　　n——观测值的总数。

2）实　质

单位权方差因子实际上可称为参考因子。

2．数据删除率

1）定　义

在基线解算时，如果观测值的改正数大于某一个阈值，则认为该观测值含有粗差，需要将其删除。被删除观测值的数量与观测值的总数的比值，就是所谓的数据删除率。

2）实　质

数据删除率从某一方面反映出了 GNSS 原始观测值的质量。数据删除率越高，说明观测值的质量越差。

3．RATIO 值

1）定　义

RATIO 值由式（5.7）定义：

$$RATIO = \frac{RMS_{次最小}}{RMS_{最小}}$$ （5.7）

显然，$RATIO \geqslant 1.0$。

2）实　质

RATIO 反映了所确定出的整周未知数参数的可靠性，这一指标取决于多种因素，既与观测值的质量有关，也与观测条件的好坏有关。

4．RDOP

1）定　义

RDOP 指的是在基线解算时待定参数的协因数阵的迹 $[tr(Q)]$ 的平方根，即 $RDOP = [tr(Q)]^{1/2}$。RDOP 的大小与基线位置和卫星在空间中的几何分布及运行轨迹（即观测条件）有关，当基线位置确定后，RDOP 就只与观测条件有关了，而观测条件又是时间的函数，因此，实际上对与某条基线向量来讲，其 RDOP 的大小与观测时间段有关。

2）实　质

RDOP 表明了 GNSS 卫星的状态对相对定位的影响，即取决于观测条件的好坏，它不受观测值质量好坏的影响。

5．RMS

1）定　义

RMS 即均方根误差（Root Mean Square），即

$$RMS = \sqrt{\frac{V^{\mathrm{T}}V}{n-1}}$$ （5.8）

式中　V——观测值的残差；

　　　n——观测值的总数。

2）实　质

RMS 表明了观测值的质量，观测值质量越好，RMS 越小，反之，观测值质量越差，则 RMS 越大，它不受观测条件（观测期间卫星分布图形）的好坏的影响。

依照数理统计的理论观测值误差落在 1.96 倍 *RMS* 的范围内的概率是 95%。

6．同步环闭合差

同步环闭合差是由同步观测基线所组成的闭合环的闭合差。

由于同步观测基线间具有一定的内在联系，从而使得同步环闭合差在理论上应总是为 0 的。如果同步环闭合差超限，则说明组成同步环的基线中至少存在一条基线向量是错误的；但如果同步环闭合差没有超限，还不能说明组成同步环的所有基线在质量上均合格。

7．异步环闭合差

不是完全由同步观测基线所组成的闭合环称为异步环，异步环的闭合差称为异步环闭合差。

当异步环闭合差满足限差要求时，则表明组成异步环的基线向量的质量是合格的；当异步环闭合差不满足限差要求时，则表明组成异步环的基线向量中至少有一条基线向量的质量不合格，要确定出哪些基线向量的质量不合格，可以通过多个相邻的异步环或重复基线来进行。

8．重复基线较差

不同观测时段，对同一条基线的观测结果，就是所谓重复基线。这些观测结果之间的差异，就是重复基线较差。

9．总　结

RATIO、*RDOP* 和 *RMS* 这几个质量指标只具有某种相对意义，它们数值的高低不能绝对的说明基线质量的高低。若 *RMS* 偏大，则说明观测值质量较差，若 *RDOP* 值较大，则说明观测条件较差。

四、GNSS 基线向量网平差

1．网平差分类

GNSS 网平差的类型有多种，根据平差所进行的坐标空间，可将 GNSS 网平差分为三维平差和二维平差，根据平差时所采用的观测值和起算数据的数量和类型，可将平差分为无约束平差、约束平差和联合平差等。

1）三维平差与二维平差

三维平差：平差在三维空间坐标系中进行，观测值为三维空间中的观测值，解算出的结果为点的三维空间坐标。GNSS 网的三维平差，一般在三维空间直角坐标系或三维空间大地坐标系下进行。

二维平差：平差在二维平面坐标系下进行，观测值为二维观测值，解算出的结果为点的二维平面坐标。二维平差一般适合于小范围 GNSS 网的平差。

2）无约束平差、约束平差和联合平差

无约束平差：在平差时不引入会造成 GNSS 网产生由非观测量所引起的变形的外部起算数据。常见的 GNSS 网的无约束平差，一般是在平差时没有起算数据或没有多余的起算数据。

约束平差：平差时所采用的观测值完全是 GNSS 观测值（即 GNSS 基线向量），而且，在平差时引入了使得 GNSS 网产生由非观测量所引起的变形的外部起算数据。

联合平差：平差时所采用的观测值除了 GNSS 观测值以外，还采用了地面常规观测值，这些地面常规观测值包括边长、方向、角度等观测值。

2．平差过程

1）取基线向量，构建 GNSS 基线向量网

要进行 GNSS 网平差，首先必须提取基线向量，构建 GNSS 基线向量网。提取基线向量时需要遵循以下几项原则：

（1）必须选取相互独立的基线，若选取了不相互独立的基线，则平差结果会与真实的情况不相符合；

（2）所选取的基线应构成闭合的几何图形；

（3）选取质量好的基线向量，基线质量的好坏，可以依据 *RMS* 、*RDOP* 、*RATIO* 、同步环闭合差、异步环闭合差和重复基线较差来判定；

（4）选取能构成边数较少的异步环的基线向量；

（5）选取边长较短的基线向量。

2）三维无约束平差

在构成了 GNSS 基线向量网后，需要进行 GNSS 网的三维无约束平差，通过无约束平差主要达到以下几个目的：

（1）根据无约束平差的结果，判别在所构成的 GNSS 网中是否有粗差基线，如发现含有粗差的基线，需要进行相应的处理，必须使得最后用于构网的所有基线向量均满足质量要求。

（2）调整各基线向量观测值的权，使得它们相互匹配。

3）约束平差/联合平差

在进行完三维无约束平差后，需要进行约束平差或联合平差，平差可根据需要在三维空间进行或二维空间中进行。

约束平差的具体步骤是：

（1）指定进行平差的基准和坐标系统。

（2）指定起算数据。

（3）检验约束条件的质量。

（4）进行平差解算。

3．质量分析与控制

在这一步，进行 GNSS 网质量的评定，在评定时可以根据基线向量的改正数的大小，可以判断出基线向量中是否含有粗差。

若在进行质量评定时，发现有质量问题，需要根据具体情况进行处理；如果发现构成 GNSS 网的基线中含有粗差，则需要采用删除含有粗差的基线、重新对含有粗差的基线进行解算或重测含有粗差的基线等方法加以解决；如果发现个别起算数据有质量问题，则应该放弃有质量问题的起算数据。

五、GNSS 数据处理过程

每一个厂商所生产的接收机都会配备相应的数据处理软件，它们在使用方法都会有各自不同的特点，但是，无论是哪种软件，它们在使用步骤上却是大体相同的。

GNSS 基线解算的过程是:

（1）原始观测数据的读入。

在进行基线解算时，首先需要读取原始的 GNSS 观测值数据。一般来说，各接收机厂商随接收机一起提供的数据处理软件都可以直接处理从接收机中传输出来的 GNSS 原始观测数据，而由第三方所开发的数据处理软件则不一定能对各接收机的原始观测数据进行处理，要处理这些数据，首先需要进行格式转换。目前，最常用的格式是 RINEX 格式，对于按此种格式存储的数据，大部分的数据处理软件都能直接处理。

（2）外业输入数据的检查与修改。

在读入了 GNSS 观测值数据后，就需要对观测数据进行必要的检查，检查的项目包括:测站名、点号、测站坐标、天线高等。对这些项目进行检查的目的，是为了避免外业操作时的误操作。

（3）基线解算的控制参数。

基线解算的控制参数用以确定数据处理软件采用何种处理方法来进行基线解算，设定基线解算的控制参数是基线解算时的一个非常重要的环节，通过控制参数的设定，可以实现基线的精化处理。

（4）基线解算。

基线解算的过程一般是自动进行的，无需过多的人工干预。

（5）基线质量的检验。

基线解算完毕后，基线结果并不能马上用于后续的处理，还必须对基线的质量进行检验，只有质量合格的基线才能用于后续的数据处理，如果不合格，则需要对基线进行重新解算或重新测量。基线的质量检验需要通过 *RATIO*、*RDOP*、*RMS*、同步环闭合差、异步环闭合差和重复基线较差来进行。

（6）平差。

进行精度评定，得到各测站平差后坐标。

（7）成果转化。

根据实际生产需要，转化为当地坐标，一般商用软件均有该功能。

（8）结束。

六、高精度 GNSS 数据处理软件介绍

目前国际上著名的高精度 GNSS 分析软件有:瑞士 Bernese 大学的 Bernese 软件，美国 MIT 的 GAMIT/GLOBK 软件，德国 GFZ 的 EPOS.P.V3，美国 JPL 的 GIPSY 软件等。这些软件对高精度的 GNSS 数据处理主要分为两个主要方面:一是对 GNSS 原始数据进行处理获得同步观测网的基线解;二是对各同步网解进行整体平差和分析，获得 GNSS 网的整体解。

在 GNSS 网的平差分析方面，Bernese、EPOS 和 GIPSY 软件主要是采用法方程叠加的方法，即:首先将各同步观测网自由基准的法方程矩阵进行叠加，然后再对平差系统给予确定的基准，获得最终的平差结果。GLOBK 软件则是采用卡尔曼滤波的模型，对 GAMIT 的同步网解进行整体处理。

国内著名的 GNSS 网平差软件有：原武汉测绘科技大学研制的 GNSSADJ、PowerAdj 系列平差处理软件及同济大学研制的 TGPPS 静态定位后处理软件。

【习题练习】

1. 简述 GNSS 控制网的选点原则。
2. 什么是 RTK 定位技术？测量的基本原理是什么？
3. GNSS 网外业观测中应注意哪些事项？
4. 如何进行 GNSS 控制网的观测方案设计？

项目三　高程控制测量

任务六　精密水准测量

【知识概要】

1. 熟悉国家高程基准。

2. 掌握精密水准仪与水准标尺。

3. 掌握精密水准测量的实施。

4. 了解电子水准仪。

5. 熟悉精密水准测量的误差来源及注意事项。

【技能任务】

1. 进行精密水准仪和水准标尺的认识练习。

2. 使用精密水准仪进行一、二等水准测量。

3. 使用电子水准仪进行一、二等水准测量。

4. 进行一、二等水准测量的记录计算及数据处理。

【技术规范】

1.《工程测量规范》。

2.《国家一、二等水准测量规范》。

3.《水利水电工程施工测量规范》。

【相关知识】

知识点一　国家高程基准

布测全国统一的高程控制网，首先必须建立一个统一的高程基准面，所有水准测量测定的高程都以这个面为零起算，也就是以高程基准面作为零高程面。用精密水准测量联测到陆地上预先设置好的一个固定点，定出这个点的高程，作为全国水准测量的起算高程，这个固定点称为水准原点。

一、高程基准面

高程基准面就是地面点高程的统一起算面，由于大地水准面所形成的体形——大地体是与整个地球最为接近的体形，因此通常采用大地水准面作为高程基准面。

大地水准面是假想海洋处于完全静止的平衡状态时的海水面延伸到大陆地面以下所形成的闭合曲面。事实上，海洋受着潮汐、风力的影响，永远不会处于完全静止的平衡状态，总是存在着不断的升降运动，但是可以在海洋近岸的一点处竖立水位标尺，成年累月地观测海水面的水位升降，根据长期观测的结果可以求出该点处海洋水面的平均位置，人们假定大地水准面就是通过这点处实测的平均海水面。

长期观测海水面水位升降的工作称为验潮，进行这项工作的场所称为验潮站。

根据各地的验潮结果表明，不同地点平均海水面之间还存在着差异，因此，对于一个国家来说，只能根据一个验潮站所求得的平均海水面作为全国高程的统一起算面——高程基准面。

1956 年，我国根据基本验潮站应具备的条件，认为青岛验潮站有如下有利条件：位置适中，地处我国海岸线的中部，而且青岛验潮站所在港口是有代表性的规律性半日潮港，又避开了江河入海口，外海海面开阔，无密集岛屿和浅滩，海底平坦，水深在 10 m 以上等，因此，在 1957 年确定青岛验潮站为我国基本验潮站，验潮井建在地质结构稳定的花岗岩基岩上，以该站 1950 年至 1956 年 7 年间的潮汐资料推求的平均海水面作为我国的高程基准面。以此高程基准面作为我国统一起算面的高程系统称为"1956 年黄海高程系统"。

"1956 年黄海高程系统"的高程基准面的确立，对统一全国高程有其重要的历史意义，对国防和经济建设、科学研究等方面都起了重要的作用。但从潮汐变化周期来看，确立"1956 年黄海高程系统"的平均海水面所采用的验潮资料时间较短，还不到潮汐变化的一个周期（一个周期一般为 18.61 年），同时又发现验潮资料中含有粗差，因此有必要重新确定新的国家高程基准。

新的国家高程基准面是根据青岛验潮站 1952～1979 年间的验潮资料计算确定，根据这个高程基准面作为全国高程的统一起算面，建立的高程系统称为"1985 国家高程基准"。我国目前采用的高程系统就是 1985 国家高程基准。

二、水准原点

为了长期、牢固地表示出高程基准面的位置，作为传递高程的起算点，必须建立稳固的水准原点，用精密水准测量方法将它与验潮站的水准标尺进行联测，以高程基准面为零推求水准原点的高程，以此高程作为全国各地推算高程的依据。在 1956 黄海高程系统中，我国准原点的高程为 72.289 m。在"1985 国家高程基准"系统中，我国水准原点的高程为 72.260 m。

我国的水准原点网建于青岛附近，水准原点位于青岛观象山上，该点的标石构造如图 6.1 所示。

"1985 国家高程基准"已经被国家批准，并从 1988 年 1 月 1 日开始启用，以后凡涉及高程基准时，一律由原来的"1956 年黄海高程系统"改用"1985 国家高程基准"。由于新布测的国

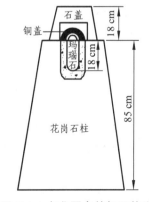

图 6.1　水准原点的标石构造

家一等水准网点是以"1985 国家高程基准"起算的，因此，以后凡进行各等级水准测量、三角高程测量以及各种工程测量，尽可能与新布测的国家一等水准网点联测，也即使用国家一等水准测量成果作为传算高程的起算值，如不便于联测时，可在"1956 年黄海高程系统"的高程值上改正一固定数值，而得到以"1985 国家高程基准"为准的高程值。

必须指出，我国在新中国成立之前曾采用过以不同地点的平均海水面作为高程基准面。由于高程基准面的不统一，使高程比较混乱，因此在使用过去旧有的高程资料时，应弄清楚当时采用的是以什么地点的平均海水面作为高程基准面。

知识点二　精密水准仪与水准标尺

一、精密水准仪构造特点

对于精密水准测量的精度而言，除一些外界因素的影响外，观测仪器——水准仪在结构上的精确性与可靠性是具有重要意义的。为此，对精密水准仪必须具备的一些条件提出下列要求。

1．高质量的望远镜光学系统

为了在望远镜中能获得水准标尺上分划线的清晰影像，望远镜必须具有足够的放大倍率和较大的物镜孔径。一般精密水准仪的放大倍率应大于 40 倍，物镜的孔径应大于 50 mm。

2．坚固稳定的仪器结构

仪器的结构必须使视准轴与水准轴之间的联系相对稳定，不受外界条件的变化而改变它们之间的关系。一般精密水准仪的主要构件均用特殊的合金钢制成，并在仪器上套有起隔热作用的防护罩。

3．高精度的测微器装置

精密水准仪必须有光学测微器装置，借以精密测定小于水准标尺最小分划线间格值的尾数，从而提高在水准标尺上的读数精度。一般精密水准仪的光学测微器可以读到 0.1 mm，估读到 0.01 mm。

4．高灵敏的管水准器

一般精密水准仪的管水准器的格值为 10″/2 mm。由于水准器的灵敏度愈高，观测时要使水准器气泡迅速置中也就愈困难，为此，在精密水准仪上必须有倾斜螺旋（又称微倾螺旋）的装置，借以可以使视准轴与水准轴同时产生微量变化，从而使水准气泡较为容易地精确置中以达到视准轴的精确整平。

5．高性能的补偿器装置

对于自动安平水准仪补偿元件的质量以及补偿器装置的精密度都可以影响补偿器性能的可靠性。如果补偿器不能给出正确的补偿量，或是补偿不足，或是补偿过量，都会影响精密水准测量观测成果的精度。

我国水准仪系列按精度分类有 S05 型、S1 型、S3 型等。S 是"水"字的汉语拼音第一个字母，S 后面的数字表示每公里往返平均高差的偶然中误差的毫米数。

我国水准仪系列及基本技术参数列于表 6.1。

表 6.1　我国水准仪系列及基本技术参数

技术参数项目		水准仪系列型号			
		S05	S1	S3	S10
每公里往返平均高差中误差		≤0.5 mm	≤1 mm	≤3 mm	≤10 mm
望远镜放大率		≥40 倍	≥40 倍	≥30 倍	≥25 倍
望远镜有效孔径		≥60 mm	≥50 mm	≥42 mm	≥35 mm
管状水准器格值		10″/2 mm	10″/2 mm	20″/mm	20″/2 mm
测微器有效量测范围		5 mm	5 mm		
测微器最小分格值		0.1 mm	0.1 mm		
自动安平水准仪补偿性能	补偿范围	±8′	±8′	±8′	±10′
	安平精度	±0.1″	±0.2″	±0.5″	±2″
	安平时间不长于	2 s	2 s	2 s	2 s

二、精密水准标尺的构造特点

水准标尺是测定高差的长度标准，如果水准标尺的长度有误差，则对精密水准测量的观测成果带来系统性质的误差影响，为此，对精密水准标尺提出如下要求：

（1）当空气的温度和湿度发生变化时，水准标尺分划间的长度必须保持稳定，或仅有微小的变化。一般精密水准尺的分划是漆在因瓦合金带上，因瓦合金带则以一定的拉力引张在木质尺身的沟槽中，这样因瓦合金带的长度不会受木质尺身伸缩变形影响。水准标尺分划的数字是注记在因瓦合金带两旁的木质尺身上，如图 6.2 所示。

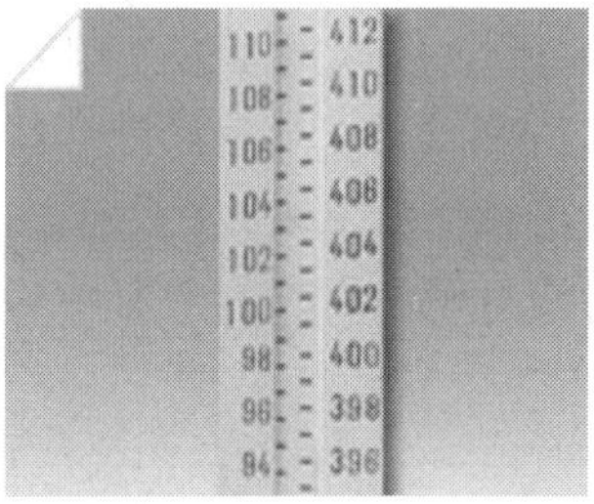

（2）水准标尺的分划必须十分正确与精密，分划的偶然误差和系统误差都应很小。水准标尺分划的偶然误差和系统误差的大小主要决定于分划刻度工艺的水平，当前精密水准标尺分划的偶然中误差一般在 8 ~ 11 μm。由于精密水准标尺分划的系统误差可以通过水准标尺的平均每米真长加以改正，所以分划的偶然误差代表水准标尺分划的综合精度。

图 6.2　水准标尺刻度

（3）水准标尺在构造上应保证全长笔直，并且尺身不易发生长度和弯扭等变形。一般精密水准标尺的木质尺身均应以经过特殊处理的优质木料制作。为了避免水准标尺在使用中尺身底部磨损而改变尺身的长度，在水准标尺的底面必须钉有坚固耐磨的金属底板。

在精密水准测量作业时，水准标尺应竖立于特制的具有一定重量的尺垫或尺桩上。尺垫和尺桩的形状如图 6.3 所示。

（4）在精密水准标尺的尺身上应附有圆水准器装置，作业时扶尺者借以使水准标尺保持在垂直位置。在尺身上一般还应有扶尺环的装置，以便扶尺者使水准标尺稳定在垂直位置。

（5）为了提高对水准标尺分划的照准精度，水准标尺分划的形式和颜色与水准标尺的颜色相协调，一般精密水准标尺都为黑色线条分划（见图 6.2），和浅黄色的尺面相配合，有利于观测时对水准标尺分划精确照准。

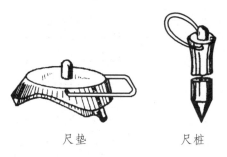

尺垫   尺桩

图 6.3   水准标尺的尺垫和尺桩

线条分划精密水准标尺的分格值有 10 mm 和 5 mm 两种。分格值为 10 mm 的精密水准标尺如图 6.2 所示，它有两排分划，尺面左边一排分划注记从 0~300 cm，称为基本分划，右边一排分划注记从 300~600 cm 称为辅助分划，同一高度的基本分划与辅助分划读数相差一个常数 3.015 5 m，称为基辅差，通常又称尺常数，水准测量作业时可以用以检查读数的正确性。分格值为 5 mm 的精密水准尺也有两排分划，但两排分划彼此错开 5 mm，所以实际上左边是单数分划，右边是双数分划，也就是单数分划和双数分划各占一排，而没有辅助分划。木质尺面右边注记的是米数，左边注记的是分米数，整个注记从 0.1~5.9 m，实际分格值为 5 mm，分划注记比实际数值大了一倍，所以用这种水准标尺所测得的高差值必须除以 2 才是实际的高差值。

分格值为 5 mm 的精密水准标尺，也有一辅助分划的。

三、Wild N3 精密水准仪

Wild N3（以下简称 N3）精密水准仪的外形如图 6.4 所示。望远镜物镜的有效孔径为 50 mm，放大倍率为 40 倍，管状水准器格值为 10"/2mm。N3 精密水准仪与分格值为 10 mm 的精密因瓦水准标尺配套使用，标尺的基辅差为 301.55 cm。在望远镜目镜的左边上下有两个小目镜（在图 6.4 中没有表示出来），它们是符合气泡观察目镜和测微器读数目镜，在 3 个不同的目镜中所见到的影像如图 6.5 所示。

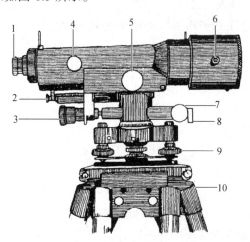

图 6.4   Wild N3 精密水准仪外观

1—望远镜目镜；2—水准气泡反光镜；3—倾斜螺旋；4—调集螺旋；5—平行玻璃板测微螺旋；
6—平行玻璃板旋转轴；7—水平微动螺旋；8—水平制动螺旋；
9—脚螺旋；10—脚架

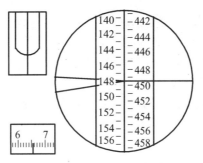

图 6.5　精密水准仪读数窗口

转动倾斜螺旋，使符合气泡观察目镜的水准气泡两端符合，则视线精确水平，此时可转动测微螺旋使望远镜目镜中看到的楔形丝夹准水准标尺上的 148 分划线，也就是使 148 分划线平分楔角，再在测微器目镜中读出测微器读数 653（即 6.53 mm），故水平视线在水准标尺上的全部读数为 148.653 cm。

1．N3 精密水准仪的倾斜螺旋装置

图 6.6 所示是 N3 型精密水准仪倾斜螺旋装置及其作用示意图。它是一种杠杆结构，转动倾斜螺旋时，通过着力点 D 可以带动支臂绕支点 A 转动，使其对望远镜的作用点 B 产生微量升降，从而使望远镜绕转轴 C 作微量倾斜。由于望远镜与水准器是紧密相连的，于是倾斜螺旋的旋转就可以使水准轴和视准轴同时产生微量的变化，借以迅速而精确地将视准轴整平。在倾斜螺旋上一般附有分划盘，可借助于固定指标进行读数，由倾斜螺旋所转动的格数可以确定视线倾角的微小变化量，其转动范围约为 7 周。借助于这种装置，可以测定视准轴微倾的角度值，在进行跨越障碍物的精密水准测量时具有重要作用。

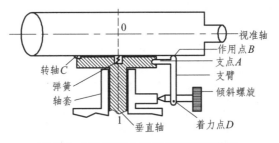

图 6.6　N3 精密水准仪倾斜螺旋装置

必须指出，由图 6.6 可见，仪器转轴 C 并不位于望远镜的中心，而是位于靠近物镜的一端。由圆水准器整平仪器时，垂直轴并不能精确在垂直位置，可能偏离垂直位置较大。此时使用倾斜螺旋精确整平视准轴时，将会引起视准轴高度的变化，倾斜螺旋转动量愈大，视准轴高度的变化也就愈大。如果前后视精确整平视准轴时，倾斜螺旋的转动量不等，就会在高差中带来这种误差的影响。因此，在实际作业中规定：只有在符合水准气泡两端影像的分离量小于 1 cm 时（这时仪器的垂直轴基本上在垂直位置），才允许使用倾斜螺旋来进行精确整平视准轴。但有些仪器转轴 C 的装置，位于过望远镜中心的垂直几何轴线上。

2．N3 精密水准仪的测微器装置

图 6.7 是 N3 精密水准仪的光学测微器的测微工作原理示意图。由图可见，光学测微器由平行玻璃板、测微器分划尺、传动杆和测微螺旋等部件组成。平行玻璃板传动杆与测微分划

尺相连。测微分划尺上有 100 个分格，它与 10 mm 相对应，即每分格为 0.1 mm，可估读至 0.01 mm。每 10 格有较长分划线并注记数字，每两长分划线间的格值为 1 mm。当平行玻璃板与水平视线正交时，测微分划尺上初始读数为 5 mm。转动测微螺旋时，传动杆就带动平行玻璃板相对于物镜作前俯后仰，并同时带动测微分划尺作相应的移动。平行玻璃板相对于物镜作前俯后仰，水平视线就会向上或向下作平行移动。若逆转测微螺旋，使平行玻璃板前俯到测微分划尺移至 10 mm 处，则水平视线向下平移 5 mm，反之，顺转测微螺旋使平行玻璃板后仰到测微分划尺移至 0 mm 处，则水平视线向上平移 5 mm。

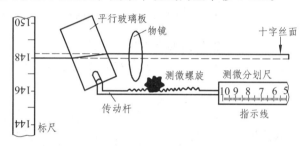

图 6.7 N3 精密水准仪测微工作原理示意图

在图 6.7 中，当平行玻璃板与水平视线正交时，水准标尺上读数应为 a，a 在两相邻分划 148 与 149 之间，此时测微分划上读数为 5 mm，而不是 0。转动测微螺旋，平行玻璃板作前俯，使水平视线向下平移与就近的 148 分划重合，这时测微分划尺上的读数为 6.50 mm，而水平视线的平移量应为 5 ~ 6.50 mm，最后读数 a 为

$$a = 148 \text{ cm} + 6.50 \text{ mm} - 5 \text{ mm}$$

即

$$a = 148.650 \text{ cm} - 5 \text{ mm}$$

由上述可知，每次读数中应减去常数（初始读数）5 mm，但因在水准测量中计算高差时能自动抵消这个常数，所以在水准测量作业时，读数、记录、计算过程中都可以不考虑这个常数。但在单向读数时就必须减去这个初始读数。

测微器的平行玻璃板安置在物镜前面的望远镜筒内，如图 6.8 所示。在平行玻璃板的前端，装有一块带楔角的保护玻璃，实质上是一个光楔罩，它一方面可以防止尘土侵入望远镜筒内，另一方面光楔的转动可使视准轴倾角 i 作微小的变化，借以精确地校正视准轴与水准轴的平行性。

近期生产的新 N3 精密水准仪如图 6.9 所示。望远镜物镜的有效孔径为 52 mm，并有一个放大倍率为 40 的准直望远镜，直立成像，能清晰地观测到离物镜 0.3 m 处的水准标尺。

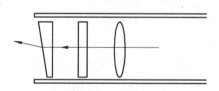

图 6.8 测微器平行玻璃板安置方式

图 6.9 新 N3 精密水准仪

光学平行玻璃板测微器可直接读至 0.1 mm，估读到 0.01 mm。
校验性微倾螺旋装置可以用来测量微小的垂直角和倾斜度的变化。

仪器备选附件有自动准直目镜、激光目镜、目镜照明灯和折角目镜等，利用这些附件可进一步扩大仪器的应用范围，可用于精密高程控制测量、形变测量、沉陷监测、工业应用等。

知识点三　精密水准测量实施

精密水准测量一般指国家一、二等水准测量，在各项工程的不同建设阶段的高程控制测量中，极少进行一等水准测量，故在工程测量技术规范中，将水准测量分为二、三、四等三个等级，其精度指标与国家水准测量的相应等级一致。

下面以二等水准测量为例来说明精密水准测量的实施。

一、精密水准测量作业一般规定

在前一节中，分析了有关水准测量的各项主要误差的来源及其影响。根据各种误差的性质及其影响规律，水准规范中对精密水准测量的实施作出了各种相应的规定，目的在于尽可能消除或减弱各种误差对观测成果的影响。

（1）观测前 30 min，应将仪器置于露天阴影处，使仪器与外界气温趋于一致；观测时应用测伞遮蔽阳光；迁站时应罩以仪器罩。

（2）仪器距前、后视水准标尺的距离应尽量相等，其差应小于规定的限值：二等水准测量中规定，一测站前、后视距差应小于 1.0 m，前、后视距累积差应小于 3 m。这样，可以消除或削弱与距离有关的各种误差对观测高差的影响，如 i 角误差和垂直折光等影响。

（3）对气泡式水准仪，观测前应测出倾斜螺旋的置平零点，并作标记，随着气温变化，应随时调整置平零点的位置。对于自动安平水准仪的圆水准器，须严格置平。

（4）同一测站上观测时，不得两次调焦；转动仪器的倾斜螺旋和测微螺旋，其最后旋转方向均应为旋进，以避免倾斜螺旋和测微器隙动差对观测成果的影响。

（5）在两相邻测站上，应按奇、偶数测站的观测程序进行观测，对于往测奇数测站按"后前前后"、偶数测站按"前后后前"的观测程序在相邻测站上交替进行。返测时，奇数测站与偶数测站的观测程序与往测时相反，即奇数测站由前视开始，偶数测站由后视开始。这样的观测程序可以消除或减弱与时间成比例均匀变化的误差对观测高差的影响，如 i 角的变化和仪器的垂直位移等影响。

（6）在连续各测站上安置水准仪时，应使其中两脚螺旋与水准路线方向平行，而第三脚螺旋轮换置于路线方向的左侧与右侧。

（7）每一测段的往测与返测，其测站数均应为偶数，由往测转向返测时，两水准标尺应互换位置，并应重新整置仪器。在水准路线上每一测段仪器测站安排成偶数，可以削减两水准标尺零点不等差等误差对观测高差的影响。

（8）每一测段的水准测量路线应进行往测和返测，这样，可以消除或减弱性质相同、正负号也相同的误差影响，如水准标尺垂直位移的误差影响。

（9）一个测段的水准测量路线的往测和返测应在不同的气象条件下进行，如分别在上午和下午观测。

（10）使用补偿式自动安平水准仪观测的操作程序与水准器水准仪相同。观测前对圆水准器应严格检验与校正，观测时应严格使圆水准器气泡居中。

（11）水准测量的观测工作间歇时，最好能结束在固定的水准点上；否则，应选择两个坚稳可靠、光滑突出、便于放置水准标尺的固定点，作为间歇点加以标记。间歇后，应对两个间歇点的高差进行检测，检测结果如符合限差要求（对于二等水准测量，规定检测间歇点高差之差应≤1.0 mm），就可以从间歇点起测。若仅能选定一个固定点作为间歇点，则在间歇后应仔细检视，确认没有发生任何位移，方可由间歇点起测。

二、精密水准测量观测

1．测站观测程序

往测时，奇数测站照准水准标尺分划的顺序为：

（1）后视标尺的基本分划；

（2）前视标尺的基本分划；

（3）前视标尺的辅助分划；

（4）后视标尺的辅助分划。

往测时，偶数测站照准水准标尺分划的顺序为：

（1）前视标尺的基本分划；

（2）后视标尺的基本分划；

（3）后视标尺的辅助分划；

（4）前视标尺的辅助分划。

返测时，奇、偶数测站照准标尺的顺序分别与往测偶、奇数测站相同。

按光学测微法进行观测，以往测奇数测站为例，一测站的操作程序如下（测量结果记录于表 6.2）：

（1）置平仪器。气泡式水准仪望远镜绕垂直轴旋转时，水准气泡两端影像的分离，不得超过 1 cm，对于自动安平水准仪，要求圆气泡位于指标圆环中央。

（2）将望远镜照准后视水准标尺，使符合水准气泡两端影像近于符合（双摆位自动安平水准仪应置于第 I 摆位）。随后用上、下丝分别照准标尺基本分划进行视距读数［见表 6.2 中的（1）和（2）］。视距读取 4 位，第四位数由测微器直接读得。然后，使符合水准气泡两端影像精确符合，使用测微螺旋用楔形平分线精确照准标尺的基本分划，并读取标尺基本分划和测微分划的读数［见表 6.2 中（3）］。测微分划读数取至测微器最小分划。

（3）旋转望远镜照准前视标尺，并使符合水准气泡两端影像精确符合（双摆位自动安平水准仪仍在第 I 摆位），用楔形平分线照准标尺基本分划，并读取标尺基本分划和测微分划的读数［见表 6.2 中（4）］。然后用上、下丝分别照准标尺基本分划进行视距读数［见表 6.2 中（5）和（6）］。

（4）用水平微动螺旋使望远镜照准前视标尺的辅助分划，并使符合气泡两端影像精确符合（双摆位自动安平水准仪置于第 II 摆位），用楔形平分线精确照准并进行标尺辅助分划与测微分划读数［见表 6.2 中（7）］。

（5）旋转望远镜，照准后视标尺的辅助分划，并使符合水准气泡两端影像精确符合（双摆位自动安平水准仪仍在第 II 摆位），用楔形平分线精确照准并进行辅助分划与测微分划读数

［见表 6.2 中（8）］。表 6.2 中第（1）至（8）栏是读数的记录部分，（9）至（18）栏是计算部分，现以往测奇数测站的观测程序为例，来说明计算内容与计算步骤。

① 视距部分的计算：

$$(9) = [(1) - (2)] \times 100$$
$$(10) = [(5) - (6)] \times 100$$
$$(11) = (9) - (10)$$
$$(12) = (11) + 前站(12)$$

② 高差部分的计算与检核

$$(14) = (3) + K - (8)$$
$$(13) = (4) + K - (7)$$
$$(15) = (3) - (4)$$
$$(16) = (8) - (7)$$
$$(17) = (14) - (13) = (15) - (16) 检核$$
$$(18) = \frac{1}{2}[(15) + (16)]$$

式中，K 为基辅差（对于 1 厘米刻度水准标尺，$K = 3.0155 \text{ m}$）。

表 6.2　一、二等水准测量记录

测自＿＿＿＿＿＿至＿＿＿＿＿＿　　　　　20　年　月　日

时间　始　　时　　分　末　　时　　分　　　成　　像＿＿＿＿＿＿＿＿

温度＿＿＿＿＿＿云量＿＿＿＿＿＿　　　　风向风速＿＿＿＿＿＿＿＿

天气＿＿＿＿＿＿土质＿＿＿＿＿＿　　　　太阳方向＿＿＿＿＿＿＿＿

测站编号	后尺 下丝 上丝	前尺 下丝 上丝	方尺及向号	标尺读数		基+K 减辅（一减二）	备注
	后距	前距		基本分划（一次）	辅助分划（二次）		
	视距差 d	$\sum d$					
	（1）	（5）	后	（3）	（8）	（14）	
	（2）	（6）	前	（4）	（7）	（13）	
	（9）	（10）	后－前	（15）	（16）	（17）	
	（11）	（12）	h			（18）	
			后				
			前				
			后－前				
			h				

以上即一测站全部操作与观测过程。一、二等精密水准测量外业计算尾数取位见表 6.3。

表 6.3 一、二等水准测量计算取位

项目等级	往（返）测距离总和/km	测段距离中数/km	各测站高差/mm	往（返）测高差总和/mm	测段高差中数/mm	水准点高程/mm
一	0.01	0.1	0.01	0.01	0.1	1
二	0.01	0.1	0.01	0.01	0.1	1

表 6.2 中的观测数据系用 N3 精密水准仪测得的，当用 S1 型或 Ni 004 精密水准仪进行观测时，由于与这种水准仪配套的水准标尺无辅助分划，故在记录表格中基本分划与辅助分划的记录栏内，分别记入第一次和第二次读数。

2．水准测量限差（见表 6.4、6.5）

表 6.4 水准测量限差 Ⅰ

等级	视线长度		前后视距差/m	前后视距累积差/m	视线高度（下丝读数）/m	辅助分划读数之差/mm	基辅分划所得高差之差/mm	上下丝读数平均值与中丝读数之差		检测间歇点高差之差/mm
	仪器类型	视线长度/m						0.5 cm 分划标尺/mm	1 cm 分划标尺/mm	
一	S05	≤30	≤0.5	≤1.5	≥0.5	≤0.3	≤0.4	≤1.5	≤3.0	≤0.7
二	S1	≤50	≤1.0	≤3.0	≥0.3	≤0.4	≤0.6	≤1.5	≤3.0	≤1.0
	S05	≤50								

测段路线往返测高差不符值、附合路线、环线闭合差，以及检测已测测段高差之差的限值见表 6.5。

表 6.5 水准测量限差 Ⅱ

项目等级	测段路线往返测高差不符值/mm	附合路线闭合差/mm	环线闭合差/mm	检测已测测段高差之差/mm
一等	$\pm 2\sqrt{K}$	$\pm 2\sqrt{L}$	$\pm 2\sqrt{F}$	$\pm 3\sqrt{R}$
二等	$\pm 4\sqrt{K}$	$\pm 4\sqrt{L}$	$\pm 4\sqrt{F}$	$\pm 6\sqrt{R}$

若测段路线往返测不符值超限，应先就可靠程度较小的往测或返测进行整测段重测；附合路线和环线闭合差超限，应就路线上可靠程度较小，往返测高差不符值较大或观测条件较差的某些测段进行重测，如重测后仍不符合限差，则需重测其他测段。

3．水准测量精度

水准测量的精度根据往返测的高差不符值来评定，因为往返测的高差不符值集中反映了水准测量各种误差的共同影响，这些误差对水准测量精度的影响，不论其性质和变化规律都是极其复杂的，其中有偶然误差的影响，也有系统误差的影响。

根据研究和分析可知，在短距离，如一个测段的往返测高差不符值中，偶然误差是得到反映的，虽然也不排除有系统误差的影响，但毕竟由于距离短，所以影响很微弱，因而从测段的往返高差不符值 Δ 来估计偶然中误差是合理的。在长的水准线路中，例如一个闭合环，影响观测的除偶然误差外，还有系统误差，而且这种系统误差，在很长的路线上，也表现有偶然性质。环形闭合差表现为真误差的性质，因而可以利用环形闭合差 W 来估计含有偶然误差和系统误差在内的全中误差，现行水准规范中所采用的计算水准测量精度的公式，就是以这种基本思想为基础而导得的。

由 n 个测段往返测的高差不符值 Δ 计算每公里单程高差的偶然中误差（相当于单位权观测中误差）的公式为

$$\mu = \pm \sqrt{\frac{\dfrac{1}{2}\left[\dfrac{\Delta\Delta}{R}\right]}{n}} \tag{6.1}$$

往返测高差平均值的每公里偶然中误差为

$$M_\Delta = \frac{1}{2}\mu = \pm\sqrt{\frac{1}{4n}\left[\frac{\Delta\Delta}{R}\right]} \tag{6.2}$$

式中　Δ——各测段往返测的高差不符值，mm；

　　　R——各测段的距离，km；

　　　n——测段的数目。

式（6.2）就是水准规范中规定用以计算往返测高差平均值的每公里偶然中误差的公式，这个公式是不严密的，因为在计算偶然误差时，完全没有顾及系统误差的影响。顾及系统误差的严密公式，形式比较复杂，计算也比较麻烦，而所得结果与式（6.2）所算得的结果相差甚微，所以式（6.2）可以认为是具有足够可靠性的。

按水准规范规定，一、二等水准路线须以测段往返高差不符值按式（6.2）计算每 km 水准测量往返高差中数的偶然中误差 M_Δ。当水准路线构成水准网的水准环超过 20 个时，还需按水准环闭合差 W 计算每公里水准测量高差中数的全中误差 M_W。

计算每公里水准测量高差中数的全中误差的公式为

$$M_W = \pm\sqrt{\frac{W^{\mathrm{T}}Q^{-1}W}{N}} \tag{6.3}$$

式中　W——水准环线经过正常水准面不平行改正后计算的水准环闭合差矩阵，W 的转置矩阵 $W^{\mathrm{T}} = (w_1, w_2, \cdots, w_N)$：其中 w_i 为 i 环的闭合差，mm。

　　　N——水准环的数目，协因数矩阵 Q 中对角线元素为各环线的周长 $(F_1, F_2 \cdots, F_N)$，非对角线元素。如果图形不相邻，则一律为零，如果图形相邻，则为相邻边长度（公里数）的负值。

每公里水准测量往返高差中数偶然中误差 M_Δ 和全中误差 M_W 的限值列于表 6.6 中。

表 6.6　中误差 M_Δ 和全中误差 M_W 的限值

等级	一等/mm	二等/mm
M_Δ	≤0.45	≤1.0
M_W	≤1.0	≤2.0

偶然中误差 M_Δ，全中误差 M_W 超限时，应分析原因，重测有关测段或路线。

知识点四　电子水准仪简介

电子水准仪的主要优点是：操作简捷，自动观测和记录，并能立即用数字显示测量结果。整个观测过程在几秒钟内即可完成，从而大大减少观测错误和误差。仪器还附有数据处理器及与之配套的软件，从而可将观测结果输入计算机进入后处理，实现测量工作自动化和流水线作业，大大提高工作效率。

一、电子水准仪观测精度

电子水准仪的观测精度高，如瑞士徕卡公司开发的 NA2000 型电子水准仪的分辨率为 0.1 mm，每 km 往返测得高差中数的偶然中误差为 2.0 mm；NA3003 型电子水准仪的分辨率为 0.01 mm，每 km 往返测得高差中数的偶然中误差为 0.4 mm。

二、电子水准仪测量原理简述

与电子水准仪配套使用的水准尺为条形编码尺，通常由玻璃纤维或铟钢制成。在电子水准仪中装置有行阵传感器，它可识别水准标尺上的条形编码（见图 6.11）。电子水准仪摄入条形编码后，经处理器转变为相应的数字，在通过信号转换和数据化，在显示屏上直接显示中丝读数和视距。

图 6.10　电子水准仪

图 6.11　条码标尺

三、电子水准仪使用

NA2000 电子水准仪用 15 个键的键盘和安装在侧面的测量键来操作。有两行 LCD 显示器显示给使用者，并显示测量结果和系统的状态。

观测时，电子水准仪在人工完成安置与粗平、瞄准目标（条形编码水准尺）后，按下测量键后约 3～4 s 即显示出测量结果。其测量结果可储存在电子水准仪内或通过电缆连接存入机内记录器中。

另外，观测中如水准标尺条形编码被局部遮挡 < 30%，仍可进行观测。

知识点五　精密水准测量概算

水准测量概算是水准测量平差前所必须进行的准备工作。在水准测量概算前必须对水准测量的外业观测资料进行严格的检查，在确认无误、各项限差都符合要求后，方可进行概算工作。概算的主要内容有：观测高差的各项改正数的计算和水准点概略高程表的编算等。

一、水准标尺每米长度误差改正数计算

水准标尺每米长度误差对高差的影响是系统性质的。根据规定，当一对水准标尺每米长度的平均误差 f 大于 ± 0.02 mm 时，就要对观测高差进行改正，对于一个测段的改正 $\sum \delta_f$ 按式（6.4）计算：

$$\sum \delta_f = f \sum h \qquad (6.4)$$

由于往返测观测高差的符号相反，所以往返测观测高差的改正数也将有不同的正负号。

设有一对水准标尺，经检定得：1 m 间隔的平均真长为 999.96 mm，则 $f = 999.96 - 1\,000 = -0.04\text{(mm)}$。在表 6.8 中第一测段，即从 Ⅰ 柳宝 35$_{\underline{\text{基}}}$ 到 Ⅱ 宜柳 1 水准点往返测高差 $h = \pm 20.345$ m，则该测段往返测高差的改正数 $\sum \delta_f$ 为

$$\sum \delta_f = -0.04 \times (\pm 20.345) = \mp 0.81\text{ (mm)}$$

二、正常水准面不平行改正数计算

按水准规范规定，各等级水准测量结果，均须计算正常水准面不平行的改正。正常水准面不平行改正数 ε 由式（6.5）计算：

$$\varepsilon_i = -A H_i(\Delta) \qquad (6.5)$$

式中：ε_i 为水准测量路线中第 i 测段的正常水准面不平行改正数；A 为常系数，$A = 0.000\,001\,537\,1 \cdot \sin 2\varphi$，当水准测量路线的纬度差不大时，常系数 A 可按水准测量路线纬度的中数 φ_m 为引数在现成的系数表中查取，见表 6.7；H_i 为第 i 测段始末点的近似高程，以 m 为单位；$\Delta \varphi' = \varphi_2 - \varphi_1$，以分为单位，$\varphi_1$ 和 φ_2 为第 i 测段始末点的纬度，其值可由水准点点之记或水准测量路线图中查取。

表 6.7 正常水准面不平行改正数的系数 A

φ (°)	0′ 10^{-9}	10′ 10^{-9}	20′ 10^{-9}	30′ 10^{-9}	40′ 10^{-9}	50′ 10^{-9}	φ (°)	0′ 10^{-9}	10′ 10^{-9}	20′ 10^{-9}	30′ 10^{-9}	40′ 10^{-9}	50′ 10^{-9}
0	000	009	018	027	036	045	30	1 331	1 336	1 340	1 344	1 349	1 353
1	054	063	072	080	089	098	31	1 357	1 361	1 365	1 370	1 374	1 378
2	107	116	125	134	143	152	32	1 382	1 385	1 389	1 393	1 397	1 401
3	161	170	178	187	196	205	33	1 404	1 408	1 411	1 415	1 418	1 422
4	214	223	232	240	249	258	34	1 425	1 429	1 432	1 435	1 438	1 441
5	267	726	285	293	302	311	35	1 444	1 447	1 450	1 453	1 456	1 459
6	320	328	337	340	354	363	36	1 462	1 465	1 467	1 470	1 473	1 475
7	372	381	389	398	406	415	37	1 478	1 480	1 480	1 485	1 487	1 489
8	424	432	441	449	458	466	38	1 491	1 494	1 496	1 498	1 500	1 502
9	475	483	492	500	509	517	39	1 504	1 505	1 507	1 509	1 511	1 512
10	526	534	542	551	559	567	40	1 514	1 515	1 517	1 518	1 520	1 521
11	576	584	592	601	609	617	41	1 522	1 523	1 525	1 526	1 527	1 528
12	625	633	641	650	658	666	42	1 529	1 530	1 530	1 531	1 532	1 533
13	674	682	690	698	706	714	43	1 533	1 534	1 534	1 535	1 535	1 536
14	722	729	737	745	753	761	44	1 536	1 536	1 537	1 537	1 537	1 537
15	769	776	784	792	799	807	45	1 537	1 537	1 537	1 537	1 537	1 536
16	815	882	830	837	845	852	46	1 536	1 536	1 535	1 535	1 534	1 534
17	860	867	874	882	889	896	47	1 533	1 533	1 532	1 531	1 530	1 530
18	903	911	918	925	932	939	48	1 529	1 528	1 527	1 526	1 525	1 523
19	946	953	960	967	974	981	49	1 522	1 521	1 520	1 518	1 517	1 515
20	988	995	1 002	1 008	1 015	1 022	50	1 514	1 512	1 511	1 509	1 507	1 505
21	1 029	1 035	1 042	1 048	1 055	1 061	51	1 504	1 502	1 500	1 498	1 496	1 494
22	1 068	1 074	1 081	1 087	1 093	1 099	52	1 491	1 489	1 487	1 485	1 482	1 480
23	1 106	1 112	1 118	1 124	1 130	1 136	53	1 478	1 475	1 473	1 470	1 467	1 456
24	1 142	1 148	1 154	1 160	1 166	1 172	54	1 462	1 459	1 456	1 453	1 450	1 447
25	1 177	1 183	1 189	1 195	1 200	1 206							
26	1 211	1 217	1 222	1 228	1 233	1 238							
27	1 244	1 249	1 254	1 259	1 264	1 269							
28	1 274	1 279	1 284	1 289	1 294	1 299							
29	1 304	1 308	1 313	1 318	1 322	1 327							

在表 6.8 中，按水准路线平均纬度 $\varphi_m = 24°18′$ 在表 6.7 中查得常系数 $A = 1\ 153 \times 10^{-9}$。

第一测段，即 I 柳宝 35基到 II 宜柳 1 水准测量路线始末点近似高程平均值 H 为（425 + 445）/2 = 435（m），纬度差 $\Delta\varphi = -3'$，则第一测段的正常水准面不平行改正数 ε_1 为

$$\varepsilon_1 = -1153 \times 10^{-9} \times 435 \times (-3) = +1.5 \ (\text{mm})$$

表 6.8   正常水准面不平行改正与路线闭合差的计算

水准点编号	纬度 φ		观测高差 h'	近似高程	平均高程 H	纬差 $\Delta\varphi$	$H \cdot \Delta\varphi$	正常水准面不平行改正 $\varepsilon = -AH\Delta\varphi$	附 记
	°	′	m	m	m	′	-1305 $+1.5$	mm	
I 柳宝35基	24	28	+20.345	425	435	−3			
II 宜柳 1	25		+77.304	445	484	−3	−1452	+1.7	
II 宜柳 2	22		+55.577	523	550	−3	−1650	+1.9	
II 宜柳 3	19		+73.451	578	615	−3	−1845	+2.1	
II 宜柳 4	16		+17.094	652	660	−2	−1320	+1.5	已知：I 柳宝基高程为：424.876 m；I 宜柳1高程为：573.128 m；本例的A按平均纬度24°18′查表为 $1\,153 \times 10^{-9}$
II 宜柳 5	14		+32.772	669	686	−3	−2058	+2.4	
II 宜柳 6	11		+80.548	702	742	−2	−1484	+1.7	
II 宜柳 7	9		+11.745	782	788	−1	−788	+0.9	
II 宜柳 8	8		−18.073	794	785	+1	785	−0.9	
II 宜柳 9	9		−10.146	776	771	+1	771	−0.9	
II 宜柳 10	10		−101.098	766	716	+1	716	−0.8	
II 宜柳 11	11		−61.960	665	634	+2	1268	−1.5	
II 宜柳 12	13		−54.996	603	576	+2	1152	−1.3	
II 宜柳 13	15		+10.051	548	553	+2	1106	−1.3	
II 宜柳 14	17		+15.649	558	566	+3	1698	−2.0	
I 宜柳 1基	20			573				+5.0	

三、水准路线闭合差计算

水准测量路线闭合差 W 的计算公式为

$$W = (H_0 - H_n) + \sum h' + \sum \varepsilon \tag{6.6}$$

式中 H_0、H_n——水准测量路线两端点的已知高程；

$\sum h'$——水准测量路线中各测段观测高差加入尺长改正数 δ_f 后的往返测高差中数之和；

$\sum \varepsilon$——水准测量路线中各测段的正常水准面不平行改正数之和。

根据表 6.7 和表 6.8 中的数据按式（6.6）计算水准路线的闭合差：

$$W = (424.876 - 573.128)\text{m} + 148.256\ 5\ \text{m} + 5.0\ \text{mm} = 9.5\ \text{m}$$

见表 6.8 中的计算。

闭合路线中的正常水准面不平行改正数为 + 5.0mm，故路线的最后闭合差为

$$W = (H_0 - H_n) + \sum \varepsilon = -148.252\text{m} + 148.2565\text{m} + 5.0\text{mm} = 9.5\text{mm}$$

四、高差改正数计算

水准测量路线中每个测段的高差改正数可按式（6.7）计算，即

$$v = -\frac{R}{\sum R} W \tag{6.7}$$

即按水准测量路线闭合差 W 按测段长度 R 成正比的比例配赋予各测段的高差中。在表 6.8 中，水准测量路线的全长 $\sum R = 80.9$ km，第一测段的长度 $R = 5.8$ km，则第一测段的高差改正数为

$$v = -\frac{5.8}{80.9} \times 9.5 = -0.7\text{(mm)}$$

见表 6.7 中第 21 栏。

最后根据已知点高程及改正后的高差计算水准点的概略高程，即

$$H = H_0 + \sum h' + \sum \varepsilon + \sum v \tag{6.8}$$

知识点六 精密水准测量误差来源及注意事项

在进行精密水准测量时，会受到各种误差的影响，在这一节中就几种主要的误差进行分析，并讨论对精密水准测量观测成果的影响。

一、视准轴与水准轴不平行的误差

1. i 角误差的影响（见图 6.12）

虽然经过 i 角的检验校正，但要使两轴完全保持平行是困难的，因此，当水准气泡居中时，视准轴仍不能保持水平，使水准标尺上的读数产生误差，并且与视距成正比。

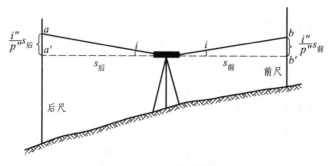

图 6.12 i 角误差的影响

如图 6.12 所示，$s_{前}$、$s_{后}$ 为前后视距，由于存在 i 角，并假设 i 角不变的情况下，在前后水准标尺上的读数误差分别为 $i''s_{前}\dfrac{1}{\rho''}$ 和 $i''s_{后}\dfrac{1}{\rho''}$，对高差的误差影响为

$$\delta_s = i''(s_{后} - s_{前})\frac{1}{\rho''} \qquad (6.9)$$

对于两个水准点之间一个测段的高差总和的误差影响为

$$\sum \delta_s = i''(\sum s_{后} - \sum s_{前})\frac{1}{\rho''} \qquad (6.10)$$

由此可见，在 i 角保持不变的情况下，一个测站上的前后视距相等或一个测段的前后视距总和相等，则在观测高差中由于 i 角的误差影响可以得到消除。但在实际作业中，要求前后视距完全相等是困难的。下面讨论前后视距不等差的容许值问题。

设 $i = 15''$，要求 δ_s 对高差的影响小到可以忽略不计的程度，如 $\delta_s = 0.1\,\text{mm}$，那么前后视距之差的容许值可由式（6.9）算得，即

$$(s_{后} - s_{前}) \leqslant \frac{\delta_s}{i''}\rho'' \approx 1.4\,\text{m}$$

为了顾及观测时各种外界因素的影响，所以规定，二等水准测量前后视距差应 $\leqslant 1\,\text{m}$。为了使各种误差不致累积，还规定由测段第一个测站开始至每一测站前后视距累积差，对于二等水准测量而言应 $\leqslant 3\,\text{m}$。

2．φ 角误差的影响

当仪器不存在 i 角，则在仪器的垂直轴严格垂直时，交叉误差 φ 并不影响在水准标尺上的读数，因为仪器在水平方向转动时，视准轴与水准轴在垂直面上的投影仍保持互相平行，因此对水准测量并无不利影响。但当仪器的垂直轴倾斜时，如与视准轴正交的方向倾斜一个角度，那么这时视准轴虽然仍在水平位置，但水准轴两端却产生倾斜，从而水准气泡偏离居中位置，仪器在水平方向转动时，水准气泡将移动，当重新调整水准气泡居中进行观测时，视准轴就会偏离水平位置而倾斜，显然它将影响在水准标尺上的读数。为了减少这种误差对水准测量成果的影响，应对水准仪上的圆水准器进行检验与校正和对交叉误差 φ 进行检验与校正。

3．温度变化对 i 角的影响

精密水准仪的水准管框架是同望远镜筒固连的，为了使水准轴与视准轴的联系比较稳固，这些部件是采用因瓦合金钢制造的，并把镜筒和框架整体装置在一个隔热性能良好的套筒中，以防止由于温度的变化，使仪器有关部件产生不同程度的膨胀或收缩，而引起 i 角的变化。

但是当温度变化时，完全避免 i 角的变化是不可能的。例如仪器受热的部位不同，对 i 角的影响也显著不同，当太阳射向物镜和目镜端影响最大，旁射水准管一侧时，影响较小，旁射与水准管相对的另一侧时，影响最小。因此，温度的变化对 i 角的影响是极其复杂的，实验结果表明，当仪器周围的温度均匀地每变化 1 ℃时，i 角将平均变化约为 0.5″，有时甚至更大些，有时竟可达到 1″ ~ 2″。

由于 i 角受温度变化的影响很复杂，因而对观测高差的影响难以用改变观测程序的办法来完全消除；而且，这种误差影响在往返测不符值中也不能完全被发现，这就使高差中数受到系统性的误差影响。因此，减弱这种误差影响最有效的办法是减少仪器受辐射热的影响，如观测时要打伞，避免日光直接照射仪器，以减小 i 角的复杂变化；同时，在观测开始前应将仪器预先从箱中取出，使仪器充分地与周围空气温度一致。

如果认为在观测的较短时间段内，由于受温度的影响，i 角与时间成比例地均匀变化，则可以采取改变观测程序的方法，在一定程度上来消除或削弱这种误差对观测高差的影响。

两相邻测站 Ⅰ、Ⅱ 对于基本分划如按下列 1、2、3、4 程序观测，即：

在测站 Ⅰ 上：1 后视；2 前视。

在测站 Ⅱ 上：3 前视；4 后视。

则由图 6.13 可知，对测站 Ⅰ、Ⅱ 观测高差的影响分别为 $-s(i_2 - i_1)$ 和 $+s(i_4 - i_3)$，s 为视距，i_1、i_2、i_3、i_4 为每次读数变化了的 i 角。

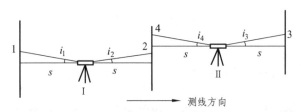

图 6.13　相临测站的观测顺序

由于认为在观测的较短时间段内，i 角与时间成比例地均匀变化，所以 $i_2 - i_1 = i_4 - i_3$，由此可见，在测站 Ⅰ、Ⅱ 的观测高差之和中就抵消了由于 i 角变化的误差影响。但是，由于 i 角的变化不完全按照与时间成比例地均匀变化，因此，严格地说，$(i_2 - i_1)$ 与 $(i_4 - i_3)$ 不一定完全相等，相邻奇偶测站的视距也不一定相等，所以按上述程序进行观测，只能基本上消除由于 i 角变化的误差影响。

根据同样的道理，对于相邻测站 Ⅰ、Ⅱ 辅助分划的观测程序应为：

在测站 Ⅰ 上：1 前视；2 后视。

在测站 Ⅱ 上：3 后视；4 前视。

综上所述，在相邻两个测站上，对于基本分划和辅助分划的观测程序可以归纳为奇数站的观测程序：后（基）—前（基）—前（辅）—后（辅）；偶数站的观测程序：前（基）—后（基）—后（辅）—前（辅）。所以，将测段的测站数安排成偶数，对于削减由于 i 角变化对观测高差的误差影响也是必要的。

二、水准标尺长度误差的影响

1. 水准标尺每米长度误差的影响

在精密水准测量作业中必须使用经过检验的水准标尺。设 f 为水准标尺每米间隔平均真长误差，则对一个测站的观测高差 h 应加的改正数为

$$\delta_f = hf \tag{6.11}$$

对于一个测段来说，应加的改正数为

$$\sum \delta_f = f \sum h \qquad\qquad (6.12)$$

式中 $\sum h$——一个测段各测站观测高差之和。

2．两水准标尺零点差的影响

两水准标尺的零点误差不等，设 a，b 水准标尺的零点误差分别 Δa 和 Δb，它们都会在水准标尺上产生误差。

如图 6.14 所示，在测站Ⅰ上顾及两水准标尺的零点误差对前后视水准标尺上读数 b_1、a_1 的影响，则测站Ⅰ的观测高差为

$$h_{12} = (a_1 - \Delta a) - (b_1 - \Delta b) = (a_1 - b_1) - \Delta a + \Delta b$$

在测站Ⅱ上，顾及两水准标尺零点误差对前后视水准标尺上读数 a_2、b_2 的影响，则测站Ⅱ的观测高差为

$$h_{23} = (b_2 - \Delta b) - (a_2 - \Delta a) = (b_2 - a_2) - \Delta b + \Delta a$$

则 1、3 点的高差，即Ⅰ、Ⅱ测站所测高差之和为

$$h_{13} = h_{12} + h_{23} = (a_1 - b_1) + (b_2 - a_2)$$

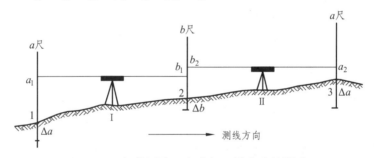

图 6.14　相临测站两水准标尺零点差的影响

由此可见，尽管两水准标尺的零点误差 $\Delta a \neq \Delta b$，但在两相邻测站的观测高差之和中，抵消了这种误差的影响，故在实际水准测量作业中各测段的测站数目应安排成偶数，且在相邻测站上使两水准标尺轮流作为前视尺和后视尺。

三、仪器和水准标尺（尺台或尺桩）垂直位移的影响

仪器和水准标尺在垂直方向位移所产生的误差，是精密水准测量系统误差的重要来源。

按图 6.15 中的观测程序，当仪器的脚架随时间而逐渐下沉时，在读完后视基本分划读数转向前视基本分划读数的时间内，由于仪器的下沉，视线将有所下降，而使前视基本分划读数偏小。同理，由于仪器的下沉，后视辅助分划读数偏小，如果前视基本分划和后视辅助分划的读数偏小的量相同，则采用"后前前后"的观测程序所测得的基辅高差的

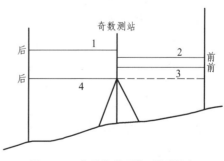

图 6.15　"后前前后"观测程序

115

平均值中，可以较好地消除这项误差影响。

水准标尺（尺台或尺桩）的垂直位移，主要是发生在迁站的过程中，由原来的前视尺转为后视尺而产生下沉，于是总使后视读数偏大，使各测站的观测高差都偏大，成为系统性的误差影响。这种误差影响在往返测高差的平均值中可以得到有效的抵偿，所以水准测量一般都要求进行往返测。

在实际作业中，我们要尽量设法减少水准标尺的垂直位移，如立尺点要选在中等坚实的土壤上；水准标尺立于尺台后至少要半分钟后才进行观测，这样可以减少其垂直位移量，从而减少其误差影响。

有时仪器脚架和尺台（或尺桩）也会发生上升现象，就是当我们用力将脚架或尺台压入地下之后，在我们不再用力的情况下，土壤的反作用有时会使脚架或尺台逐渐上升，如果水准测量路线沿着土壤性质相同的路线敷设，而每次都有这种上升的现象发生，结果会产生系统性质的误差影响，根据研究，这种误差可以达到相当大的数值。

四、大气垂直折光的影响

近地面大气层的密度分布一般随离开地面的高度而变化，也就是说，近地面大气层的密度存在着梯度。因此，光线通过在不断按梯度变化的大气层时，会引起折射系数的不断变化，导致视线成为一条各点具有不同曲率的曲线，在垂直方向产生弯曲，并且弯向密度较大的一方，这种现象叫做大气垂直折光。

如果在地势较为平坦的地区进行水准测量时，前后视距相等，则折光影响相同，使视线弯曲的程度也相同，因此，在观测高差中就可以消除这种误差影响。但是，由于越接近地面的大气层，密度的梯度越大，前后视线离地面的高度不同，视线所通过大气层的密度也不同，折光影响也就不同，所以前后视线在垂直面内的弯曲程度也不同。如水准测量通过一个较长的坡度时，由于前视视线离地面的高度总是大于（或小于）后视视线离地面的高度，当上坡时前视所受的折光影响比后视要大，视线弯曲凸向下方，这时，垂直折光对高差将产生系统性质误差影响。为了减弱垂直折光对观测高差的影响，应使前后视距尽量相等，并使视线离地面有足够的高度，在坡度较大的水准路线上进行作业时应适当缩短视距。

大气密度的变化还受到温度等因素的影响。在上午，由于地面吸热，使得地面上的大气层离地面越高温度越低；中午以后，由于地面逐渐散热，地面温度开始低于大气的温度。因此，垂直折光的影响，还与一天内的不同时间有关，在日出后半小时左右和日落前半小时左右这两段时间内，由于地表面的吸热和散热，使近地面的大气密度和折光差变化迅速而无规律，故不宜进行观测；在中午一段时间内，由于太阳强烈照射，使空气对流剧烈，致使目标成像不稳定，也不宜进行观测。为了减弱垂直折光对观测高差的影响，水准规范还规定每一测段的往测和返测应分别在上午或下午，这样在往返测观测高差的平均值中可以减弱垂直折光的影响。折光影响是精密水准测量一项主要的误差来源，它的影响与观测所处的气象条件，水准路线所处的地理位置和自然环境，观测时间，视线长度，测站高差以及视线离地面的高度等诸多因素有关。虽然当前已有一些试图计算折光改正数的公式，但精确的改正值还是难以测算。因此，在精密水准测量作业时必须严格遵守水准规范中的有关规定。

五、电磁场对水准测量的影响

在国民经济建设中敷设大功率、超高压输电线，为的是使电能通过空中电线或地下电缆向远距离输送。根据研究发现输电线经过的地带所产生的电磁场，对光线（其中包括对水准测量视准线位置的正确性）有系统性的影响，并与电流强度有关。输电线所形成的电磁场对平行于电磁场和正交于电磁场的视准线将有不同影响，因此，在设计高程控制网、布设水准路线时，必须考虑到通过大功率、超高压输电线附近的视线直线性所发生的重大变形。

近几年来初步研究的结果表明，为了避免这种系统性的影响，在布设与输电线平行的水准路线时，必须使水准线路离输电线 50 m 以外，如果水准线路与输电线相交，则其交角应为直角，并且应将水准仪严格地安置在输电线的下方，标尺点与输电线成对称布置，这样，照准后视和前视水准标尺的视准线直线性的变形可以互相抵消。

六、观测误差的影响

精密水准测量的观测误差，主要有水准器气泡居中的误差，照准水准标尺上分划的误差和读数误差，这些误差都是属于偶然性质的。由于精密水准仪有倾斜螺旋和符合水准器，并有光学测微器装置，可以提高读数精度，同时用楔形丝照准水准标尺上的分划线，这样可以减小照准误差，因此，这些误差影响都可以有效地控制在很小的范围内。实验结果分析表明，这些误差在每测站上由基辅分划所得观测高差的平均值中的影响还不到 0.1 mm。

【习题练习】

1. 我国目前采用的高程系统是（   ）。
   A. 1956 年黄海高程系统　　　　　　B. 1985 国家高程基准
   C. 2000 国家高程系统　　　　　　　D. 2008 黄海高程系统
2. 高程基准面通常采用的是（   ）。
   A. 参考椭球面　　　　　　　　　　B. 水平面
   C. 大地水准面　　　　　　　　　　D. 水准面
3. 我国目前采用的高程系统里的水准原点位于（   ）。
   A. 陕西省　　　B. 北京市　　　C. 山东省　　　D. 青海省
4. 我国目前采用的高程系统里的水准原点高程为（   ）。
   A. 72.289 m　　B. 0 m　　　C. 70.682 m　　D. 72.260 m
5. 1 cm 刻度的精密水准标尺的基辅分划差为（   ）。
   A. 6.065 0 m　　B. 3.015 5 m　　C. 4.787 m　　D. 4.687 m
6. 在精密水准测量中，各测段上总的测站数（   ）。
   A. 没有规定　　B. 必须是奇数　　C. 必须是偶数
7. 一、二等水准测量的观测程序为（   ）。
   A. 往测奇数测站采用后—后—前—前
   B. 往测偶数测站采用后—前—前—后
   C. 返测奇数测站采用前—后—后—前

D. 返测偶数测站采用后—前—前—后

8. 二等水准测量中要求每个测站上基辅读数差不超过（   ）。

    A. 0.2 mm   B. 0.3 mm   C. 0.4 mm   D. 0.6 mm

9. 二等水准测量中要求每个测站上基辅分划所得高差之差不超过（   ）。

    A. 0.2 mm   B. 0.3 mm   C. 0.4 mm   D. 0.6 mm

10. 与电子水准仪配合使用的标尺是（   ）。

    A. 木质双面尺   B. 因钢尺   C. 塔尺   D. 条码尺

11. 将一个测段上的测站数设置为偶数可以消除或削弱（   ）。

    A. 水准仪 i 角误差

    B. 水准标尺零点差

    C. 一对标尺零点不等差

    D. 标尺垂直位移产生的误差

12. 水准测量中使前后视距相等可以消除或减弱（   ）。

    A. 水准仪 i 角误差

    B. 水准标尺零点差

    C. 大气垂直折光差

    D. 标尺垂直位移产生的误差

任务七　三角高程测量

【知识概要】

1. 掌握三角高程测量原理。

2. 熟悉三角高程测量的误差来源及注意事项。

【技能任务】

1. 使用全站仪进行三角高程导线测量。

2. 用平差软件对三角高程导线网进行平差处理。

【技术规范】

1.《工程测量规范》。

2.《水利水电工程施工测量规范》。

【相关知识】

三角高程测量的基本思想是根据由测站向照准点所观测的垂直角（或天顶距）和它们之间的水平距离，计算测站点与照准点之间的高差。这种方法简便灵活，受地形条件的限制较少，故适用于测定三角点的高程。三角点的高程主要是作为各种比例尺测图的高程控制的一部分。一般都是在一定密度的水准网控制下，用三角高程测量的方法测定三角点的高程。

一、三角高程测量基本公式

1．基本公式

关于三角高程测量的基本原理和计算高差的基本公式，在测量学中已有过讨论，但公式的推导是以水平面作为依据的。在控制测量中，由于距离较长，所以必须以椭球面为依据来推导三角高程测量的基本公式。

如图 7.1 所示。设 s_0 为 A、B 两点间的实测水平距离。仪器置于 A 点，仪器高度为 i_1。B 为照准点，觇标高度为 v_2，R 为参考椭球面上 $\widehat{A'B'}$ 的曲率半径。$\widehat{PE}$、$\widehat{AF}$ 分别为过 P 点和 A 点的水准面。PC 是 $\widehat{PE}$ 在 P 点的切线，$\widehat{PN}$ 为光程曲线。当位于 P 点的望远镜指向与 $\widehat{PN}$ 相切的 PM 方向时，由于大气折光的影响，由 N 点出射的光线正好落在望远镜的横丝上。也就是说，仪器置于 A 点，测得 P、M 间的垂直角为 $\alpha_{1,2}$。

由图 7.1 可知，A、B 两地面点间的高差为

$$h_{1,2} = BF = MC + CE + EF - MN - NB \qquad (7.1)$$

式中　EF——仪器高 i_1；

NB——照准点的觇标高度 v_2；

CE、MN——地球曲率和折光影响，有

图 7.1　三角高程测量计算原理图

$$CE = \frac{1}{2R}s_0^2 \qquad (7.2)$$

$$MN = \frac{1}{2R'}s_0^2 \qquad (7.3)$$

其中　R'——光程曲线 $\widehat{PN}$ 在 N 点的曲率半径。设 $\dfrac{R}{R'} = K$，则

$$MN = \frac{1}{2R'} \cdot \frac{R}{R} S_0^2 = \frac{K}{2R} S_0^2 \qquad (7.4)$$

其中　K——大气垂直折光系数。

由于 A、B 两点之间的水平距离 s_0 与曲率半径 R 之比值很小（当 $s_0 = 10\ \text{km}$ 时，s_0 所对的圆心角仅 $5'$），故可认为 PC 近似垂直于 OM，即认为 $\angle PCM \approx 90°$，这样 ΔPCM 可视为直角三角形。则式（7.1）中的 MC 为

$$MC = s_0 \tan \alpha_{1,2} \qquad (7.5)$$

将式（7.2）～（7.5）代入式（7.1），则 A、B 两地面点的高差为

$$h_{1,2} = s_0 \tan \alpha_{1,2} + \frac{1}{2R} s_0^2 + i_1 - \frac{K}{2R} s_0^2 - v_2$$
$$= s_0 \tan \alpha_{1,2} + \frac{1-K}{2R} s_0^2 + i_1 - v_2 \tag{7.6}$$

令 $\frac{1-K}{2R} = C$，C 一般称为球气差系数，则式（7.6）可写成

$$h_{1,2} = s_0 \tan \alpha_{1,2} + C s_0^2 + i_1 - v_2 \tag{7.7}$$

式（7.7）就是单向观测计算高差的基本公式。式中垂直角 α、仪器高 i 和觇标高 v，均可由外业观测得到。s_0 为实测的水平距离，一般要化为高斯平面上的长度 d。

2．距离归算

在图 7.2 中，H_A、H_B 分别为 A、B 两点的高程（此处已忽略了参考椭球面与大地水准面之间的差距，其平均高程为 $H_m = \frac{1}{2}(H_A + H_B)$，$mM$ 为平均高程水准面。由于实测距离 s_0 一般不大（工程测量中一般在 10 km 以内），所以可以将 s_0 视为在平均高程水准面上的距离。

根据图 7.2，有式（7.8）所示关系：

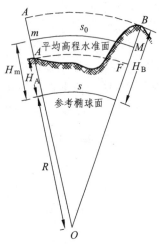

$$\left. \begin{array}{l} \dfrac{s_0}{s} = \dfrac{R + H_m}{R} = 1 + \dfrac{H_m}{R} \\[3mm] s_0 = s\left(1 + \dfrac{H_m}{R}\right) \end{array} \right\} \tag{7.8}$$

图 7.2 距离归算原理图

式（7.8）是表达实测距离 s_0 与参考椭球面上的距离 s 之间的关系式。

参考椭球面上的距离 s 和投影在高斯投影平面上的距离 d 之间有式（7.9）所示关系：

$$s = d\left(1 - \frac{y_m^2}{2R^2}\right) \tag{7.9}$$

式中 y_m —— A、B 两点在高斯投影平面上投影点的横坐标的平均值。

将式（7.9）代入式（7.8）中，并略去微小项后得

$$s_0 = d\left(1 + \frac{H_m}{R} - \frac{y_m^2}{2R^2}\right) \tag{7.10}$$

3．用椭球面上的边长计算单向观测高差的公式

将式（7.8）代入式（7.7），得

$$h_{1,2} = s \tan \alpha_{1,2}\left(1 + \frac{H_m}{R}\right) + C s^2 + i_1 - v_2 \tag{7.11}$$

式中，$C s^2$ 项的数值很小，故未顾及 s_0 与 s 之间的差异。

4．用高斯平面上的边长计算单向观测高差的公式

将式（7.9）代入式（7.11），舍去微小项后得

$$h_{1.2} = d\tan\alpha_{1,2} + Cd^2 + i_1 - v_2 + d\tan\alpha_{1,2}\left(\frac{H_m}{R} - \frac{y_m^2}{2R^2}\right)$$

$$= d\tan\alpha_{1,2} + Cd^2 + i_1 - v_2 + h'\left(\frac{H_m}{R} - \frac{y_m^2}{2R^2}\right) \qquad （7.12）$$

式中　$h' = d\tan\alpha_{1,2}$。

令　　　　　　　$$\Delta h_{1,2} = h'\left(\frac{H_m}{R} - \frac{y_m^2}{2R^2}\right) \qquad （7.13）$$

则式（7.12）为

$$h_{1,2} = d\tan\alpha_{1,2} + Cd^2 + i_1 - v_2 + \Delta h_{1,2} \qquad （7.14）$$

式（7.13）中的 H_m 与 R 相比较是一个微小的数值，只有在高山地区当 H_m 甚大而高差也较大时，才有必要顾及 $\dfrac{H_m}{R}$ 这一项。例如当 $H_m = 1\,000$ m，$h' = 100$ m 时，$\dfrac{H_m}{R}$ 带这一项对高差的影响还不到 0.02 m，一般情况下，这一项可以略去。此外，当 $y_m = 300$ km，$h' = 100$ m 时，$\dfrac{y_m^2}{2R^2}$ 这一项对高差的影响约为 0.11 m。如果要求高差计算正确到 0.1 m，则只有 $\dfrac{y_m^2}{2R^2}h'$ 项小于 0.04 m 时才可略去不计，因此，式（7.14）中最后一项 $\Delta h_{1,2}$ 只有当 H_m、h' 或 y_m 较大时才有必要顾及。

5．对向观测计算高差的公式

一般要求三角高程测量进行对向观测，也就是在测站 A 上向 B 点观测垂直角 $\alpha_{1,2}$，而在测站 B 上也向 A 点观测垂直角 $\alpha_{2,1}$，根据式（7.14），得

由测站 A 观测 B 点所得单向观测高差

$$h_{1,2} = d\tan\alpha_{1,2} + i_1 - v_2 + C_{1,2}d^2 + \Delta h_{1,2} \qquad （7.15）$$

则测站 B 观测 A 点所得单向观测高差

$$h_{2,1} = d\tan\alpha_{2,1} + i_2 - v_1 + C_{2,1}d^2 + \Delta h_{2,1} \qquad （7.16）$$

式中　i_1、v_1 和 i_2、v_2 —— A、B 点的仪器和觇标高度；

　　　$C_{1,2}$ 和 $C_{2,1}$——由 A 观测 B 和 B 观测 A 时的球气差系数。

如果观测是在同样情况下进行的，特别是在同一时间作对向观测，则可以近似地假定折光系数 K 值。对于对向观测是相同的，因此 $C_{1,2} = C_{2,1}$。在式（7.15）、（7.16）中，$\Delta h_{1,2}$ 与 $\Delta h_{2,1}$ 的大小相等而正负号相反。

从式（7.15）、（7.16）可得对向观测计算高差的基本公式：

$$h_{1,2(对向)} = d\tan\frac{1}{2}(\alpha_{1,2} - \alpha_{2,1}) + \frac{1}{2}(i_1 + v_1) - \frac{1}{2}(i_2 - v_2) + \Delta h_{1,2} \qquad （7.17）$$

式中

$$\Delta h_{1,2} = \left(\frac{H_m}{R} - \frac{y_m^2}{2R^2} \right) \cdot h'$$

$$h' = d \tan \frac{1}{2} (\alpha_{1,2} - \alpha_{2,1})$$

6．电磁波测距三角高程测量的高差计算公式

由于电磁波测距仪的发展异常迅速，不但其测距精度高，而且使用十分方便，可以同时测定边长和垂直角，提高了作业效率，因此，利用电磁波测距仪作三角高程测量已相当普遍。根据实测试验表明，当垂直角观测精度 $m_\alpha \leqslant \pm 2.0''$，边长在 2 km 范围内，电磁波测距三角高程测量完全可以替代四等水准测量，如果缩短边长或提高垂直角的测定精度，还可以进一步提高测定高差的精度。如 $m_\alpha \leqslant \pm 1.5''$，边长在 3.5 km 范围内可达到四等水准测量的精度；边长在 1.2 km 范围内可达到三等水准测量的精度。

电磁波测距三角高程测量可按斜距由下列公式计算高差

$$h = D \sin \alpha + (1-K) \frac{D^2}{2R} \cos^2 \alpha + i - Z \tag{7.18}$$

式中　h——测站与镜站之间的高差；

　　　α——垂直角；

　　　D——经气象改正后的斜距；

　　　K——大气折光系数；

　　　i——经纬仪水平轴到地面点的高度；

　　　Z——反光镜瞄准中心到地面点的高度。

二、垂直角观测方法

垂直角的观测方法有中丝法和三丝法两种。

1．中丝法

中丝法也称单丝法，就是以望远镜十字丝的水平中丝照准目标，构成一个测回的观测程序为：

在盘左位置，用水平中丝照准目标一次，如图 7.3（a）所示，使指标水准器气泡精密符合，读取垂直度读数，得盘左读数 L。

在盘右位置，按盘左时的方法进行照准和读数，得盘右读数 R。照准目标如图 7.3（b）所示。

2．三丝法

三丝法就是以上、中、下 3 条水平横丝依次照准目标，构成一个测回的观测程序如下：

在盘左位置，按上、中、下 3 条水平横丝依次照准同一目标各一次，如图 7.4（a）所示，使指标水准器气泡精密符合，分别进行垂直度盘读数，得盘左读数 L。

在盘右位置，再按上、中、下 3 条水平横丝依次照准同一目标各一次，如图 7.4（b）所示，使指标水准器气泡精密符合，分别进行垂直度盘读数，得盘右读数 R。

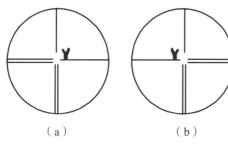
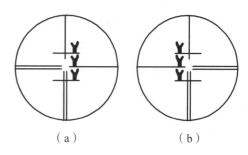

图 7.3   中丝法照准示意图   图 7.4   三丝法照准示意图

在一个测站上观测时，一般将观测方向分成若干组，每组包括 2~4 个方向，分别进行观测，如通视条件不好，也可以分别对每个方向进行连续照准观测。

根据具体情况，在实际作业时可灵活采用上述两种方法，如 T3 光学经纬仪仅有一条水平横丝，在观测时只能采用中丝法。

按垂直度盘读数计算垂直角和指标差的公式列于表 7.1。

表 7.1   不同仪器类型的垂直角和指标差计算公式

仪器类型	计算公式		各测回互差限值	
	垂直角	指标差	垂直角	指标差
J1（T3）	$\alpha = L - R$	$i = (L + R) - 180°$	10″	10″
J2（T2，010）	$\alpha = \frac{1}{2}[(R - L) - 180°]$	$i = \frac{1}{2}[(L + R) - 360°]$	15″	15″

三、球气差系数 C 值和大气折光系数 K 值的确定

大气垂直折光系数 K，是随地区、气候、季节、地面覆盖物和视线超出地面高度等条件不同而变化的，目前尚不可能精确测定它的数值。通过实验发现，K 值在一天内的变化，大致在中午前后数值最小，也较稳定；日出、日落时数值最大，变化也快。因而垂直角的观测时间最好在地方时 10 时至 16 时之间，此时 K 值约在 0.08~0.14 之间。不少单位对 K 值进行过大量的计算和统计工作，例如某单位根据 16 个测区的资料统计，得出 $K = 0.107$。

在实际作业中，往往不是直接测定 K 值，而是设法确定 C 值，因为 $C = \dfrac{1 - K}{2R}$。而平均曲率半径 R 对一个小测区来说是一个常数，所以确定了 C 值，K 值也就知道了。由于 K 值是小于 1 的数值，故 C 值永为正。C 值与时间的关系曲线如图 7.5 所示。

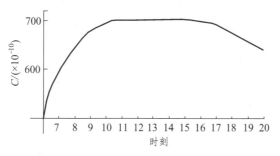

图 7.5 C 值曲线

下面介绍确定 C 值的两种方法。

1. 根据水准测量的观测成果确定 C 值

在已经由水准测量测得高差的两点之间观测垂直角，设由水准测量测得的高差为 h，那么，根据垂直角的观测值，按式（7.7）计算两点之间的高差；如果所取的 C 值正确，也应该得到相同的高差值，即

$$h = s_0 \tan\alpha_{1,2} + Cs_0^2 + i_1 - v_2 \tag{7.19}$$

在实际计算时，一般先假定一个近似值 C_0，代入式（7.19）可求得高差的近似值 h_0，即

$$h_0 = s_0 \tan\alpha_{1,2} + C_0 s_0^2 + i_1 - v_2 \tag{7.20}$$

将式（7.19）和（7.20）相减，得

$$h - h_0 = (C - C_0)s_0^2$$

或

$$C - C_0 = \frac{h - h_0}{s_0^2} \tag{7.21}$$

令 $C - C_0 = \Delta C$，则按式（7.21）求得的 ΔC 值加在近似值 C_0 上，就可以得到正确的 C 值。

2. 根据同时对向观测的垂直角计算 C 值

设两点间的正确高差为 h，由同时对向观测的成果算出的高差分别为 $h_{1,2}$ 和 $h_{2,1}$。由于是同时对向观测，所以可以认为 $C_{1,2} = C_{2,1} = C_0$，则

$$h = h_{1,2} + \Delta Cs_0^2 \tag{7.22}$$
$$-h = h_{2,1} + \Delta Cs_0^2 \tag{7.23}$$

将式（7.22）和（7.23）相加，得

$$\Delta C = \frac{h_{1,2} + h_{2,1}}{2s_0} \tag{7.24}$$

从而可以按式（7.25）求出 C 值：

$$C = C_0 + \Delta C \tag{7.25}$$

无论用哪一种方法，都不能根据一两次测定的结果确定一个地区的平均折光系数，而必须从大量的三角高程测量数据中推算出来，然后再取平均值才较为可靠。

四、三角高程测量精度

1. 观测高差中误差

三角高程测量的精度受垂直角观测误差、仪器高和觇标高的量测误差、大气折光误差和垂线偏差变化等诸多因素的影响，而大气折光和垂线偏差的影响可能随地区不同而有较大的变化，尤其大气折光的影响与观测条件密切相关，如视线超出地面的高度等。因此不可能从

理论上推导出一个普遍适用的计算公式，而只能根据大量实测资料，进行统计分析，才有可能求出一个大体上足以代表三角高程测量平均精度的经验公式。

根据各种不同地理条件的约 20 个测区的实测资料，对不同边长的三角高程测量的精度统计，得出经验公式（7.26）：

$$M_h = P \cdot s \tag{7.26}$$

式中　M_h——对向观测高差中数的中误差；

　　　s——边长，km；

　　　P——每公里的高差中误差，m/km。

根据资料的统计结果表明，P 的数值在 0.013 ~ 0.022 变化，平均值为 0.018，一般取 $P = 0.02$，因此式（7.26）为

$$M_h = \pm 0.02s \tag{7.27}$$

式（7.27）可以作为三角高程测量平均精度与边长的关系式。

考虑到三角高程测量的精度，在不同类型的地区和不同的观测条件下，可能有较大的差异，现在从最不利的观测条件来考虑，取 $P = 0.025$ 作为最不利条件下的系数，即

$$M_h = 0.025s \tag{7.28}$$

公式（7.28）说明高差中误差与边长成正比例的关系，对短边三角高程测量精度较高，边长愈长精度愈低，对于平均边长为 8 km 时，高差中误差为 ±0.20 m；平均边长为 4.5 km 时，高差中误差约为 0.11 m。可见三角高程测量用短边传递高程较为有利。为了控制地形测图，要求高程控制点高程中误差不超过测图等高的 1/10，对等高距为 1 m 的测图，则要求 $M_h \leqslant \pm 0.1$ m。

式（7.28）是作为规定限差的基本公式。

2.对向观测高差闭合差的限差

同一条观测边上对向观测高差的绝对值应相等，或者说对向观测高差之和应等于零，但实际上由于各种误差的影响不等于零，而产生所谓对向观测高差闭合差。对向观测也称往返测，所以对向观测高差闭合差也称为往返测高差闭合差，以 W 表示为

$$W = h_{1,2} + h_{2,1} \tag{7.29}$$

以 m_W 表示闭合差 W 的中误差，以 m_{h_0} 表示单向观测高差 h 的中误差，则由式（7.29）得

$$m_W^2 = 2m_{h_0}^2$$

取两倍中误差作为限差，则往返测观测高差闭合差 $W_{限}$ 为

$$W_{限} = 2m_W = \pm 2\sqrt{2} m_{h_0} \tag{7.30}$$

若以 W_h 表示对向观测高差中误差，则单向观测高差中误差可以写为

$$m_{h_0} = \sqrt{2} M_h \tag{7.31}$$

联立式（7.28）、（7.31），得

$$m_{h_0} = 0.025\sqrt{2}s \qquad\qquad (7.32)$$

再将式（7.32）代入式（7.30），得

$$W_{限} = \pm 2\sqrt{2} \times 0.025\sqrt{2}s = \pm 0.1s \qquad\qquad (7.33)$$

式（7.33）就是计算对向观测高差闭合差限差的公式。

3．环线闭合差的限差

如果若干条对向观测边构成一个闭合环线，其观测高差的总和应该等于零，当这一条件不能满足时，就产生环线闭合差。最简单的闭合环是三角形，这时的环线闭合差就是三角形高差闭合差。

$$W = h_1 + h_2 + h_3$$

以 m_W 表示环线闭合差中误差，m_{h_i} 表示各边对向观测高差中数的中误差，则

$$m_W^2 = m_{h_1}^2 + m_{h_2}^2 + m_{h_3}^2$$

对向观测高差中误差 m_{h_i} 可用式（7.28）代入，再取两倍中误差作为限差，则环线闭合差 $W_{限}$ 限为

$$W_{限} = 2m_W = \pm 0.05\sqrt{\sum s_i^2} \qquad\qquad (7.34)$$

【习题练习】

1．考虑球气差影响后的三角高程测量公式为（　　）。

    A．$h_{1.2} = s_0 \tan\alpha_{1,2} + s_0^2 + i_1 - v_2$ B．$h_{1.2} = s_0 \tan\alpha_{1,2} + Cs_0^2 + i_1 - v_2$

    C．$h_{1.2} = s_0 \tan\alpha_{1,2} + i_1 - v_2$ D．$h_{1.2} = s_0 \tan\alpha_{1,2} + C + i_2 - v_1$

2．垂直角的观测方法有（　　）。

    A．中丝法　　　　B．竖丝法　　　　C．三丝法　　　　D．单丝法

3．边长在 1.2 km 以内的电磁波测距三角高程测量的精度可以达到（　　）。

    A．等外水准测量　　　　　　　B．四等水准测量

    C．三等水准测量　　　　　　　D．二等水准测量

4．三角高程测量公式 $h_{1.2} = s_0 \tan\alpha_{1,2} + Cs_0^2 + i_1 - v_2$ 中的 C 被称为（　　）。

    A．比例误差系数　　B．球气差系数　　C．折光系数　　D．固定误差系数

5．$C = \dfrac{1 - K}{2R}$ 中的 K 是指（　　）。

    A．比例误差系数　　　　　　　B．球气差系数

    C．折光系数　　　　　　　　　D．固定误差系数

6．提高三角高程测量精度的方法有（　　）。

    A．利用短边传算高程　　　　　B．取较大的 K 值

    C．对向观测垂直角　　　　　　D．取较小的 K 值

项目四　控制测量概算

任务八　椭球理论

【知识概要】

1. 熟悉地球形体与椭球参数。
2. 熟悉椭球面上的坐标系及其相互关系。
3. 熟悉主要的椭球公式及曲率半径。

【技术规范】

1.《工程测量规范》。
2.《水利水电工程施工测量规范》。

【相关知识】

知识点一　地球形体与椭球参数

一、地球椭球的基本几何参数

1．与地球椭球相关的概念

地球椭球：在控制测量中，用来代表地球的椭球，它是地球的数学模型。

参考椭球：具有一定几何参数、定位及定向的用以代表某一地区大地水准面的地球椭球。地面上一切观测元素都应归算到参考椭球面上，并在这个面上进行计算。参考椭球面是大地测量计算的基准面，同时又是研究地球形状和地图投影的参考面。

地球椭球的几何定义（见图 8.1）：O 是椭球中心，NS 为旋转轴，a 为长半轴，b 为短半轴。

子午圈：包含旋转轴的平面与椭球面相截所得的椭圆。

纬圈：垂直于旋转轴的平面与椭球面相截所得的圆，也叫平行圈。

赤道：通过椭球中心的平行圈。

2．地球椭球的基本几何参数

（1）地球椭球的五个基本几何参数：

① 椭球的长半轴 a；

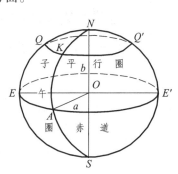

图 8.1　地球椭球的几何要素

② 椭球的短半轴 b；

③ 椭球的扁率 $\alpha = \dfrac{a-b}{a}$；

④ 椭球的第一偏心率 $e = \dfrac{\sqrt{a^2-b^2}}{a}$；

⑤ 椭球的第二偏心率 $e' = \dfrac{\sqrt{a^2-b^2}}{b}$。

其中：a、b 称为长度元素；扁率 α 反映了椭球体的扁平程度。偏心率 e 和 e' 是子午椭球的焦点离开中心的距离与椭球半径之比，它们也反映椭球体的扁平程度，偏心率愈大，椭球愈扁。

（2）两个常用的辅助函数，W 第一基本纬度函数，V 第二基本纬度函数：

$$W = \sqrt{1-e^2\sin^2 B}$$
$$V = \sqrt{1+e'^2\cos^2 B}$$

（3）椭球参数取值。

不同的椭球体系，参数取值不同。我国建立 1954 年北京坐标系应用的是克拉索夫斯基椭球；建立 1980 年国家大地坐标系应用的是 1975 年国际椭球参数；而全球定位系统（GNSS）应用的是 WGS-84 系椭球参数。表 8.1 是几种常见的椭球体参数值。

表 8.1　几种常见的椭球体参数值

	克拉索夫斯基椭球体	1975 年国际椭球体	WGS-84 椭球体
a	6 378 245.000 000 000 0 m	6 378 140.000 000 000 0 m	6 378 137.000 000 000 0 m
b	6 356 863.018 773 047 3 m	6 356 755.288 157 528 7 m	6 356 752.314 2 m
c	6 399 698.901 782 711 0 m	6 399 596.651 988 010 5 m	6 399 593.625 8 m
α	1/298.3	1/298.257	1/298.257 223 563
e^2	0.006 693 421 622 966	0.006 694 384 999 588	0.006 694 379 901 3
e'^2	0.006 738 525 414 683	0.006 739 501 819 473	0.006 739 496 742 27

二、地球椭球参数间的相互关系

地球椭球参数之间的关系式如式（8.1）、（8.2）所示。

$$\left. \begin{array}{l} a = b\sqrt{1+e'^2}, \quad b = a\sqrt{1-e^2} \\ c = a\sqrt{1+e'^2}, \quad a = c\sqrt{1-e^2} \\ e' = e\sqrt{1+e'^2}, \quad e = e'\sqrt{1-e^2} \\ V = W\sqrt{1+e'^2}, \quad W = V\sqrt{1-e^2} \\ e^2 = 2\alpha - \alpha^2 \approx 2\alpha \end{array} \right\} \qquad (8.1)$$

$$\left.\begin{array}{l} W = \sqrt{1-e^2}V = \dfrac{b}{a}V \\[2mm] V = \sqrt{1+e'^2}W = \dfrac{a}{b}W \\[2mm] W^2 = 1-e^2\sin^2 B = (1-e^2)V^2 \\[2mm] V^2 = 1+\eta^2 = (1+e'^2)W^2 \end{array}\right\}$$ （8.2）

式中，W 第一基本纬度函数，V 第二基本纬度函数。

知识点二　椭球面上的坐标系及其相互关系

一、大地坐标系

如图 8.2 所示，P 点的子午面 NPS 与起始子午面 NGS 所构成的二面角 L，叫做 P 点的大地经度，由起始子午面起算，向东为正，叫东经（$0° \sim 180°$），向西为负，叫西经（$0° \sim 180°$）。P 点的法线 P_n 与赤道面的夹角 B，叫做 P 点的大地纬度。由赤道面起算，向北为正，叫北纬（$0° \sim 90°$）；向南为负，叫南纬（$0° \sim 90°$）。

大地坐标系是用大地经度 L、大地纬度 B 和大地高 H 表示地面点位的。过地面点 P 的子午面与起始子午面间的夹角叫 P 点的大地经度。由起始子午面起算，向东为正，叫东经（$0° \sim 180°$），向西为负，叫西经（$0° \sim -180°$）。过 P 点的椭球法线与赤道面的夹角叫 P 点的大地纬度。由赤道面起算，向北为正，叫北纬（$0° \sim 90°$），向南为负，叫南纬（$0° \sim -90°$）。从地面点 P 沿椭球法线到椭球面的距离叫大地高。大地坐标坐系中，P 点的位置用（L，B）表示。如果点不在椭球面上，表示点的位置除 L、B 外，还要附加另一参数——大地高 H，它同正常高 $H_{正常}$ 及正高 $H_{正}$ 式（8.3）所示关系：

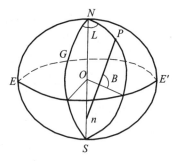

图 8.2　大地坐标系

$$\left.\begin{array}{l} H = H_{正常} + \zeta \\[1mm] H = H_{正} + N \end{array}\right\}$$ （8.3）

式中　ζ——高等异常；

　　　N——大地水准面差距。

二、空间直角坐标系

如图 8.3 所示，以椭球体中心 O 为原点，起始子午面与赤道面交线为 X 轴，在赤道面上与 X 轴正交的方向为 Y 轴，椭球体的旋转轴为 Z 轴，构成右手坐标系 $O\text{-}XYZ$，在该坐标系中，P 点的位置用 (X, Y, Z) 表示。

地球空间直角坐标系的坐标原点位于地球质心（地心坐

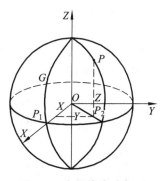

图 8.3　空间直角坐标系

标系）或参考椭球中心（参心坐标系），Z 轴指向地球北极，X 轴指向起始子午面与地球赤道的交点，Y 轴垂直于 XOZ 面并构成右手坐标系。

三、子午面直角坐标系

如图 8.4 所示，设 P 点的大地经度为 L，在过 P 点的子午面上，以子午圈椭圆中心为原点，建立 xy 平面直角坐标系。在该坐标系中，P 点的位置用 (L,x,y) 表示。

四、大地极坐标系

如图 8.5 所示，M 为椭球体面上任意一点，MN 为过 M 点的子午线，S 为连结 MP 的大地线长，A 为大地线在 M 点的方位角。以 M 为极点，MN 为极轴，S 为极半径，A 为极角，这样就构成大地极坐标系。在该坐标系中 P 点的位置用（S，A）表示。

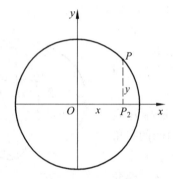 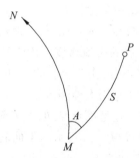

图 8.4　子午面直角坐标系　　　　图 8.5　大地极坐标系

椭球面上点的极坐标（S，A）与大地坐标（L，B）可以互相换算，这种换算叫做大地主题解算。

五、各坐标系间的关系

椭球面上的点位可在各种坐标系中表示，由于所用坐标系不同，表现出来的坐标值也不同。

1. 子午面直角坐标系同大地坐标系的关系

如图 8.6 所示，过 P 点作法线 Pn，它与 x 轴之夹角为 B，过 P 点作子午圈的切线 TP，它与 x 轴的夹角为（$90° + B$）。子午面直角坐标 x、y 同大地纬度 B 的关系式如式（8.4）、（8.5）所示：

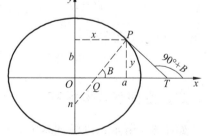

图 8.6　子午面直角坐标同
大地纬度换算图

$$x = \frac{a\cos B}{\sqrt{1-e^2\sin^2 B}} = \frac{a\cos B}{W} \qquad (8.4)$$

$$y = \frac{a(1-e^2)\sin B}{\sqrt{1-e^2\sin^2 B}} = \frac{a}{W}(1-e^2)\sin B = \frac{b\sin B}{V} \qquad (8.5)$$

2．空间直角坐标系同子午面直角坐标系的关系

如图 8.7 所示，空间直角坐标系中的 P_2P 相当于子午平面直角坐标系中的 y，前者的 OP_2 相当于后者的 x，并且二者的经度 L 相同，二者的换算关系如式（8.6）所示：

$$\left.\begin{array}{l} X = x\cos L \\ Y = x\sin L \\ Z = y \end{array}\right\} \qquad (8.6)$$

3．空间直角坐标系同大地坐标系的关系

同一地面点在地球空间直角坐标系中的坐标和在大地坐标系中的坐标可用式（8.7）、（8.8）转换。

$$\left.\begin{array}{l} x = (N+H)\cos B\cos L \\ y = (N+H)\cos B\sin L \\ z = [N(1-e^2)+H]\sin B \end{array}\right\} \qquad (8.7)$$

$$\left.\begin{array}{l} L = \arctan\dfrac{y}{x} \\[2mm] B = \arctan\dfrac{z+Ne^2\sin B}{\sqrt{x^2+y^2}} \\[2mm] H = \dfrac{z}{\sin B} - N(1-e^2) \end{array}\right\} \qquad (8.8)$$

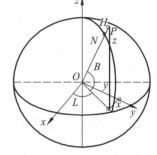

图 8.7　空间直角坐标系同子午面
直角坐标系的换算图

式中　e——子午椭圆第一偏心率，可由长短半径按式 $e^2 = (a^2-b^2)/a^2$ 算得。

　　　N——法线长度，可由式 $N = a/\sqrt{1-e^2\sin^2 B}$ 算得。

知识点三　主要椭球公式及曲率半径

过椭球面上任意一点可作一条垂直于椭球面的法线，包含这条法线的平面叫做法截面，法截面同椭球面交线叫法截线（或法截弧）。包含椭球面一点的法线，可作无数多个法截面，相应有无数多个法截线。椭球面上的法截线曲率半径不同于球面上的法截线曲率半径都等于圆球的半径，而是不同方向的法截弧的曲率半径都不相同。

一、子午圈曲率半径

如图 8.8 所示，子午椭圆的一部分上取一微分弧长 $DK = \mathrm{d}S$，相应地有坐标增量 $\mathrm{d}x$，点 n 是微分弧 $\mathrm{d}S$ 的曲率中心，于是线段 Dn 及 Kn 便是子午圈曲率半径 M。

任意平面曲线的曲率半径的定义公式为

$$M = \frac{\mathrm{d}S}{\mathrm{d}B} \qquad (8.9)$$

子午圈曲率半径公式为

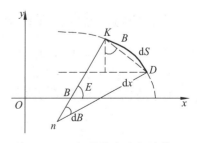

图 8.8　子午圈曲率半径计算图

$$M = \frac{a(1-e^2)}{W^3} \tag{8.10}$$

$$M = \frac{c}{V^3} \quad \text{或} \quad M = \frac{N}{V^2} \tag{8.11}$$

M 与纬度 B 有关，随 B 的增大而增大，变化规律如表 8.2 所示。

表 8.2 M 的变化规划

B	M	说　明
$B = 0°$	$M_0 = a(1-e^2) = \dfrac{c}{\sqrt{(1+e'^2)^3}}$	在赤道上，M 小于赤道半径 a
$0° < B < 90°$	$a(1-e^2) < M < c$	此间 M 随纬度的增大而增大
$B = 90°$	$M_{90} = \dfrac{a}{\sqrt{1-e^2}} = c$	在极点上，M 等于极点曲率半径 c

二、卯酉圈曲率半径

过椭球面上一点的法线，可作无限个法截面，其中一个与该点子午面相垂直的法截面同椭球面相截形成的闭合的圈称为卯酉圈。在图 8.9 中，PEE' 即为过 P 点的卯酉圈。卯酉圈的曲率半径用 N 表示。

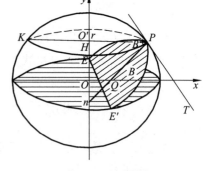

为了推导 N 的表达计算式，过 P 点作以 O' 为中心的平行圈 PHK 的切线 PT，该切线位于垂直于子午面的平行圈平面内。因卯酉圈也垂直于子午面，故 PT 也是卯酉圈在 P 点处的切线。即 PT 垂直于 Pn。所以 PT 是平行圈 PHK 及卯酉圈 PEE' 在 P 点处的公切线。

图 8.9　卯酉圈

卯酉圈曲率半径可用式（8.12）、（8.13）表示：

$$N = \frac{a}{W} \tag{8.12}$$

$$N = \frac{c}{V} \tag{8.13}$$

三、任意法截弧的曲率半径

子午法截弧是南北方向，其方位角为 0° 或 180°。卯酉法截弧是东西方向，其方位角为 90° 或 270°。现在来讨论方位角为 A 的任意法截弧的曲率半径 R_A 的计算公式。

任意方向 A 的法截弧的曲率半径的计算公式如式（8.14）所示：

$$R_A = \frac{N}{1 + \eta^2 \cos^2 A} = \frac{N}{1 + e'^2 \cos^2 B \cos^2 A} \tag{8.14}$$

四、平均曲率半径

在实际际工程应用中，根据测量工作的精度要求，在一定范围内，把椭球面当成具有适当半径的球面。取过地面某点的所有方向 R_A 的平均值来作为这个球体的半径是合适的。这个球面的半径——平均曲率半径 R 的由式（8.15）或（8.16）计算：

$$R = \sqrt{MN} \tag{8.15}$$

$$R = \frac{b}{W^2} = \frac{c}{V^2} = \frac{N}{V} = \frac{a}{W^2}\sqrt{(1-e^2)} \tag{8.16}$$

因此，椭球面上任意一点的平均曲率半径 R 等于该点子午圈曲率半径 M 和卯酉圈曲率半径 N 的几何平均值。

五、子午线弧长计算公式

子午椭圆的一半，它的端点与极点相重合；而赤道又把子午线分成对称的两部分。

如图 8.10 所示，取子午线上某微分弧 $PP' = \mathrm{d}x$，令 P 点纬度为 B，P' 点纬度为 $B+\mathrm{d}B$，P 点的子午圈曲率半径为 M，于是有：

$$\mathrm{d}x = M\mathrm{d}B \tag{8.17}$$

从赤道开始到任意纬度 B 的平行圈之间的弧长可由式（8.18）求出：

$$X = \int_0^B M\mathrm{d}B \tag{8.18}$$

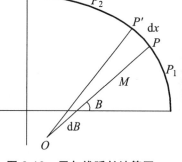

图 8.10　子午线弧长计算图

式中，M 可用式（8.19）表达：

$$M = a_0 - a_2\cos 2B + a_4\cos 4B - a_6\cos 6B + a_8\cos 8B \tag{8.19}$$

其中

$$a_0 = m_0 + \frac{m_2}{2} + \frac{3}{8}m_4 + \frac{5}{16}m_6 + \frac{35}{128}m_8 + \cdots$$

$$a_2 = \frac{m_2}{2} + \frac{m_4}{2} + \frac{15}{32}m_6 + \frac{7}{16}m_8$$

$$a_4 = \frac{m_4}{8} + \frac{3}{16}m_6 + \frac{7}{32}m_8$$

$$a_6 = \frac{m_6}{32} + \frac{m_8}{16}$$

$$a_8 = \frac{m_8}{128}$$

经积分，进行整理后得子午线弧长计算式：

$$X = a_0 B - \frac{a_2}{2}\sin 2B + \frac{a_4}{4}\sin 4B - \frac{a_6}{6}\sin 6B + \frac{a_8}{8}\sin 8B \tag{8.20}$$

133

为求子午线上两个纬度 B_1 及 B_2 间的弧长，只需按式（8.20）分别算出相应的 X_1 及 X_2，而后取差：$\Delta X = X_2 - X_1$，该 ΔX 即为所求的弧长。

克拉索夫斯基椭球子午线弧长计算公式如式（8.21）或（8.22）所示：

$$X = 111\ 134.861B° - 16\ 036.480\sin 2B + 16.828\sin 4B - 0.022\sin 6B \tag{8.21}$$

$$X = 111\ 134.861B° - 32\ 005.780\sin B\cos B - 133.929\sin^3 B\cos B - 0.697\sin^5 B\cos B \tag{8.22}$$

1975 年国际椭球子午线弧长计算公式如式（8.23）或（8.24）所示：

$$X = 111\ 133.005B° - 16\ 038.528\sin 2B + 16.833\sin 4B - 0.022\sin 6B \tag{8.23}$$

$$X = 111\ 133.005B° - 32\ 009.858\sin B\cos B - 133.960\sin^3 B\cos B - 0.698\sin^5 B\cos B \tag{8.24}$$

六、底点纬度计算

在高斯投影反算时，已知高斯平面直角坐标（X，Y）反求其大地坐标（L，B）。首先 X 当作中央子午线上弧长，反求其纬度，此时的纬度称为底点纬度或垂直纬度。计算底点纬度的公式可以采用迭代解法和直接解法。

1）迭代法

在克拉索夫斯基椭球上计算时，迭代开始时，设

$$B_f^1 = X / 111\ 134.861\ 1 \tag{8.25}$$

以后每次迭代按式（8.26）、（8.27）计算：

$$B_f^{i+1} = [X - F(B_f^i)] / 111\ 134.861\ 1 \tag{8.26}$$

$$F(B_f^i) = -16\ 036.480\ 3\sin 2B_f^i + 16.828\ 1\sin 4B_f^i - 0.022\ 0\sin 6B_f^i \tag{8.27}$$

重复迭代直至 $B_f^{i+1} - B_f^i < \varepsilon$ 为止。

在 1975 年国际椭球上计算时，也有类似公式。

2）直接解法

1975 年国际椭球，计算公式如式（8.28）、（8.29）所示：

$$\beta = X / 6\ 367\ 452.133 \tag{8.28}$$

$$B_f = B + \{50\ 228\ 976 + [293\ 697 + (2\ 383 + 22\cos^2 \beta)\cos^2 \beta]\cos^2 \beta\} \times 10^{-10} \times \sin\beta\cos\beta \tag{8.29}$$

克拉索夫斯基椭球计算公式如式（8.30）、（8.31）所示。

$$\beta = X / 6\ 367\ 588.496\ 9 \tag{8.30}$$

$$B_f = \beta + \{50\ 221\ 746 + [293\ 622 + (2\ 350 + 22\cos^2 \beta)\cos^2 \beta]\cos^2 \beta\} \tag{8.31}$$

七、大地线

椭球面上两点间的最短程曲线叫做大地线。在微分几何中，大地线（又称测地线）另有

这样的定义："大地线上每点的密切面（无限接近的三个点构成的平面）都包含该点的曲面法线"，亦即"大地线上各点的主法线与该点的曲面法线重合"。因曲面法线互不相交，故大地线是一条空间曲面曲线。

假如在椭球模型表面 A、B 两点之间，画出相对法截线，如图 8.11 所示，然后在 A、B 两点上各插定一个大头针，并紧贴着椭球面在大头针中间拉紧一条细橡皮筋，并设橡皮筋和椭球面之间没有摩擦力，则橡皮筋形成一条曲线，恰好位于相对法截线之间，这就是一条大地线。由于橡皮筋处于拉力之下，所以它实际上是两点间的最短线。

在椭球面上进行测量计算时，应当以两点间的大地线为依据。在地面上测得的方向、距离等，应当归算成相应大地线的方向、距离。

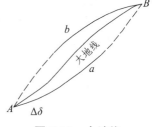

图 8.11　大地线

【习题练习】

1. 参考椭球是指（　　）。

　A. 代表整个地球的大地水准面并将地球包围的球体

　B. 代表某个局部地区的大地水准面的地球椭球

　C. 作为研究地球形状和大小的一个近似球体

　D. 研究地图投影的参考面

2. 地球椭球的参数包括（　　）。

　A. 长半轴　　　　　　B. 短半轴　　　　　　C. 扁率

　D. 第一偏心率　　　　E. 第二偏心率

3. 椭球的扁率是指（　　）。

　A. 反映椭球体大小特征的值

　B. 反映椭球旋转特征的值

　C. 反映椭球圆扁程度的值

　D. 反映椭球方位特征的值

4. 我国 1954 坐标系采用的是（　　）。

　A. 国际椭球　　　　　　　　　　B. WGS 椭球体

　C. 克拉索夫斯基椭球　　　　　　D. 普尔科沃椭球

5. 以下关于大地坐标系说法正确的有（　　）。

　A. 以大地水准面和铅垂线为基准建立

　B. 以参考椭球面和法线为基准建立

　C. 用大地经度、大地纬度和大地高表示地面点位

　D. 用天文经度、天文纬度和正常高表示地面点位

6. 法线是指（　　）。

　A. 地面某点向大地水准面所作的垂线

　B. 地面某点向参考椭球面所作的垂线

　C. 测量外业工作的基准线

D. 测量内业计算的基准线

7. 测量外业观测和内业计算的基准面分别是（　　　　）。

    A. 水准面、椭球面   B. 椭球面、水准面

    C. 大地水准面、参考椭球面   D. 参考椭球面、大地水准面

8. 椭球面上过某点处的曲线的曲率半径大小（　　　　）。

    A. 与该点所处的纬度 B 有关

    B. 与该曲线的方向即大地方位角有关

    C. 子午方向曲率半径 M 最大

    D. 卯酉方向曲率半径 N 最大

9. 关于大地纬度说法正确的有（　　　　）。

    A. 以赤道面为界，向北称为北纬，向南称为南纬

    B. 范围为 $0° \sim 180°$

    C. 范围为 $0° \sim 90°$

    D. 以起始子午面为界，向东称为东纬，向西称为西纬

10. 关于大地线说法正确的有（　　　　）。

    A. 椭球面上表征两点距离的曲线

    B. 椭球面上表征两点方向的曲线

    C. 椭球面上两点间最短程曲线

    D. 椭球面上两点间最短程直线

任务九　地面观测值归算至椭球面

【知识概要】

1. 熟悉地面距离观测值归算至椭球面的方法。

2. 熟悉地面水平方向观测值归算至椭球面的方法。

【技能任务】

将实测地面边长归算至椭球面。

【技术规范】

1.《工程测量规范》。

2.《水利水电工程施工测量规范》。

【相关知识】

    参考椭球面是测量计算的基准面。在野外的各种测量都是在地面上进行，观测的基准线不是各点相应的椭球面的法线，而是各点的垂线，各点的垂线与法线存在着垂线偏差。因此不能直接

在地面上处理观测成果，而应将地面观测元素（包括方向和距离等）归算至椭球面。在归算中有两条基本要求：以椭球面的法线为基准；将地面观测元素化为椭球面上大地线的相应元素。

知识点一　地面距离观测值归算至椭球面

电磁波测距仪测得的长度是连接地面两点间的直线斜距，也应将它归算到参考椭球面上。

如图 9.1 所示，大地点 Q_1 和 Q_2 的大地高分别为 H_1 和 H_2。其间用电磁波测距仪测得的斜距为 D，现要求大地点在椭球面上沿法线的投影点 Q_1' 和 Q_2' 间的大地线的长度 S。

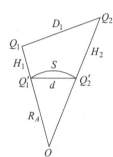

图 9.1　地面距离观测值归算至椭球面示意图

在工程测量中边长一般都是几千米，最长也不过十几千米；因此，所求的大地线的长度可以认为是半径 R_A 相应的弧长，如式（9.1）所示：

$$R_A = \frac{N}{1 + e'^2 \cos^2 B_1 \cos^2 A_1} \qquad (9.1)$$

电磁波测距边长归算椭球面上的计算公式如式（9.2）所示：

$$S = D - \frac{1}{2}\frac{\Delta h^2}{D} - D\frac{H_m}{R_A} + \frac{D^3}{24R_A^2} \qquad (9.2)$$

式中　$H_m = \frac{1}{2}(H_1 + H_2)$。

电磁波测距边长归算的几何意义为：

（1）计算公式中右端第二项是由于控制点之高差引起的倾斜改正的主项，经过此项改正，测线已变成平距；

（2）第三项是由平均测线高出参考椭球面而引起的投影改正，经此项改正后，测线已变成弦线；

（3）第四项则是由弦长改化为弧长的改正项。

电磁波测距边长归算至椭球面上的计算公式还可用式（9.3）表达：

$$S = \sqrt{D^2 - \Delta h^2}\left(1 - \frac{H_m}{R_A}\right) + \frac{D^3}{24R_A^2} \qquad (9.3)$$

式中，第一项即为经高差改正后的平距。

知识点二　地面水平方向观测值归算至椭球面

一、垂线偏差改正 δ_u

地面上所有水平方向的观测都是以垂线为根据的，而在椭球面上则要求以该点的法线为依据。把以垂线为依据的地面观测的水平方向值归算到以法线为依据的方向值而应加的改正定义为垂线偏差改正，以 δ_u 表示。

如图 9.2 所示，以测站 A 为中心作出单位半径的辅助球，u 是垂线偏差，它在子午圈和卯酉圈上的分量分别以 ξ、η 表示，M 是地面观测目标 m 在球面上的投影。

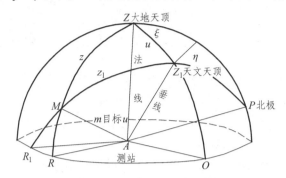

图 9.2　垂线偏差改正示意图

垂线偏差改正的计算公式是：

$$
\begin{aligned}
\delta_u'' &= -(\xi'' \sin A_m - \eta'' \cos A_m) \cot Z_1 \\
&= -(\xi'' \sin A_m - \eta'' \cos A_m) \tan \alpha_1
\end{aligned}
\tag{9.4}
$$

式中　ξ、η——测站点上的垂线偏差在子午圈及卯酉圈上的分量，可在测区的垂线偏差分量图中内插取得；

A_m——测站点至照准点的大地方位角；

Z_1——照准点的天顶距；

α_1——照准点的垂直角。

垂线偏差改正的数值主要与测站点的垂线偏差和观测方向的天顶距（或垂直角）有关。

二、标高差改正 δ_h

标高差改正又称由照准点高度而引起的改正。不在同一子午面或同一平行圈上的两点的法线是不共面的。当进行水平方向观测时，如果照准点高出椭球面某一高度，则照准面就不能通过照准点的法线同椭球面的交点，由此引起的方向偏差的改正叫做标高差改正，以 δ_h 表示。

如图 9.3 所示，A 为测站点，如果测站点观测值已加垂线偏差改正，则可认为垂线同法线一致。这时测站点在椭球面上或者高出椭球面某一高度，对水平方向是没有影响的。这是因为测站点法线不变，则通过某一照准点只能有一个法截面。

设照准点高出椭球面的高程为 H_2，An_A 和 Bn_B 分别为 A 点及 B 点的法线，B 点法线与椭球面的交点为 b。因为通常 An_a 和 Bn_b 不在同一平面内，所以在 A 点照准 B 点得出的法截线是 Ab' 而不是 Ab，因而产生了 Ab 同 Ab' 方向的差异。按归算的要求，地面各点都应沿自己法线方向投影到椭球面上，即需要的是 Ab 方向值而不是 Ab' 方向值，因此需加入标高差改正数 δ_h，以便将 Ab' 方向改到 Ab 方向。

标高差改正的计算公式为

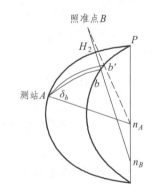

图 9.3　标高差改正示意图

$$\delta_h'' = \frac{e^2}{2} H_2 (1)_2 \cos^2 B_2 \sin 2A_1 \qquad (9.5)$$

式中　B_2——照准点大地纬度；

　　　A_1——测站点至照准点的大地方位角；

　　　$(1)_2 = \rho'' / M_2$，M_2 是与照准点纬度 B_2 相应的子午圈曲率半径；

　　　H_2——照准点高出椭球面的高程，它由式（9.6）所示三部分组成：

$$H_2 = H_{常} + \zeta + a \qquad (9.6)$$

其中　　$H_{常}$——照准点标石中心的正常高；

　　　　ζ——高程异常；

　　　　a——照准点的觇标高。

标高差改正主要与照准点的高程有关。经过此项改正后，便将地面观测的水平方向值归化为椭球面上相应的法截弧方向。

三、截面差改正 δ_g

在椭球面上，纬度不同的两点由于其法线不共面，所以在对向观测时相对法截弧不重合，应当用两点间的大地线代替相对法截弧。这样将法截弧方向化为大地线方向应加的改正叫截面差改正，用 δ_g 表示。

如图 9.4 所示，AaB 是 A 至 B 的法截弧，它在 A 点处的大地方位角为 A_1'，ASB 是 AB 间的大地线，它在 A 点的大地方位角是 A_1，A_1 与 A_1' 之差 δ_g 就是截面差改正。

截面差改正的计算公式为

$$\delta_g'' = -\frac{e^2}{12\rho''} S^2 (2)_1^2 \cos^2 B_1 \sin 2A_1 \qquad (9.7)$$

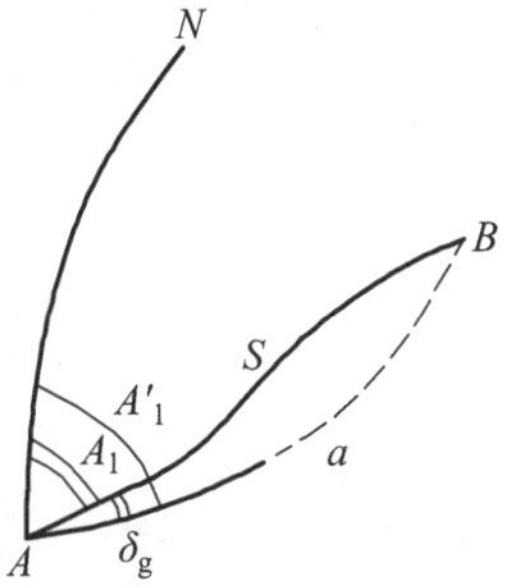

式中　S——AB 间大地线长度；

图 9.4　截面差改正示意图

　　$(2)_1 = \dfrac{\rho''}{N_1}$，其中：$N_1$ 为测站点纬度 B_1 相对应的卯酉圈曲率半径。

在一般情况下，一等三角测量应加三差改正，二等三角测量应加垂线偏差改正和标高差改正，而不加截面差改正；三等和四等三角测量可不加三差改正。但当 $\xi = \eta > 10''$ 时或者 $H > 2\,000\ \mathrm{m}$ 时，则应分别考虑加垂线偏差改正和标高差改正。在特殊情况下，应该根据测区的实际情况作具体分析，然后再做出加还是不加改正的规定，见表 9.1。

表 9.1　三差改正

三差改正	主要关系量	是否要加改正		
		一等	二等	三、四等
垂线偏差	ξ, η	加	加	酌情
标高差	H			
截面差	S		不加	

【习题练习】

1. 将地面观测水平方向值归算至椭球面包括（　　　）。
   A. 垂线偏差改正计算
   B. 标高差改正计算
   C. 大地线改正计算
   D. 截面差改正计算

2. 垂线偏差是指（　　　）。
   A. 铅垂线发生偏移的误差
   B. 铅垂线与法线间的微小夹角
   C. 铅垂线与法线之间的微小距离
   D. 法线发生偏移的微小误差

3. 垂线偏差改正是指（　　　）。
   A. 将野外观测的距离归算至椭球面所加的改正值
   B. 将野外以法线为准的水平方向观测值改正到内业以铅垂线为准的方向值
   C. 将野外以铅垂线为准的水平方向观测值改正到内业以法线为准的方向值
   D. 将野外观测的距离值归算至高斯平面所加的改正值

4. 关于标高差改正说法正确的是（　　　）。
   A. 主要与测站点的高程有关
   B. 主要与照准点的高程有关
   C. 主要与测站点至照准点间的距离有关
   D. 经过此项改正后将地面观测的水平方向值归算为椭球面上的法截弧方向

5. 关于截面差改正说法正确的有（　　　）。
   A. 由于正、反法截弧不重合引起的改正
   B. 由于正、反法截弧不相等引起的改正
   C. 将法截弧方向改正到大地线方向
   D. 将正法截弧方向改正到反法截弧方向

任务十　椭球面元素归算至高斯平面

【知识概要】

1. 熟悉地图投影与投影变形。
2. 掌握高斯投影。
3. 掌握椭球面元素归算至高斯平面的方法。
4. 熟悉工程测量投影面与投影带的选择。

【技能任务】

1. 用平差软件进行高斯正反算及邻带换算。
2. 给定测区确定投影面。

1.《工程测量规范》。

2.《水利水电工程施工测量规范》

【相关知识】

知识点一　地图投影与投影变形

一、投影与变形

地图投影：就是将椭球面各元素（包括坐标、方向和长度）按一定的数学法则投影到平面上。研究这个问题的专门学科叫地图投影学。地图投影可用坐标投影公式（10.1）表示：

$$\left.\begin{array}{l} x = F_1(L,B) \\ y = F_2(L,B) \end{array}\right\} \qquad (10.1)$$

式中，L、B 是椭球面上某点的大地坐标，而 x、y 是该点投影后的平面直角坐标。

投影变形：椭球面是一个凸起的、不可展平的曲面。将这个曲面上的元素（距离、角度、图形）投影到平面上，就会和原来的距离、角度、图形呈现差异，这一差异称为投影变形。

投影变形的形式：角度变形、长度变形和面积变形。

地图投影的方式：

（1）等角投影——投影前后的角度相等，但长度和面积有变形；

（2）等距投影——投影前后的长度相等，但角度和面积有变形；

（3）等积投影——投影前后的面积相等，但角度和长度有变形。

二、控制测量对地图投影的要求

（1）应当采用等角投影（又称为正形投影）。

采用正形投影时，在三角测量中大量的角度观测元素在投影前后保持不变；在测制的地图时，采用等角投影可以保证在有限的范围内使得地图上图形同椭球上原形保持相似。

（2）在采用的正形投影中，要求长度和面积变形不大，并能够应用简单公式计算由于这些变形而带来的改正数。

（3）能按分带投影。

知识点二　高斯投影

一、高斯投影基本概念

1．基本概念

如图 10.1 所示，假想有一个椭圆柱面横套在地球椭球体外面，并与某一条子午线（此子午线称为中央子午线或轴子午线）相切，椭圆柱的中心轴通过椭球体中心，然后用一定投影方法，将中央子午线两侧在一定经差范围内的地区投影到椭圆柱面上，再将此柱面横切展开即成为投影面，如图 10.2 所示，此投影为高斯投影。高斯投影是正形投影的一种。

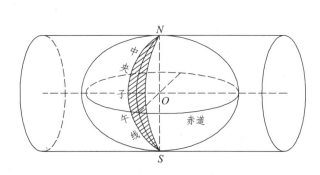 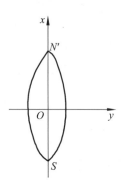

图 10.1　椭球体和椭圆柱面　　　　　图 10.2　高斯投影面

2．分带投影

高斯投影 6° 带：自 0° 子午线起每隔经差 6° 自西向东分带，依次编号 1、2、3、…。我国 6° 带中央子午线的经度，由 75° 起每隔 6° 至 135°，共计 11 带（13 ~ 23 带），带号用 n 表示，中央子午线的经度用 L_0 表示，它们的关系是 $L_0 = 6n - 3$，如图 10.3 所示。

高斯投影 3° 带：它的中央子午线一部分同 6° 带中央子午线重合，一部分同 6° 带的分界子午线重合，如用 n' 表示 3° 带的带号，L 表示 3° 带中央子午线经度，则 $L = 3n'$。如图 10.3 所示，我国 3° 带共计 22 带（24 ~ 45 带）。

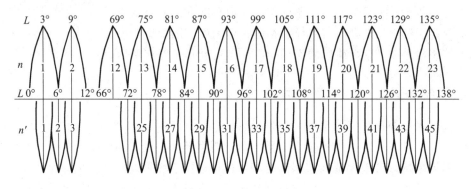

图 10.3　高斯投影带

3．高斯平面直角坐标系

在投影面上，中央子午线和赤道的投影都是直线，并且以中央子午线和赤道的交点 O 为坐标原点，以中央子午线的投影为纵坐标 x 轴，以赤道的投影为横坐标 y 轴，如图 10.4 所示。

在我国 x 坐标都是正值，y 坐标的最大值（在赤道上）约为 330 km。为了避免出现负的横坐标，可在横坐标上加上 500 000 m。此外还应在坐标前面再冠以带号。这种坐标称为国家统一坐标。例如，某点 $y = 19\,123\,456.789$ m，该点位在 19° 带内，其相对于中央子午线的横坐标则是：首先去掉带号，再减去 500 000 m，最后得 $y = -376\,543.211$ m。

142

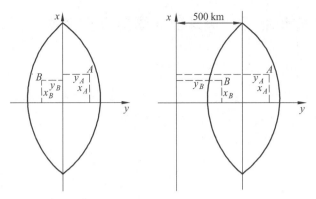

图 10.4　高斯平面直角坐标系

4．高斯平面投影特点

（1）中央子午线无变形；

（2）无角度变形，图形保持相似；

（3）离中央子午线越远，变形越大。

二、椭球面控制网归算到高斯投影面

将椭球面控制网归算到高斯投影面的主要内容如下（见图 10.5）：

（1）将起始点 P 的大地坐标 (L, B) 归算为高斯平面直角坐标 (x, y)；为了检核还应进行反算，亦即根据 (x, y) 反算 (L, B)。

（2）通过计算该点的子午线收敛角 γ 及方向改正 δ，将椭球面上起算边大地方位角 A_{PK} 归算到高斯平面上相应边 $P'K'$ 的坐标方位角 $\alpha_{p'K'}$。

（3）通过计算各方向的曲率改正和方向改正，将椭球面上各三角形内角归算到高斯平面上的由相应直线组成的三角形内角。

（4）通过计算距离改正 Δs，将椭球面上起算边 PK 的长度 S 归算到高斯平面上的直线长度 D。

（5）当控制网跨越两个相邻投影带，需要进行平面坐标的邻带换算。

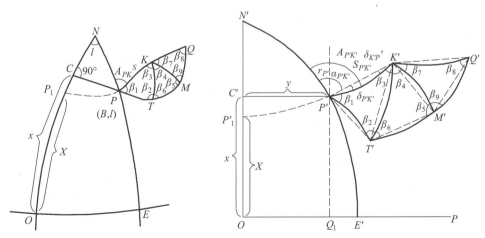

图 10.5　将椭球面控制网归算到高斯投影面

知识点三　椭球面元素归算至高斯平面

一、概　述

由于高斯投影是正形投影，椭球面上大地线间的夹角与它们在高斯平面上的投影曲线之间的夹角相等。为了在平面上利用平面三角学公式进行计算，须把大地线的投影曲线用其弦线来代替。控制网归算到高斯平面上的内容有：

（1）起算点大地坐标的归算——将起算点大地坐标 (L,B) 归算为高斯平面直角坐标 (x,y)。

（2）起算方向角的归算。

（3）距离改化计算——椭球面上已知的大地线边长（或观测的大地线边长）归算至平面上相应的弦线长度。

（4）方向改化计算——椭球面上各大地线的方向值归算为平面上相应的弦线方向值。

二、起算点大地坐标归算

1．高斯投影正算

（1）高斯投影正算：已知椭球面上某点的大地坐标 (L,B)，求该点在高斯投影平面上的直角坐标 (x,y)，即 $(L,B) \Rightarrow (x,y)$ 的坐标变换。

（2）投影变换必须满足的条件：

① 中央子午线投影后为直线；

② 中央子午线投影后长度不变；

③ 投影具有正形性质，即正形投影条件。

（3）投影过程：

在椭球面上有对称于中央子午线的两点 P_1 和 P_2，它们的大地坐标分别为 (L,B) 及 (l,B)，式中 l 为椭球面上 P 点的经度与中央子午线 (L_0) 的经度差：$l = L - L_0$，P 点在中央子午线之东，l 为正，在西则为负，则投影后的平面坐标一定为 $P_1'(x,y)$ 和 $P_2'(x,-y)$。

（4）计算公式：

$$\left.\begin{aligned} x &= X + \frac{N}{2\rho''^2}\sin B l''^2 + \frac{N}{2\rho''^4}\sin B\cos^3 B(5-t^2+9\eta^2)l''^4 \\ y &= \frac{N}{\rho''}\cos B l'' + \frac{N}{6\rho''^3}B(1-t^2+\eta^2)l''^3 + \frac{N}{120\rho''^5}\cos^5 B(5-18t^2+t^4)l''^5 \end{aligned}\right\} \tag{10.1}$$

当要求转换精度精确至 0.001 m 时，用式（10.2）计算：

$$\left.\begin{aligned} x &= X + \frac{N}{2\rho''^2}\sin B l''^2 + \frac{N}{24\rho''^4}\sin B\cos^3 B(5-t^2+9\eta^2+4\eta^4)l''^4 + \\ &\quad \frac{N}{720\rho''^6}\sin B\cos^5 B(61-58t^2+t^4)l''^6 \\ y &= \frac{N}{\rho''}\cos B l'' + \frac{N}{6\rho''^3}\cos^3 B(1-t^2+\eta^2)l''^3 + \\ &\quad \frac{N}{720\rho''^5}\cos^5 B(5-18t^2+t^4+14\eta^2-58\eta^2 t^2)l''^5 \end{aligned}\right\} \tag{10.2}$$

2．高斯投影反算

（1）高斯投影反算：已知某点的高斯投影平面上直角坐标 (x,y)，求该点在椭球面上的大地坐标 (L,B)，即 $(x,y)\Rightarrow(L,B)$ 的坐标变换。

（2）投影变换必须满足的条件：

① x 坐标轴投影成中央子午线，是投影的对称轴；

② x 轴上的长度投影保持不变；

③ 投影具有正形性质，即正形投影条件。

（3）投影过程：

根据 x 计算纵坐标在椭球面上的投影的底点纬度 B_f，接着按 B_f 计算（B_f-B）及经差 l，最后得到 $B=B_f-(B_f-B)$、$L=L_0+l$。

（4）计算公式：

$$\left.\begin{aligned}
B&=B_f-\frac{t_f}{2M_fN_f}y^2+\frac{t_f}{24M_fN_f^3}(5+3t_f^3+\eta_f^2-9\eta_f^2t_f^2)y^4-\\
&\quad\frac{t_f}{720M_fN_f^5}(61+90t_f^2+45t_f^4)y^6\\
l&=\frac{1}{N_f\cos B_f}y-\frac{1}{6N_f^3\cos B_f}(1+2t_f^2+\eta_f^2)y^3+\\
&\quad\frac{1}{120N_f^5\cos B_f}(5+28t_f^2+24t_f^4+6\eta_f^2+8\eta_f^2t_f^2)y^5
\end{aligned}\right\}\quad（10.3）$$

当要求转换精度至 $0.01''$ 时，式（10.3）可简化为式（10.4）形式：

$$\left.\begin{aligned}
B&=B_f-\frac{t_f}{2M_fN_f}y^2+\frac{t_f}{24M_fN_f^3}(5+3t_f^2+\eta_f^2-9\eta_f^2t_f^2)y^4\\
l&=\frac{1}{N_f\cos B_f}y-\frac{1}{6N_f^3\cos B_f}(1+2t_f^2+\eta_f^2)y^3+\\
&\quad\frac{1}{120N_f^5\cos B_f}(5+28t_f^2+24t_f^4)y^5
\end{aligned}\right\}\quad（10.4）$$

3．高斯投影邻带换算

1）产生换带的原因

高斯投影为了限制高斯投影的长度变形，以中央子午线进行分带，把投影范围限制在中央子午线东、西两侧一定的范围内。因而，使得统一的坐标系分割成各带的独立坐标系。在工程应用中，往往要用到相邻带中的点坐标，有时工程测量中要求采用 3° 带、1.5° 带或任意带，而国家控制点通常只有 6° 带坐标，这时就产生了 6° 带同 3° 带（或 1.5° 带、任意带）之间的相互坐标换算问题，如图 10.6 所示。

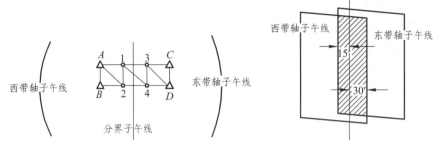

图 10.6　高斯投影换带

2）应用高斯投影正、反算公式间接进行换带计算

（1）计算过程：

把椭球面上的大地坐标作为过渡坐标。首先把某投影带（比如 I 带）内有关点的平面坐标 $(x, y)_1$，利用高斯投影反算公式换算成椭球面上的大地坐标 (L, B)，进而得到 $L = L_0^I + l$；然后再由大地坐标 (L, B)，利用投影正算公式换算成相邻带的（第 II 带）的平面坐标 $(x, y)_{II}$。在这一步计算时，要根据第 II 带的中央子午线 L_0^{II} 来计算经差 l，亦即此时 $l = L - L_0^{II}$。

（2）算例：

在中央子午线 $L_0^I = 123°$ 的 I 带中，有某一点的平面直角坐标 $x_1 = 5\,728\,374.726\ \text{m}$，$y_1 = +210\,198.193\ \text{m}$，现要求计算该点在中央子午线 $L_0^{II} = 129°$ 的第 II 带的平面直角坐标。

（3）计算步骤：

① 根据 x_1、y_1，利用高斯反算公计算换算 B_1、L_1，得到 $B_1 = 51°38'43.9024''$，$L_1 = 126°02'13.1362''$。

② 采用已求得的 B_1，L_1，并顾及第 II 带的中央子午线 $L_0^{II} = 129°$，求得 $l = -2°57'46.864''$，利用高斯正算公式计算第 II 带的直角坐标 x_{II}、y_{II}。

③ 为了检核计算的正确性，要求每步都应进行往返计算。

三、起算方向角归算

（1）子午线收敛角的概念。

如图 10.7 所示，p'、$p'N'$ 及 $p'Q'$ 分别为椭球面 p 点、过 p 点的子午线 pN 及平行圈 pQ 在高斯平面上的投影。由图 10.7 可知，所谓点 p' 子午线收敛角就是 $p'N'$ 在 p' 上的切线 $p'n'$ 与 $p't'$ 坐标北之间的夹角，用 γ 表示。

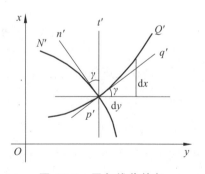

在椭球面上，因为子午线同平行圈正交，又由于投影具有正形性质，因此它们的描写线 $p'N'$ 及 $p'Q'$ 也必正交，由图可见，平面子午线收敛角也等于 $p'Q'$ 在 p' 点上的切线 $p'q'$ 同平面坐标系横轴 y 的倾角。

图 10.7　子午线收敛角

（2）由大地坐标 (L, B) 计算平面子午线收敛角 γ 公式：

$$\gamma = \sin B \cdot l + \frac{1}{3}\sin B\cos^2 B \cdot l^3(1 + 3\eta^2 + 2\eta^4) + \frac{1}{15}\sin B\cos^4 B \cdot l^5(2 - t^2) + \cdots \qquad (10.5)$$

（3）由平面坐标 (x, y) 计算平面子午线收敛角 γ 的公式：

$$\gamma = \frac{\rho''}{N_f} y \tan B_f \left[1 - \frac{y^2}{3N_f^3} (1 + t_f^2 - \eta_f^2) \right] \tag{10.6}$$

式（10.6）计算精度可达 1″。如果要达到 0.001″ 计算精度，可用式（10.7）计算：

$$\gamma'' = \frac{\rho''}{N_f} y t_f - \frac{\rho'' y^2}{3N_f^3} t_f (1 + t_f^2 - \eta_f^2) + \frac{\rho'' y^5}{15 N_f^5} t_f (2 + 5t_f^2 + 3t_f^4) \tag{10.7}$$

（4）实用公式。

已知大地坐标 (L, B) 计算子午线收敛角 γ：

$$\gamma = \{1 + [(0.333\,33 + 0.006\,74 \cos^2 B) + \\ (0.2 \cos^2 B - 0.006\,7)l^2]l^2 \cos^2 B\}l \sin B \rho'' \tag{10.8}$$

已知平面坐标 (x, y) 计算子午线收敛角 γ：

$$\gamma = \{1 - [(0.333\,33 - 0.002\,25 \cos^4 B_f) - \\ (0.2 - 0.067 \cos^2 B_f) Z^2]Z^2\}Z \sin B_f \rho'' \tag{10.9}$$

四、距离改化计算

1）概　念

如图 10.8 所示，设椭球体上有两点 P_1、P_2 及其大地线 S，在高斯投影面上的投影为 P_1'、P_2' 及 s。s 是一条曲线，而连接 $P_1' P_2'$ 两点的直线为 D 如前所述由 S 化至 D 所加的改正，即为距离改正 ΔS。

2）距离改化计算公式

$$\Delta S = \frac{y_m^2}{2R^2} S \tag{10.10}$$

$$D = S + \Delta S = S \left(1 + \frac{y_m^2}{2R_m^2} \right) \tag{10.11}$$

或

$$D = S \left(1 + \frac{y_m^2}{2R_m^2} + \frac{\Delta y^2}{24R_m^2} \right) \tag{10.12}$$

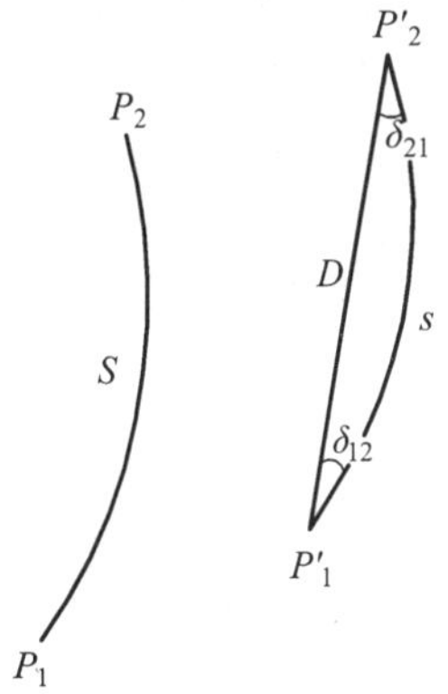

图 10.8　距离改化计算图

3）长度变形特点

（1）当 $y = 0$ 时，$\Delta S = 0$，即中央子午线投影后长度不变。

（2）当 $y \neq 0$ 时，即离开中央子午线时，长度变形 ΔS 恒为正，离开中央子午线的边长经投影后均变长。

（3）长度变形 ΔS 随 y 成比例地增大，对于在椭球面上等长的子午线来说，离中央子午线越远，其长度变形越大。

147

五、方向改化计算

1）概　念

如图 10.9 所示，若将椭球面上的大地线 AB 方向改化为平面上的弦线 ab 方向，其相差一个角值 δ_{ab}，即称为方向改化值。

2）方向改化的过程

如图 10.9 所示，若将大地线 AB 方向改化为弦线 ab 方向。过 A、B 点，在球面上各作一大圆弧与轴子午线正交，其交点分别为 D、E，它们在投影面上的投影分别为 ad 和 be。由于是把地球近似看成球，故 ad 和 be 都是垂直于 x 轴的直线。在 a、b 点上的方向改化分别为 δ_{ab} 和 δ_{ba}。当大地线长度不大于 10 km，y 坐标不大于 100 km 时，二者之差不大于 0.05″，因而可近似认为 $\delta_{ab} = \delta_{ba}$。

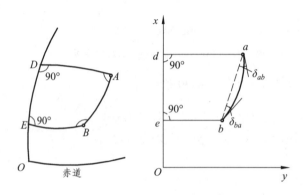

图 10.9　方向改化计算图

3）计算公式

球面角超公式：

$$\varepsilon'' = \frac{\rho''}{R^2}\left|(x_a - y_b)\frac{(y_a + y_b)}{2}\right| \qquad (10.13)$$

适用于三、四等三角测量的方向改正的计算公式：

$$\left.\begin{array}{l} \delta_{ab} = \dfrac{\rho''}{2R^2} y_{\mathrm{m}}(x_a - x_b) \\[2mm] \delta_{ba} = -\dfrac{\rho''}{2R^2} y_{\mathrm{m}}(x_a - x_b) \end{array}\right\} \qquad (10.14)$$

式中，$y_{\mathrm{m}} = \dfrac{1}{2}(y_a + y_b)$，为 a、b 两点的 y 坐标的自然平均值。

知识点四　工程测量投影面与投影带的选择

一、概　述

对于工程测量，其中包括城市测量，既有测绘大比例尺图的任务，又有满足各种工程建设和市政建设施工放样工作的要求。如何根据这些目的和要求合适地选择投影面和投影带，经济合理地确立工程平面控制网的坐标系，在工程测量是一个重要的课题。

二、工程测量中选择投影面和投影带的原因

1. 有关投影变形的基本概念

平面控制测量投影面和投影带的选择，主要是解决长度变形问题。这种投影变形主要是由于以下两种因素引起的：

（1）实测边长归算到参考椭球面上的变形影响，其值为

$$\Delta s_1 = -\frac{sH_\mathrm{m}}{R} \tag{10.15}$$

式中 H_m——归算边高出参考椭球面的平均高程；

        s——归算边的长度；

        R——归算边方向参考椭球法截弧的曲率半径。

归算边长的相对变形：

$$\frac{\Delta s_1}{s} = -\frac{H_\mathrm{m}}{R} \tag{10.16}$$

Δs_1值是负值，表明将地面实量长度归算到参考椭球面上，总是缩短的；$|\Delta s_1|$值与H_m成正比，随H_m增大而增大。

（2）将参考椭球面上的边长归算到高斯投影面上的变形影响，其值为

$$\Delta s_2 = \frac{1}{2}\left(\frac{y_\mathrm{m}}{R_\mathrm{m}}\right)^2 s_0 \tag{10.17}$$

式中 s_0——投影归算边长；

        y_m——归算边两端点横坐标平均值；

        R_m——参考椭球面平均曲率半径。

投影边长的相对投影变形为

$$\frac{\Delta s_2}{s_0} = \frac{1}{2}\left(\frac{y_\mathrm{m}}{R_\mathrm{m}}\right)^2 \tag{10.18}$$

Δs_2值总是正值，表明将椭球面上长度投影到高斯面上，总是增大的；Δs_2值随着y_m平方成正比而增大，离中央子午线越远，其变形越大。

2. 工程测量平面控制网的精度要求

工程测量控制网不但应作为测绘大比例尺图的控制基础，还应作为城市建设和各种工程建设施工放样测设数据的依据。为了便于施工放样工作的顺利进行，要求由控制点坐标直接反算的边长与实地量得的边长，在长度上应该相等，这就是说由上述两项归算投影改正而带来的长度变形或者改正数，不得大于施工放样的精度要求。一般来说，施工放样的方格网和

建筑轴线的测量精度为 1/5 000 ~ 1/20 000。因此，由投影归算引起的控制网长度变形应小于施工放样允许误差的 1/2，即相对误差为 1/10 000 ~ 1/40 000，也就是说，每公里的长度改正数不应该大于 10 ~ 2.5 cm。

三、投影变形处理方法

（1）通过改变 H_m 从而选择合适的高程参考面，将抵偿分带投影变形，这种方法通常称为抵偿投影面的高斯正形投影；

（2）通过改变 y_m，从而对中央子午线作适当移动，来抵偿由高程面的边长归算到参考椭球面上的投影变形，这就是通常所说的任意带高斯正形投影；

（3）通过既改变 H_m（选择高程参考面），又改变 y_m（移动中央子午线），来共同抵偿两项归算改正变形，这就是所谓的具有高程抵偿面的任意带高斯正形投影。

四、工程测量中几种可能采用的直角坐标系

1. 国家 3° 带高斯正形投影平面直角坐标系

当测区平均高程在 100 m 以下，且 y_m 值不大于 40 km 时，其投影变形值 Δs_1 及 Δs_2 均小于 2.5 cm，可以满足大比例尺测图和工程放样的精度要求。在偏离中央子午线不远和地面平均高程不大的地区，不需考虑投影变形问题，直接采用国家统一的 3° 带高斯正形投影平面直角坐标系作为工程测量的坐标系。

2. 抵偿投影面的 3° 带高斯正形投影平面直角坐标系

在这种坐标系中，依然采用国家 3° 带高斯投影，但投影的高程面不是参考椭球面而是依据补偿高斯投影长度变形而选择的高程参考面。在这个高程参考面上，长度变形为零。令

$$s\left(\frac{y_m^2}{2R_m^2}+\frac{H_m}{R}\right)=\Delta s_2+\Delta s_1=\Delta s=0 \tag{10.19a}$$

于是，当 y_m 一定时，可求得

$$\Delta H=\frac{y_m^2}{2R} \tag{10.19b}$$

则投影面高：

$$H_投=H_m-\Delta H$$

【例 10.1】 某测区海拔 $H_m=2\ 000\ (m)$，最边缘中央子午线 100（km），当 $s=1\ 000\ (m)$ 时，则有

$$\Delta s_1=-\frac{H_m}{R_m}\cdot s=-0.313(m)$$

$$\Delta s_2=\frac{1}{2}\left(\frac{y_m^2}{R_m^2}\right)s=0.123(m)$$

而 $\Delta s_1 + \Delta s_2 = -0.19(\mathrm{m})$ ，超过允许值（ 10 ~ 2.5 cm ）。这时为不改变中央子午线位置，而选择一个合适的高程参考面，经计算得高差 $\Delta H \approx 780(\mathrm{m})$ 。

将地面实测距离归算到： $2\,000 - 780 = 1\,220$ (m)

3. 任意带高斯正形投影平面直角坐标系

在这种坐标系中，仍把地面观测结果归算到参考椭球面上，但投影带的中央子午线不按国家 3° 带的划分方法，而是依据补偿高程面归算长度变形而选择的某一条子午线作为中央子午线。这就是说，在式（ 10.19a ）中，保持 H_m 不变，于是求得

$$y = \sqrt{2R_\mathrm{m}H_\mathrm{m}} \tag{10.20}$$

【例 10.2 】 某测区相对参考椭球面的高程 $H_\mathrm{m} = 500$ m ，为抵偿地面观测值向参考椭球面上归算的改正值，依式（ 10.20 ）算得

$$y = \sqrt{2 \times 6\,370 \times 0.5} = 80 \text{ (km)} \tag{10.21}$$

即选择与该测区相距 80 km 处的子午线。此时在 $y_\mathrm{m} = 80$ km 处，两项改正项得到完全补偿。

但在实际应用这种坐标系时，往往是选取过测区边缘，或测区中央，或测区内某一点的子午线作为中央子午线，而不经过上述的计算。

4. 具有高程抵偿面的任意带高斯正形投影平面直角坐标系

在这种坐标系中，往往是指投影的中央子午线选在测区的中央，地面观测值归算到测区平均高程面上，按高斯正形投影计算平面直角坐标。由此可见，这是综合第二、三两种坐标系长处的一种任意高斯直角坐标系。显然，这种坐标系更能有效地实现两种长度变形改正的补偿。

5. 假定平面直角坐标系

当测区控制面积小于 100 km² 时，可不进行方向和距离改正，直接把局部地球表面作为平面建立独立的平面直角坐标系。这时，起算点坐标及起算方位角，最好能与国家网联系，如果联系有困难，可自行测定边长和方位，而起始点坐标可假定。这种假定平面直角坐标系只限于某种工程建筑施工之用。

【习题练习】

1. 地图投影的方式包括（   ）。

 A. 等面积投影 　　　　　　 B. 等角度投影

 C. 等距离投影 　　　　　　 D. 等体积投影

2. 下面关于高斯投影的说法正确的是（   ）。

 A. 中央子午线投影为直线，且投影的长度无变形

 B. 离中央子午线越远，投影变形越小

 C. 经纬线投影后长度无变形

 D. 高斯投影为等面积投影

3. 在高斯平面直角坐标系中，x 轴方向为（　　　）方向。

    A. 东西　　　　　　B. 左右　　　　　　C. 南北　　　　　　D. 前后

4. 椭球面上的控制网归化到高斯平面上控制网的内容说法正确的是（　　　）。

    A. 将椭球面上（L，B）化为高斯面上（x，y）

    B. 将子午线收敛角化为坐标方位角

    C. 将大地线长化为直线距离

    D. 将曲线方向值化为对应的弦线方向值

5. 关于三、四等控制测量中从参考椭球面的大地线改化至高斯投影平面的直线距离的改化公式和高斯投影变形说法正确的是（　　　）。

    A. 距离改化公式为：$\Delta S = \dfrac{y_\mathrm{m}^2}{2R} S$

    B. 距离改化公式为：$\Delta S = \dfrac{y_\mathrm{m}^2}{2R^2} S$

    C. 当 $y = 0$ 时，$\Delta S = 0$，说明中央子午线投影后长度保持不变

    D. 当 y 增大时，ΔS 也跟着增大，说明离中央子午线越远长度变形越大

    E. 无论 y 取正、取负，ΔS 恒大于零，说明除中央子午线外，长度都变大

6. 假定在我国有三个控制点 A、B、C，其平面坐标中的 Y 坐标分别为 $Y_A = 26\,432\,571.78\,\mathrm{m}$；$Y_B = 38\,525\,619.76\,\mathrm{m}$；$Y_C = 20\,376\,854.48\,\mathrm{m}$。下列说法正确的是（　　　）。

    A. A 点是 6° 带的坐标；B 点是 3° 带的坐标；C 点是 3° 带的坐标

    B. A 点投影带带号是 26；B 点投影带带号是 38；C 点投影带带号是 20

    C. A 点坐标自然值是 $y_A = -67\,428.22\,\mathrm{m}$，$B$ 点坐标自然值是 $y_B = +25\,619.76\,\mathrm{m}$，$C$ 点坐标自然值是 $y_C = -123\,145.52\,\mathrm{m}$

    D. A 点所处中央子午线经度为 75°；B 点所处中央子午线经度为 114°；C 点所处中央子午线经度为 118°

7. 高斯投影的特点有（　　　）。

    A. 属于等面积投影

    B. 属于正形投影

    C. 中央子午线变成直线且长度保持不变

    D. 赤道变成直线且与中央子午线正交

    E. 属于等角度投影

8. 东经 103° 某点横坐标为 $Y = -432\,571.78\,\mathrm{m}$。试问：

（1）该点是否处在我国范围内？为什么？

（2）该点的国家统一坐标值为多少？

（3）该点所处 3°、6° 投影带中央子午线经度分别是多少？

9. 地面某点的经度为东经 104°21′，该点所在六度带的中央子午线经度是（　　　）。

    A. 105°　　　　　　　　B. 103°

    C. 104°　　　　　　　　D. 106°

10. 已知高斯投影面上某点的直角坐标 (x, y)，求该点在椭球面上的大地坐标 (L, B)，叫做（　　　）。

　　A. 坐标正算　　　B. 坐标反算　　　C. 高斯正算　　　D. 高斯反算

任务十一　控制测量概算

【知识概要】

1. 掌握控制测量概算流程。

2. 熟悉成果质量检验。

【技能任务】

给定控制网观测数据进行控制测量概算。

【技术规范】

1.《工程测量规范》。

2.《水利水电工程施工测量规范》。

【相关知识】

知识点一　控制测量概算流程

无论是平面控制网或是高程控制网都是通过野外采集某些数据——观测量，经过适当处理，最终获得待定点的坐标和高程。

然而，观测量之间的矛盾是客观存在的，合理处理观测量之间矛盾的工作称之为平差，而在平差之前又必须将所有观测量归算到某一个基准面上，这是项重要又必不可少的工作，称这项工作为概算。概算的目的不仅仅是为平差作准备，而且也在于检查和评价外业资料（也包括起算数据）的质量，本部分主要讨论平面控制网的概算工作，其主要内容有：

（1）外业观测成果的整理、检查；

（2）绘制网的略图、编制观测数据表和已知数据表；

（3）观测成果归化到标石中心；

（4）观测成果归化到椭球面上；

（5）观测成果进一步归化到高斯投影平面上；

（6）依平面控制网应满足的条件检查观测成果的质量。

应该指出，平面控制网如果在椭球面上进行平差计算，则（5）、（6）两项可省略；如果在高斯投影面上进行，则上述各项不能省略。在我国除全国性的天文大地网在椭球面上进行平差外，一般平面控制网，尤其是工测控制网都是在高斯平面上进行的，因此，必须按上述工作内容逐项进行。

由上列各项工作可以看出，概算的工作量甚大，内容也相当多，概算中的差错将直接影响到平差结果，且又不易发现，所以概算结果的正确性和计算精度应特别注意。

概算精度要求主要考虑两个方面，一是不损害观测量的精度，二是有利于工作进行，只保留必要的有效数字。对三、四等控制网，由于边长较短，因此它的方向计算值和各项改正数的计算分别达到0.1″和0.01″即可，边长概算取至mm位，而各项改正数的计算则至0.1 mm。

概算所选用的算式，既要确保精度，又能进行检核，还要便于使用电子计算机。

计算流程如图11.1所示。

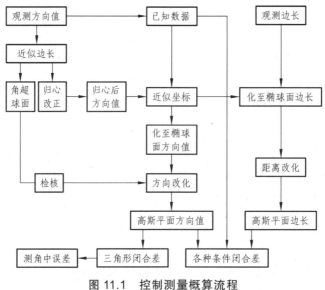

图 11.1　控制测量概算流程

知识点二　外业成果整理与图表绘制

概算时，首先要对外业成果（各种观测手簿，记簿，归心投影用纸，仪器检验资料以及计算资料等）进行逐项整理检查。主要检查原始数据是否清晰，有无缺漏项目，是否满足规范对观测手簿的要求。

检查中发现的问题要认真处理，及时返工和补正，确认资料完整无误后，才能进行后续的计算。

为便于计算，首先要绘制控制网计算略图，将观测方向值（或角度）、观测边长等清晰地标注于图上（见图11.2）。其次编制已知数据表（见表11.1）和观测数据表（见表11.2）。

表 11.1　已知数据表

点　名	等级	平面直角坐标系		坐标方位角	边长/m	至　点
		x/m	y/m	。　　′　　″		
苏　家	Ⅲ	5 023 373.446	21 614 660.697	314　21　50.2	7 070.809	长　山
长　山	Ⅲ	5 028 317.452	21 609 605.685			

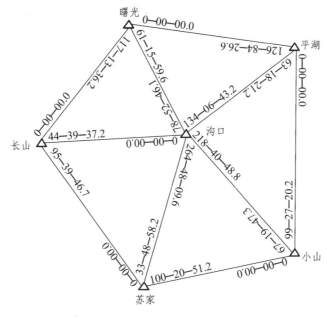

图 11.2　控制网计算略图

表 11.2　水平方向值计算表

测　站 （归心元素）	照准点	观测方向值 。　′　″	归心改正		方向改化 δ/（″）	$(c+r+\delta)$ 归零/（″）	平面方向值 。　′　″
			c/（″）	r/（″）			
苏家 $\theta_T=65°11'$ $\theta_T=0.005$ m	长山	0　00　00.0		0	− 1.4	0	0　00　00.0
	沟口	33　48　58.2		0.4	− 1.6	0.2	33　48　58.4
	小山	100　20　51.2		− 0.5	− 0.7	0.2	100　20　51.4
长山 $\theta_T=96°30'$ $e_T=0.008$ m $\theta_V=100°00'$ $e_V=0.018$ m	曙光	0　00　00.0	0.8	− 0.4	− 1.0	0	0　00　00.0
	沟口	44　39　37.2	0.5	− 0.3	− 0.1	0.7	44　39　37.9
	苏家	95　39　46.7	− 0.1	0.1	1.4	2.0	95　39　48.7
曙光 $\theta_T=120°00'$ $e_T=0.009$ m	平湖	0　00　00.0		− 0.4	0.2	0	0　00　00.0
	沟口	61　15　59.6		− 0.7	0.9	0.4	61　16　00.0
	长山	117　43　36.2		0.4	1.0	1.6	117　43　37.8
平湖 $\theta_T=117°00'$ $e_T=0.018$ m	小山	0　00　00.0		− 0.4	1.6	0	0　00　00.0
	沟口	63　18　21.2		− 0.3	0.8	− 0.7	63　18　20.5
	曙光	126　48　26.6		0.5	− 0.2	− 0.9	126　48　25.7

项目四　控制测量概算

155

测 站 （归心元素）	照准点	观测方向值 ° ′ ″	归心改正 c / (″)	归心改正 r / (″)	方向改化 δ/ (″)	(c+r+δ) 归零/ (″)	平面方向值 ° ′ ″
小山 $\theta_T = 216°17'$ $e_T = 0.018\,m$	苏家	0 00 00.0		0.1	0.7	0	0 00 00.0
	沟口	67 19 47.3		0.4	− 0.9	− 1.3	67 19 46.0
	平湖	99 27 20.2		0	− 1.6	− 2.4	99 27 17.8
沟口 $\theta_T = 204°45'$ $e_T = 0.012\,m$	长山	0 00 00.0		0.3	0.1	0	0 00 00.0
	曙光	78 52 46.1	− 0.1		− 0.9	− 1.4	78 52 44.7
	平湖	134 06 43.2	− 0.4		− 0.8	− 1.6	134 06 41.6
	小山	218 40 48.8	− 0.7		0.9	− 0.2	218 40 48.6
	苏家	264 49 09.6	0.2		1.6	1.4	264 49 11.6

知识点三　成果归算和改化

一、概算边长和坐标

（一）边长概算

对于三角网，须从已知边（或观测边）开始，接正弦公式计算边长，如图 11.3 所示，b 为已知边，则 a、c 的计算公式如式（11.1）所示：

$$\left.\begin{array}{l} a = \dfrac{b}{\sin B}\sin A \\[2mm] c = \dfrac{b}{\sin B}\sin C \end{array}\right\} \qquad (11.1)$$

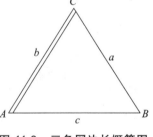

图 11.3　三角网边长概算图

同时，应计算出各三角形的球面角超（后面计算方向改化时检核用），球面角超 ε'' 的计算式为

$$\varepsilon'' = fab\sin C = fbc\sin A = fca\sin B \qquad (11.2)$$

式中，$f = \rho''/2R^2$（或以测区平均纬度为引数查表）。

表 11.3 内列入近似边长和球面角超的计算数字。

对于测边网，则要由观测边计算角度近似值，以便推算方向近似值 M，角度 A 的计算按余弦定律为

$$A = \arccos\dfrac{b^2 + c^2 - a^2}{2bc} \qquad (11.3)$$

其计算表格与表 11.3 类似，计算时角度取至 10″，边长取至 m。

表 11.3　概略边长球面角超计算

三角形号	点　名	角号	观测值 °	观测值 ′	观测值 ″	边长 /m	球面角超	备　注
1	沟　口	B	95	10	50	7 070.8		
	长　山	C	51	00	10	5 517.8		
	苏　家	A	33	49	00	3 951.3	$\varepsilon'' = 0.06''$	
2	曙　光	B	56	27	40			
	沟　口	C	78	52	40	4 651.5		
	长　山	A	44	39	40	3 332.2	$\varepsilon'' = 0.03''$	
3	平　湖	B	63	30	00			$f = 0.002\ 534\ 93$
	沟　口	C	55	14	00	3 058.7		
	曙　光	A	61	16	00	3 264.9	$\varepsilon'' = 0.02''$	
4	小　山	B	32	07	30			
	沟　口	C	84	34	10	6 112.2		
	平　湖	A	63	18	20	5 485.3	$\varepsilon'' = 0.05''$	
5	苏　家	B	66	31	50			
	沟　口	C	46	68	20	4 311.7		
	小　山	A	67	19	50	5 518.0	$\varepsilon'' = 0.06''$	

（二）近似坐标计算

应用余切公式如式（11.4）所示：

$$x_C = \frac{x_A \cot\beta + x_B \cot\alpha + (y_B - y_A)}{\cot\alpha + \cot\beta}$$

$$y_C = \frac{y_A \cot\beta + y_B \cot\alpha - (x_B - x_B)}{\cot\alpha + \cot\beta}$$

（11.4）

如图 11.4 所示 A、B 为已知点，其顶角分别为 α、β；C 为待算点，其顶角为 γ。应用式（11.4）时，三角形角号排列有如下规定：

（1）A、B、C 应按逆时针排列，举例如表 11.4 所示。

（2）近似坐标存在递推累积的误差，故计算时坐标取至 0.1 m，角度相应取至 10″。为防止计算出错，应采用 B、C 作为已知点，A 作为待算点进行校核计算，对于测边网的坐标计算，可先由观测边计算三角形各角度，然后按式（11.4）

图 11.4　近似坐标计算图

项目四　控制测量概算

157

计算近似坐标。

表 11.4　近似坐标计算表

已知点	A B	长山 苏家	长山 沟口	曙光 沟口	平湖 沟口
待算点	C	沟口	曙光	平湖	小山
已知数据	x_A/m	50 28317.5			
	x_B/m	5 023 373.4			
	y_A/m	109 605.7			
	y_B/m	114 660.7			
	$\alpha/(°\ '\ '')$	51　00　10	41　39　40	61　16　00	63　30　00
	$\beta/(°\ '\ '')$	33　49　00	78　52　40	55　14　00	84　34　10
运算结果	x_C/m	5 028 774.4	5 031 947.8	5 031 365.5	5 025 864.2
	y_C/m	113 530.4	112 514.2	115 517.1	118 180.0

二、方向观测值改化

（一）归心改正

将测站平差（一般为各测回方向平均值）后的方向值加入测站点和照准点的归心改正数 $(c''、r'')$ ，便得到归化到标石中心的方向值。即

$$c'' = \frac{e_y}{S} \rho'' \sin(M + \theta_y) \tag{11.5}$$

式中　e_y、θ_y——测站点的归心元素。

$$M = N_{ij} - N_{io} \tag{11.6}$$

$$r'' = \frac{e_T}{S} \rho'' \sin(M_1 + \theta_T) \tag{11.7}$$

其中　$M_1 = N_{ji} - N_{jo}$ ；

　　　　e_T、θ_T——照准点的归心元素值；

　　　　N_{ij}、N_{ji}——测站和照准点上相对的方向值；

　　　　N_{io}、N_{jo}——该两点上的归心零方向的方向值（通常 N_{io} 和 N_{jo} 为零，即观测零方向与归心零方向一致）；

　　　　S——近似边长。

现以长山的测站归心和曙光、沟口、苏家对于长山的照准点归心为例，计算其归心改正数，如表 11.5 所示。

表 11.5 方向归心计算

内　容＼方向名	长山—曙光	长山—沟口	长山—苏家	…
e_y/m	0.018			
θ_y	100°00′00″			
$M+\theta_y$	100°00′00″	144°39′40″	195°39′50″	
S/m	4 651	3 951	7 071	
e_T/m	0.009	0.012	0.005	
θ_T	128°00′00″	204°45′00″	65°11′00″	
$M_1+\theta_T$	245°43′40″	204°45′00″	65°11′00″	
c''	0.79″	0.54″	− 0.14″	
r''	− 0.36″	− 0.26″	0.13″	

（二）方向改化

它是将经过归心改正后的方向观测值归化到椭球面上，然后再归化到高斯投影平面上。然而，国家三、四等和城市工矿控制网一般不测天文方位角；只有极个别独立网，无法引测高一级的起算方位时，才施测天文方位角 α ，作为独立网的定向，且把实测天文方位角口看作大地方位角 A 而不加改正。国家三、四等和城市工矿控制网一般也不加"三差改正"，也就是把地面观测方向值直接看作椭球面方向值。对于观测天顶距的垂线偏差改正，亦只有当作为三维控制网时，或测区内的垂线偏差子午与卯酉分量变化甚大且视线高度角超过 3°时，才进行改正，一般三角高程计算时均可忽略此项改正。

因此，对于三、四等平面控制网或工测控制网，一般只是将经过归心后的方向值，改化到高斯投影平面上即可，其改化公式如式（11.8）、（11.9）所示。

（1）三、四等网：

$$\delta_{ik}=-\delta_{ki}=\frac{1}{2}f_m(x_i-x_k)(y_i+y_k) \tag{11.8}$$

（2）二等网：

$$\delta_{ik}=-\delta_{ki}=\frac{1}{3}f_m(x_i-x_k)(2y_i+y_k) \tag{11.9}$$

现仍以图 11.2 为例，方向改正计算如表 11.6 所示。

表 11.6　方向改正计算

计算项目	i　苏家 k　沟口	i　长山 k　沟口	曙光 平湖	...
x_i / km	5 023.373	5 028.317	5 031.948	
x_k	5 028.774	5 028.774	5 031.366	
$x_i - x_k$	− 5.401	− 0.457	0.582	
y_i	114.661	109.606	112.514	
y_k	113.530	113.530	115.517	
$\frac{1}{2}(y_i + y_k)$	114.096	111.568	114.016	
f	0.002 534 93			
δ_{ik}	− 1.56″	− 0.13″	0.17″	

方向改正数计算经三角形球面角超检核无误后，和归心改正数一并填入表 11.2，最终获得高斯投影平面上的方向值。

三、边长观测值改化

随着电磁波测距仪应用的普及，平面控制网的观测量除了方向值以外，边长观测值亦占相当的比重，其外业观测结果当然也应该归算到高斯平面上，因此，地面观测边长一般应进行归心改正，倾斜改正和归算到高斯平面上的距离改正（又称曲率改正）。

（一）边长归心改正

边长归心改正公式如式（11.10）、（11.11）所示。
（1）测站归心：

$$\delta_S = -e\cos(M + \theta) + \frac{[e\sin(M + \theta)]^2}{2S} \tag{11.10}$$

（2）镜站归心：

$$\delta_{S1} = -e\cos(M_1 + \theta_1) + \frac{[e\sin(M_1 + \theta_1)]^2}{2S} \tag{11.11}$$

两式右端的符号与方向归心改正数计算公式的符号意义完全一致。其右端的第二项（平方项）一般很小，当 $e < 0.5$ m，$S > 1$ km 时，此平方项最大值约 0.1 mm。可见，通常不必顾及此项改正，在实际作业中，一般情况下，主机和反光镜均设在测站，故无需归心。如果个别站受条件限制进行偏心观测时，则可按式（11.10）计算。算法和方向归心改正数计算方法相似，故此处不再叙述。

（二）归化至椭球面的改正

将地面观测的且经归心改正后的倾斜距离改正到椭球面上的大地线长度，其计算公式如式（11.12）~（11.14）所示：

$$K = \sqrt{\frac{d^2 - (H_2 - H_1)^2}{\dfrac{[1+(H_1+H_2)]}{R_A}}}$$ （11.12）

$$S = \frac{2R_A}{\sin\dfrac{K}{2R_A}}$$ （11.13）

$$R_A = \frac{C}{\left(1 + 2e'^2 \cos^2 B \cos^2 \dfrac{A}{2}\right)}$$ （11.14）

式中　D——两端点间的斜距；

　　　K——两端点间的弦长；

　　　S——两端点间的椭球面长度；

　　　B——两端点纬度平均值，可在地图上量取；

　　　A——两端点间的方位角，可在地图上量取；

　　　H_1、H_2——仪站和镜站的高程；

　　　R_A——两端点测线方向地球曲率半径的平均值；

$$C = 6\ 399\ 698$$

$$e'^2 = 0.006\ 738\ 5$$

由此可看出式（11.12）~（11.14）的作用：

式（11.12）为斜距 d 改化为弦长的计算式；

式（11.13）为弦长与大地线长度的计算式；

式（11.14）为两端点连线方向地球曲率半径计算式（实际是两端点测线方向曲率半径的平均值）。

现仍以图 11.2 为例，苏家至长山测距仪实测斜长为 7 069.911 m，归算至椭球面长度如表 11.7 所示。至此，获得了椭球面上的长度，然而，尚须进一步投影到高斯平面上，以利于后续计算。

项目四　控制测量概算

表 11.7　倾斜距离的归算

测站点（1）		苏　家		附　　注
镜站点（2）		长　山		
已知数据	B	45°20′		$C = 6\ 399\ 698$
	A	314°21′50″		$e'^2 = 0.006\ 738\ 5$
	H_1/m	172.485		
	H_2/m	180.435		
	d/m	7 069.911		
计算结果	R_A/km	6 363.698		R_A 和 ΔS 直接在计算器上计算
	ΔS/m	1.098		
	S/m	7 069.711		

（三）距离改正

在之前项目中已经讨论了将椭球面上的长度归算到高斯投影平面上的计算过程，在此，仅列出距离改正的计算公式如式（11.15）所示：

$$D = S + \Delta S \tag{11.15}$$

式中　　D——高斯平面上的长度；

　　　　S——椭球面上的长度，

$$\Delta S \doteq \frac{y_m^2}{2R^2} S$$

其中　　　　$$y_m = \frac{1}{2}(y_1 + y_k)$$

其中　　y——横坐标自然值，由近似坐标计算获得。

本例中，苏家至长山 $\Delta S = 1.098$，故 $D = 7\,070.809$ m。

四、观测成果质量检查

（一）边长条件（极条件）闭合差计算

计算公式如式（11.16）所示：

$$\omega_{\lg S} = \lg S_0 + \sum_{i=1}^{n} (\lg \sin a_i - \lg \sin b_i) - \lg S_n \tag{11.16}$$

式中　　$\omega_{\lg S}$——边长条件对数闭合差；

　　　　S_0、S_n——分别是投影到高斯平面后的起算边长和终了边长；

　　　　a_i、b_i——分别是投影到高斯平面后的传距角；

　　　　n——所经三角形的个数。

闭合差限差的计算公式为

$$(\omega_{\lg S})_{\text{限}} \leqslant 2\sqrt{2m_{\lg so}^2 + [\delta\delta]m^2} \tag{11.17}$$

式中　　δ——传距角正弦对数秒差；

　　　　m——测角中误差；

　　　　$m_{\lg S0}$——起算边对数中误差。

至于极条件闭合差及限差公式，因其推算的开始与结束是同一条边，故式（11.16）中的 $S_0 = S_n$，从而式中 $m_{\lg S0}$ 略去，即不计起算边对数中误差的影响，便使该两式转化为极条件的相应公式。

图 11.5 是本项目列举的控制网，图中注明了归化到高斯平面上的三角形各角，三角形最大闭合差为 $\pm 2.1''$，均满足规范要求。本例极条件闭合差计算如表 11.8 所示。

$\omega_{\text{限}} = 2m\sqrt{[\delta\delta]} = 29.84$，故本例合格。

本例应用小型计算器计算，故正弦对数栏未一一填写，而直接写出累加数。

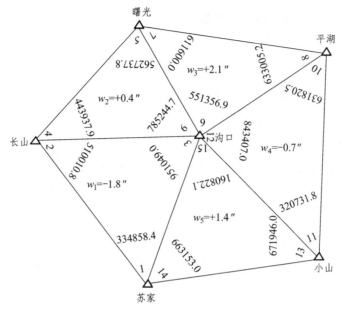

图 11.5　控制网计算图

表 11.8　极条件闭合差计算

角　号	角　值	正弦对数	δ	角　号	角　值	正弦对数	δ
1	33°48′58.4″		3.14	2	51°00′10.8″		1.70
4	44°39′37.9″		2.13	5	56°27′37.8″		1.40
7	61°16′00.0″		1.15	8	63°30′05.2″		1.05
10	63°18′20.5″		1.06	11	32°07′31.8″		3.35
13	67°19′46.0″		0.88	14	66°31′53.0″		0.91
	$\sum$ = 49.451 450 8				$\sum$ = 49.451 455 5		
					w = −4.7		

此外，按四等三角网要求，故测角中误差按规范给出的 $m = 2.5″$ 计算。

（二）方位角和坐标条件闭合差的计算

计算公式如式（11.18）所示：

$$
\left.\begin{aligned}
w_T &= T_0 + \sum_{i=1}^{n}(\pm C_i) - j \times 180° - T_n \\
w_x &= x_0 + \sum_{i=1}^{n} S_i \cos T_i - x_n \\
w_y &= y_0 + \sum_{i=1}^{n} S_i \sin T_i - y_n
\end{aligned}\right\}
\qquad (11.18)
$$

式中，x_0、y_0、T_0 和 x_n、y_n、T_n 分别是起点和终点的平面坐标和方位角；C_i、S_i、T_i 分别是推算

项目四　控制测量概算

路线上的间隔角，边长和方位角。这些数据按照控制网的种类不同，有的是直接观测值，有的则是观测值的函数。j 为转折角个数。

方位角限差公式如式（11.19）所示：

$$(w_T)_{限} = 2\sqrt{2m_T^2 + nm^2} \qquad\qquad (11.19)$$

至于坐标闭合差的限差公式，往往导入纵横向位差 m_L、m_Q 的限差公式，而公式的推导是建立在固定在两高级点间的直伸等边导线的基础上的。这一前提具有一定的典型意义，因此，在实用上往往是规定 $w_x^2 + w_y^2 < (m_L^2)_{限} + (m_Q^2)_{限}$，就实际作业而言，一般不考虑此项限差。

【习题练习】

1. 试述控制测量概算的目的、内容、工作程序和意义。
2. 在概算工作中，归心改正计算及方向改正计算要求近似边长达到什么精度？为什么？

第二部分　技能训练项目

技能项目一　控制网技术设计说明书编制

一、目　的

通过技术说明书的编写，对文字、图像、表格、公式等各种书面符号进行综合应用，培养科技写作的实际能力。

二、要　求

（1）设计的项目和内容齐全、符合大纲的要求。设计由以下几阶段组成：根据技术任务书进行设计构思、绘制设计图和进行各项计算、编制工程设计说明书；

（2）全部设计的论点正确、深刻，明确表示设计人所提出的主张、意见和看法。论据真实、典型、充分、新颖，要求公式推导正确，方案可行；

（3）技术设计说明书的编写应做到：精确（确切无误）、简约（语意精粹，容量较大）、清晰（体现鲜明的逻辑性、条理性、确定性）、平实（质朴无华、庄重严谨）。图形语言（表、图等）要能说明问题，易于理解，简洁清晰，安排得当。

三、设计题目、内容和顺次

（1）设计题目

××测区控制网技术设计。

（2）设计内容和顺次

① 阅读领会任务通知书，熟悉测区地理条件及原有测绘成果等情况；

② 对原有控制测量成果进行分析和评定，确定其利用程度；

③ 选择平面坐标系统和高程系统，拟订起始数据的配置和处理方案；

④ 确定控制网等级及布网方式，确定作业技术依据；

⑤ 进行平面控制网的选点设计，做出精度估算；

⑥ 对多个方案进行对比分析，选出最佳方案；

⑦ 在地形图上进行高程控制网的选线设计，确定水准网和三角高程控制网的联测方案，并做出精度估算；

⑧ 确定觇标、标石规格，制定观测纲要；

⑨ 编制建网进度计划表、经费预算表及技术设计说明书；

⑩ 绘制所设计的平面控制网和高程控制网。

【例 2.1.1】 ××测区控制网设计任务通知书（范例）

××测绘队：

××测区位于成都崇州市羊马镇，随着旅游事业的发展，该地区已列入国家旅游建设规划，准备重点开发并建设世界级湿地公园。为满足测区范围内测绘 1∶500 地形图和工程建设的需要，决定在测区建立统一的具有足够精度和密度的平面控制网和高程控制网。

控制网既要满足目前建设需要，又要适当考虑将来建设发展的需要。要求布设的控制网以四等网作为测区的基本控制。测区范围：东经×度×分×秒至×度×分×秒，北纬×度×分×秒至×度×分×秒。测区面积大约 12 km^2。

作业技术要求：按中华人民共和国国家标准 GB 50026—93《工程测量规范》执行。要求你队在接到任务通知书后××月内完成设计任务。并按规定提交合格的设计说明书及相关资料。

××工程建设指挥部

××年××月××日

四、技术设计说明书编写提纲

1．任务概述

说明任务的名称、来源、测区范围、地理位置、行政隶属、任务量和采用技术依据。

2．测区自然地理概况

说明测区地理特征、居民地、交通、气候等情况，并划分测区困难类别。

3．已有资料的分析、评价和利用情况

说明已有资料的作业单位，施测年代，作业所依据的标准、所采用的平面、高程基准，已有资料的质量评价和可能利用的情况。

4．设计方案

（1）平面控制网布设方案阐述。

① 控制网采用的平面基准和起始数据的配置及处理；

② 首级网等级和布网方式和加密网的形式；

③ 各级控制网（点）精度估算的简要过程及结果；

④ 从经济、技术、精度指标对比论证，确定最佳方案。

（2）高程控制网布设方案阐述。

① 水准网等级、路线长度及水准测量的实施；

② 网中最弱点精度估算的简要过程及结果。

（3）三角高程导线网布设方案阐述。

① 施测方案图形；

② 网中最弱点精度估算的简要过程及结果。

（4）技术依据及作业方法。

① 执行国家相关的测量规范及补充的施测细则；

② 觇标及标石类型及埋设方法；

③ 仪器的选择及检验项目要求；

④ 观测方法和各项限差要求；

⑤ 概算内容和平差方法。

（5）工作量综合计算及作业进程计划表。

（6）需要的主要装备、仪器、材料及经费预算。

（7）附件。

① 踏勘报告；

② 可供利用资料的清单；

③ 技术设计图；

④ 技术设计说明书；

⑤ 附图、附表。

五、课程设计完成后应提交的资料

（1）供图上设计用的 1∶1 000 地形图；其上应用不同颜色及符号标明各设计方案的具体网点。

（2）1∶1 000 比例尺××测区控制网设计图；在图上按图式绘出所设计的平面网和高程网，需标明已知点和新布设未知点的点位及点名，以及起始边、水准联测路线、主要的交通线、水系、城镇、重要地物和图例。

（3）技术设计说明书。

技能项目二　控制布网

一、目　的

根据控制测量技术设计书的内容实地进行控制网的布设，学会正确选择控制点的位置，掌握控制点的标记、标石埋设等工作，熟悉编写控制点点之记。

二、要　求

（1）正确选择控制点的位置。
（2）点位标记与埋石。
（3）编制控制点点之记，绘制控制网缩略图。

三、实习步骤

（1）到测绘仪器室领取油漆、钉锤、铁钉、木桩、记录板等工具。
（2）测区实地踏勘。
（3）根据控制网技术设计进行现场确认点位。
（4）用油漆配合铁钉、木桩之类将点位标定。
（5）编制点之记。
（6）绘制控制网缩略图。

四、注意事项

（1）实习前要认真阅读控制测量技术设计书。
（2）严格遵守控制测量技术设计书的计划安排。
（3）注意油漆的使用，避免漏洒油漆，破坏校园环境。

五、仪器及工具

每实习小组借用油漆、铁钉、钉锤、一块记录板，自备铅笔和记录纸。

技能项目三 精密光学经纬仪认识及读数练习

一、目 的

了解精密光学经纬仪的基本结构及各螺旋的作用,学会正确操作仪器,懂得读数的方法。

二、要 求

(1)将精密光学经纬仪与课本上的仪器图进行对照,了解仪器的各部分的名称及作用。

(2)学会照准目标。

(3)在读数显微镜中观察度盘及测微器成像情况,学会重合读数的方法。

三、实习步骤

(1)先将脚架架到适当高度,并使其架头大致水平,将经纬仪箱中取出,双手握住仪器的支架,或一手握住支架,一手握住基座,严禁单手提取望远镜部分。

(2)整平仪器,整置方法同普通经纬仪一样。

(3)熟悉各螺旋的用途,练习使用,并练习用望远镜精确瞄准远处的目标,检查有无视差,如有视差,则转动调焦螺旋消除之。

(4)练习水平度盘和竖直度盘读数。

(5)练习配置水平度盘的方法。

四、注意事项

(1)实习前要复习课本上有关内容,了解实习内容及要求。

(2)严格遵守测量仪器的使用规则。

(3)J_2 光学经纬仪是精密测角仪器,在使用过程中必须备加爱护,杜绝损坏仪器的事故发生。

五、仪器工具

每实习小组借用一套 J_2 光学经纬仪、一块记录板,自备铅笔和记录表。

技能项目四　高精度全站仪认识和使用

一、目　的

学会并掌握高精度全站仪的结构和操作的方法。

二、要　求

（1）熟悉精密全站仪的构造和各部位的作用。
（2）熟悉全站仪的测角测距方法。
（3）掌握全站仪的基本操作方法和使用全站仪测角测距。

三、实习步骤

（1）先将脚架架到适当高度，并使其架头大致水平，将全站箱中取出，双手握住仪器的支架，或一手握住支架，一手握住基座，严禁单手提取望远镜部分。
（2）整平仪器，整置方法同普通经纬仪一样。
（3）熟悉各螺旋的用途，练习使用，并练习用望远镜精确瞄准远处的目标，检查有无视差，如有视差，则转动调焦螺旋消除之。
（4）熟悉全站仪的基本结构和各部件。
（5）水平度盘和竖直度盘读数练习。
（6）全站仪距离测量练习。

四、注意事项

（1）严格遵守测量仪器的使用规则。
（2）精密全站仪是精密测角仪器，价格昂贵，在使用过程中必须倍加爱护，杜绝损坏仪器的事故发生。
（3）认真完成所有技能训练任务。

五、上交资料

每个人应上交一份水平度盘读数、竖直度盘读数、水平距离测量的记录和计算的合格成果。

六、仪器及工具

每小组借用 1″级全站仪一套、记录板一块，自备铅笔和记录表格。

技能项目五　角观测法测量水平角

一、目　的

学会并掌握精密水平角测量方法。

二、要　求

（1）熟悉精密全站仪的构造和各部位的作用。
（2）熟悉全站仪的测角方法。
（3）掌握角观测法测量水平角的操作及记录计算。
（4）以每个测站上测量 5 个测回的要求完成控制网所有的水平角测量工作。

三、实习步骤

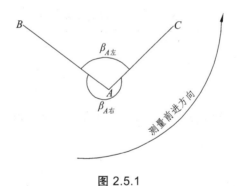

图 2.5.1

以图 2.5.1 为例，进行如下操作：

（1）第 1 测回属于奇数测回，应该测 $\beta_{A左}$：盘左位置精确照准 B 目标，将度盘配置在 0°00′ 附近，顺时针旋转照准部瞄准 C 目标，读记水平度盘读数，得到上半测回角度值 $\beta_{A左1上半测回}$；倒转望远镜盘右位置照准目标 C，读记水平度盘读数，逆时针旋转照准部瞄准 B 目标，读记水平度盘读数，得到下半测回角度值 $\beta_{A左1下半测回}$，则本测回最终结果为

$$\beta_{A左1} = \frac{\beta_{A左1上半测回} + \beta_{A左1下半测回}}{2}$$

（2）第 2 测回属于偶数测回，应该测 $\beta_{A右}$：盘左位置精确照准 B 目标，按照度盘配置公式将度盘位置调整至计算位置，此时先不记录此数据。顺时针旋转照准部瞄准 C 目标，读记水平度盘读数，再顺时针旋转瞄准 B 目标，读记水平度盘读数，得到上半测回角度值

$$\beta_{A右2上半测回} = B \text{方向读数} - C \text{方向读数};$$

倒转望远镜盘右位置照准目标 B，读记水平度盘读数，逆时针旋转照准部瞄准 C 目标，读记水平度盘读数，得到下半测回角度值

$$\beta_{A右2下半测回} = B \text{方向读数} - C \text{方向读数}$$

则本测回最终结果为 $\beta_{A右2} = \dfrac{\beta_{A右2上半测回} + \beta_{A右2下半测回}}{2}$

（3）以此类推，第 3 测回、第 4 测回、第 5 测回可以依次得到结果：$\beta_{A左3}$、$\beta_{A右4}$、$\beta_{A左5}$。

则最终 5 测回观测完成以后可以得到：

$$\beta_{A左} = \frac{\beta_{A左1} + \beta_{A左3} + \beta_{A左5}}{3}$$

$$\beta_{A右} = \frac{\beta_{A右2} + \beta_{A右4}}{2}$$

以此可以计算圆周角闭合差：$\Delta = \beta_{A左} + \beta_{A右} - 360°$，并根据表 2.5.1 的限差要求判断观测成果质量是否合格。

表 2.5.1　不同导线的线差要求

导线等级	二	三	四	五
$\Delta/''$	2.0	3.5	5.0	8.0

（4）若圆周角闭合差没有超限，则可以计算观测角的平差值：

$$\hat{\beta}_{A左} = \beta_{A左} - \frac{\Delta}{2}$$

$$\hat{\beta}_{A右} = 360° - \hat{\beta}_{A左}$$

四、注意事项

（1）正确使用精密全站仪进行测角，每个测回起始方向必须置盘。
（2）偶数测回测量右转角时仍然在左转角的起始方向上置盘。
（3）测量过程中必须使各项限差符合要求。

五、上交资料

每个实习小组应上交一份角观测法水平角测量的记录和计算的合格成果。

六、仪器及工具

每小组借用 1″ 级全站仪一套、记录板一块、记录表若干，自备铅笔。

七、记录计算表（见表 2.5.2）

表 2.5.2　水平角观测记录表（角观测法）

日　　期＿＿＿＿＿＿　　　　　天　气＿＿＿＿＿＿＿　　　　　仪　器＿＿＿＿＿＿

观测者＿＿＿＿＿＿　　　　　记录者＿＿＿＿＿＿＿　　　　　检查者＿＿＿＿＿＿

测站 （测回）	目标	竖盘 位置	水平度盘读数 /（° ′ ″）	半测回角值 /（° ′ ″）	一测回角值 /（° ′ ″）	各测回均值 /（° ′ ″）	备注
O（1）奇、 测左角						1、3、5 测回左 角均值：	
O（2）偶、 测右角							
O（3）奇、 测左角							
O（4）偶、 测右角						2、4 测回右角 均值：	
O（5）奇、 测左角							

辅助计算：$\Delta = \beta_{左} + \beta_{右} - 360° =$　　　　　　　　　$\hat{\beta}_{左} = \beta_{左} - \dfrac{\Delta}{2} =$

$\hat{\beta}_{右} = 360° - \hat{\beta}_{左} =$　　　　　　　　　四等导线网 $\Delta \leqslant 5″$

技能项目五　角观测法测量水平角

173

技能项目六　三联脚架法测导线

一、目　的

学会并掌握三联脚架法测量原理。

二、要　求

（1）熟悉精密全站仪的构造和各部位的作用。
（2）熟悉三联脚架法搬站操作。
（3）掌握三联脚架法的优点。
（4）使用三联脚架法测量整个控制网所有边长。

三、实习步骤

如图 2.6.1 所示的导线测量中，当从测站点 B 迁站至测站点 C 时，上方箭头表示的是常规的迁站方法，即将 B 点的仪器和脚架一起搬至 C 点，将 A 点的棱镜和脚架一起搬至 B 点，将 C 点处的棱镜和脚架一起搬至 D 点；而图中下方箭头表示的是三联脚架法的迁站方法，即将 A 点处的棱镜和脚架一起搬至 D 点，仅松开 B 点和 C 点处仪器或者棱镜与之基座连接的锁，将仪器或棱镜与基座分离，脚架和基座均保持不动，将 B 点与基座分离后的仪器和 C 点与基座分离后的棱镜进行交换。

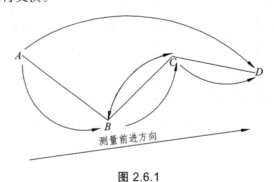

图 2.6.1

四、注意事项

（1）严格遵守测量仪器的使用规则。
（2）精密全站仪是精密测角仪器，价格昂贵，在使用过程中必须倍加爱护，杜绝损坏仪器的事故发生。
（3）认真完成所有技能训练任务。

五、上交资料

每个实习小组应上交一份距离测量的记录和计算的合格成果。

六、仪器及工具

每小组借用 1″ 级全站仪一套、记录板一块、记录表若干，自备铅笔。

七、思考题

1. 三联脚架法搬站时如何具体操作？
2. 三联脚架法有何优点？

技能项目六 三联脚架法测导线

技能项目七　四等方向观测法观测水平角

一、目　的

学会用1″级全站仪按方向法进行观测，并掌握此法的操作程序和计算方法。并了解测站上各项限差要求。

二、要　求

（1）预习好方向观测法的观测程序。

（2）弄清方向观测法记录表格的记录方法。

（3）每人至少测1~2个合格测回，全组完成一套9个测回合格成果。

（4）限差要求：

① 半测回归零差8″。

② 一测回内2C互差13″。

③ 化归同一零方向后，同一方向值测回较差9″。

（5）对不合格的成果返工重测。

三、实习步骤

一测回的操作程序如下：

（1）在测站上，选定远处的四个方向为观测目标，并确定距离适中，通视良好，成像清晰的某一方向作为零方向。

（2）安置仪器后，将仪器照准零方向目标，按观测度盘表（见表2.7.1）配置好度盘和测微器。

表 2.7.1　观测度盘表

测回数	I		II		III		IV		V		VI	
度盘位置	0	00	30	10	60	21	90	32	120	43	150	54

（3）顺时针方向旋转照准部1~2周后，精确照准零方向，进行水平度盘和测微器读数。

（4）顺时针方向旋转照准部，精确照准2方向目标，按（3）方法进行读数；继续顺时针方向旋转照准部依次进行3、4方向的观测，最后闭合至零方向，再观测零方向（当观测方向数≤3时，可不必归零方向）。

（5）纵转望远镜，逆时针方向旋转1~2周，精确照准零方向，按（3）方法进行读数。

（6）逆时针方向旋转照准部，按上半测回观测的相反次序 4、3、2 直至零方向，以上观测程序称为一个测回。

四、注意事项

（1）观测程序及记录要严守操作规程。
（2）观测中要注意消除视差。
（3）记录者向观测者回报后再记，记录中的计算部分应训练用心算进行。

五、上交资料

每小组上交一份 4 个方向 9 测回的合格成果。

六、仪器及工具

每小组借用一套 1″ 级的全站仪和一块记录板；自备铅笔和记录表格。

七、思考题

1. 视差是如何产生的？视差对水平角观测的精度有何影响？如何发现视差？怎样消除它？
2. 如何选择好零方向？选择好零方向对观测有什么好处？

八、记录表格（见表 2.7.2）

表 2.7.2　四等方向观测记录表

| 测站 | 测回 | 目标 | 水平度盘读数 | | 2C ″ | 均值 = [左 + (右 ± 180°)]/2 / (° ′ ″) | 归零后方向值 / (° ′ ″) | 各测回归零后方向均值 / (° ′ ″) | 水平角 / (° ′ ″) | 备注 |
			盘左 / (° ′ ″)	盘右 / (° ′ ″)						

测站	测回	目标	水平度盘读数		2C ″	均值＝[左＋ (右±180°)]/2 /（°′″）	归零后 方向值 /（°′″）	各测回归 零后方向 均值 /（°′″）	水平角 /（°′″）	备注
			盘左 /（°′″）	盘右 /（°′″）						
归零差					$\Delta_{左}=$			$\Delta_{右}=$		

技能项目八　垂直角观测

一、目　的

掌握中丝法观测垂直角的方法和记录计算。

二、要　求

（1）弄清三角高程测量的原理和计算方法。

（2）每人至少用中丝法测定 2 个方向 2 个测回垂直角和记录、计算。

三、实习方法和步骤

观测方法有中丝法和三丝法两种。按规范规定，当采用中丝法观测时应测四测回，采用三丝法观测时应测二测回，所谓测回是盘左，盘右各照准目标一次。

中丝法是指用水平丝中丝照准目标读数，而三丝法则是指用上、中、下三根水平丝依次照准目标读数。

下面以 J_2 光学经纬仪采用三丝法为例，说明垂直角一测回的观测步骤：

（1）在实习场地上的控制点上安置仪器，同时量取仪器高。

（2）首先打开自动补偿器锁紧手轮，盘左位置用水平丝上丝照准目标，一般是精确照准觇标的顶部，进行垂直度盘读数，得上丝盘左读数 L 上，转动竖直微动螺旋，用中丝照准觇标的顶部，进行垂直度盘读数，得中丝盘左读数 L 中，再转动垂直微动，用下丝照准觇标的顶部，进行垂直度盘读数，得下丝盘左读数 L 下。

（3）纵转望远镜，用盘右位置按上、中、下方法照准读数，但记录要由下、中、上记录。

每次照准目标需用测微轮重合两次读数，读数记入观测手簿后，根据垂直角（天顶距）和指标差公式，进行计算，以指标差互差变动范围来衡量观测精度，并满足规范中相应的限差规定。

四、注意事项

（1）实习前要复习课本中有关内容，了解实习的目的和要求。

（2）观测程序及记录要严守操作规程。

（3）观测中要消除视差。

（4）记录者向观测者回报后再记，记录中的计算部分应训练用心算进行。

五、上交资料

每人上交一份二方向两测回的合格成果。每组提交 5 点以上的闭合导线垂直角观测的合格成果。

六、仪器与工具

每实习小组借用全站仪一套、伞一把、记录板一块，自备铅笔、记录表格。

七、记录表格（见表 2.8.1）

表 2.8.1　竖直角观测记录手簿

仪器_____　　　班组_____　　　观测者_____
天气_____　　　日期_____　　　记录者_____

测站	目标	竖盘位置	竖盘读数/（° ′ ″）	半测回竖直角/（° ′ ″）	指标差/（″）	一测回竖直角/（° ′ ″）	备注

技能项目九　精密导线测量

一、目　的

（1）理解全站仪导线测量意义。

（2）掌握全站仪精密导线测量方法。

二、要　求

对全站仪精密导线测量实施和平差计算过程要熟悉掌握。

三、实习步骤

如图 2.9.1 所示，B 点坐标以及 AB 边的方位角由现场确定，P_1、P_2、P_3、P_4 为待定点。$BP_1P_2P_3P_4B$ 组成一条闭合导线。要求使用全站仪通过测距、测角方法施测该导线，并采用近似平差方法计算各待定点坐标。水平角观测采用方向法，观测数据记于表 2.9.1 中；水平距离观测数据记于表 2.9.2 中；坐标计算在表 2.9.3 中进行。

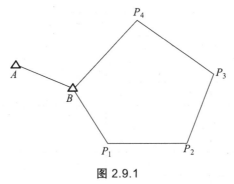

图 2.9.1

实习的具体要求如下：

（1）观测要求：

① 水平角观测 1 测回；

② 距离测量往测 1 测回（4 次读数），测站读记温度、气压并输入全站仪，直接读记平距；

③ 不允许用三联角法观测。

（2）取位规定：

① 温度计读数至 0.2 ℃，气压计读数取至 1 hPb 或 1 mmHg；

② 角度取至（″）；

③ 距离取至 mm；

④ 坐标取至 mm。

（3）限差规定：

① 对中误差≤3 mm，水准管气泡偏差＜1格；

② 水平角观测：一测回 $2C$ 互差≤13″；

③ 距离测量：一测回读数差≤5 mm。

（4）精度要求：

① 导线内角和闭合差 $\leqslant \pm 40'' \sqrt{n}$；

② 导线全长闭合差≤1/3 000。

表 2.9.1　水平角观测记录表

学校：_____　　　　观测者：_____　　　　记录者：_____

测站	竖盘位置	目标	水平度盘读数/(° ′ ″)	半测回角值/(° ′ ″)	一测回角值/(° ′ ″)

表 2.9.2　距离（平距）测量记录表

温度：_____℃　　　　气压：_____hPb

边名	距离/m			一测回距离平均值/m	备注
	读数 1	读数 2	读数 3		

表 2.9.3　导线测量手簿

测区：＿＿＿＿＿
观测：＿＿＿＿＿　仪器：＿＿＿＿＿　日期：＿＿＿＿＿
记录：＿＿＿＿＿　天气：＿＿＿＿＿
第＿＿＿页　共＿＿＿页

测站	测回	仪器高/m	测点	边长/m	水平角						天顶距					目标高/m
					盘左(L)	盘右(R)	2C	方向值均值	一测回归零值	多测回归零值	盘左(L)	盘右(R)	较差	一测回天顶距	多测回天顶距平均值	

注：2″级全站仪测角时应满足：2C 互差≤13″；单个 2C 值≤30″；同一方向值各测回互差≤9″；X 较差≤15″；垂直角互差≤15″。

183

四、仪器及工具

每实习大组借用一台全站仪、单棱镜及框两个、脚架三个、电池一个、测伞一把、罗盘仪一台，自备铅笔和记录纸。

五、思考题

1. 控制测量中为什么用全站仪测量导线的边长和转折角，而不是直接测量导线点坐标？
2. 如何建立独立坐标系统？

技能项目十　精密水准仪和水准尺的认识及读数练习

一、目　的

了解精密水准仪和铟钢水准尺的基本结构，以及各螺旋的作用。初步学会精密水准仪的使用和读数方法。

二、要　求

（1）将仪器与书本上仪器外貌图对照，熟悉仪器各部件的名称及其作用，着重比较不同仪器的特点。

（2）掌握几种仪器在水准尺上的读数方法，了解测微器的测微工作原理。

（3）了解精密水准尺的特点，它与一般普通水准尺有何区别。

三、仪器及工具

每实习组借用不同的精密水准仪一套、因钢水准尺一把、尺台一个、扶杆二根、记录板一块、测伞一把，自备铅笔和记录手簿。

四、思考题

1. 仔细观察精密水准仪的光学测微器的构造，当旋进测微螺旋时，平行光学玻璃板是前倾还是后仰？测微器上的读数是增加还是减少？

2. 符合水准气泡移动方向与微倾螺旋转动方向有何关系？

3. 精密水准标尺为什么要配备两根挟杆？

技能项目十一 视准轴与水准轴相互关系检验与校正

一、目 的

（1）明确水准仪视准轴与水准轴之间的正确关系。

（2）掌握水准仪交叉误差和三角误差检验与校正的操作程序和成果整理方法。

二、实习步骤

1. 交叉误差的检验与校正

如果仪器存在交叉误差，整平仪器后，当仪器绕视准轴左右倾斜时，水准气泡就会出现反向移动的现象，如果竖轴左右倾斜的角度相同，则气泡反向移动的量也相等。交叉误差的检验就是按这个原理进行的。

检验和校正步骤如下：

（1）将水准尺置于距水准仪约 50 m 处，并使一个脚螺旋位于望远镜至水准尺的方向上，如图 2.11.1 所示。

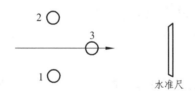

图 2.11.1 水准仪位置图

（2）转动倾斜螺旋使符合水准器气泡精密符合，再旋转测微螺旋使楔形丝精确夹准水准尺上的一个分划线，并记录水准尺与测微器分划尺上的读数。在整个检验过程中应保持不变，也即应保持视准方向不变。

同时相对转动望远镜两侧的脚螺旋两周，使仪器绕视准轴向一侧倾斜（注意楔形丝仍夹准原分划线），这时观察并记录水准气泡的偏移方向和大小。

如果气泡影像偏离，再按与图 2.11.1 中与 3 相反的方向相对转动两个脚螺旋两周，使楔形丝仍夹准水准尺的原分划线条件下，水准气泡符合。

（3）再同时与图 2.11.1 中了相反的方向相对转动两个脚螺旋两周，使仪器绕视准轴向另一侧倾斜，观察并记录水准气泡的偏移方向和大小。

在上述仪器向两侧倾斜的情况下，若水准气泡的影像仍将保持符合或同方向偏移相同距离，则说明不存在交叉误差。若水准气泡异向偏离相等距离，则说明有交叉误差。规范规定，当水准气泡两端异向分离量大于 2 mm 时，应进行校正。校正方法：将管水准器侧方的校正螺丝松开，再拧紧另一侧的校正螺丝，使管水准器左右移动，直到气泡影像符合为止。

2．i 角的检验与校正（见图 2.11.2）

在精密水准测量中测定 i 角的通用方法及步骤如下：

（1）选择一平坦地段在直线上用钢尺量取三段距离，各段长均为 20.6 m，分别在两端点 J_1、J_2 和分点 A、B 上各打一木桩，并钉一圆帽钉。

（2）分别在 J_1、J_2 安置水准仪，在 A、B 两点上竖立水准标尺。在 J_1 点整平仪器，使符合水准器气泡精密符合，先后照准 A、B 两标尺各读数四次分别取中数为 a_1，b_1；同样在 J_2 点整平仪器，使符合水准气泡精密符合，读得 A、B 标尺各读数四次，分别取中数为 a_2，b_2。

（3）i 角的计算：

由图 2.11.2 可知，若仪器没有 i 角误差影响时，在 J_2 点，水平视线在 A、B 标尺上的正确读数应为 a_1'、b_1'，所以由于角引起的误差分别为 $\varDelta$、$2\varDelta$；同样在 J_2 点水平视线在 A、B 标尺上的正确读数 a_2'、b_2'，i 角引起的误差分别为 $2\varDelta$、$\varDelta$。

（4）最后结果计算：

$$\varDelta = \frac{1}{2}[(a_2 - b_2) - (a_1 - b_1)]$$

$$I = \rho'' \frac{\varDelta}{s} = 10\varDelta''$$

式中，$(a_2 - b_2)$ 和 $(a_1 - b_1)$ 分别为仪器在 J_2 和 J_1 读数平均数之差，$\varDelta$ 以 mm 为单位。如果 i 角大于 15″，就需要进行校正。

（5）校正的方法和步骤：

在 J_2 测站上进行校正，先根据检验结果计算出水准标尺上的正确读数 a_2'。

转动测微螺旋将 a_2' 的 cm 以下的数配置在测微轮上，然后转动倾斜螺旋使楔形丝精确夹准水准标尺上分划注记等于 a_2' 的 cm 以上的大数。这时水准气泡影像分离，校正水准器上、下校正螺丝，使气泡影像精密符合为止。校正后，再检查另一水准标尺 B 上的读数是否等于正确读数 $b_2' = b_2 - \varDelta$，否则还应反复进行检查校正。

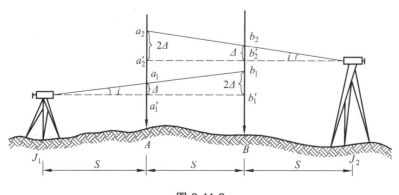

图 2.11.2

三、记录表格（见表 2.11.1）

表 2.11.1　实习数据记录表

仪器站	观测次序	标尺读数		高差 $(a-b)$ /mm	i 角计算
		A 尺读数 a	B 尺读数 b		
J_1	1				
	2				
	3				
	4				
	中数				
J_2	1				
	2				
	3				
	4				
	中数				

技能项目十二 二等精密水准测量

一、目 的

（1）通过一条水准环线的施测，掌握二等精密水准测量的观测和记录，使所学知识得到一次实际的应用。

（2）熟悉精密水准测量的作业组织和一般作业规定。

二、要 求

（1）每组选定一条 0.6~1.0 km 的闭合水准环线，每人完成不少于一个测站上的观测、记录、打伞、扶尺、量距的作业。

（2）计算环线闭合差。

三、实习步骤

1．作业步骤

精密水准观测组由 8~9 人组成，具体分工是：观测一人，记录一人，打伞一人，扶尺二人，量距二人。

2．限差及作业规定

（1）视线高度不得低于 0.5 m，视线长度一般取不大于 50 m，前后视距差应小于 1 m。测段距离累积差小于 3 m。

（2）一测段的测站数布置成偶数，仪器和前后标尺应尽量在一条直线上。

（3）观测时要注意消除视差，气泡严格居中，各种螺旋均应旋进方向终止。

（4）视距读至 1 mm，基辅分划读至 0.1 mm，基辅高差之差 ≤0.6 mm。

（5）上丝与下丝的平均值与中丝基本分划之差，对于 0.5 cm 刻划标尺应 ≤1.5 mm，对于 1.0 cm 刻划标尺应 ≤3.0 mm。

（6）各项记录正确整齐，清晰，严禁涂改。原始读数的米、分米值有错时，可以整齐地划去，现场更正，但厘米及其以下读数一律不得更改，如有读错记错，必须重测，严禁涂改。

（7）每一站上的记录、计算待检查全部合格后才可迁站。

（8）测完一闭合环计算环线闭合差，其值应小于 $\pm 4\sqrt{L}$ mm，L 为环线长度，以公里为单位。

3．观测程序

精密水准测量中采用如下的观测程序：

（1）往测奇数站的观测程序为：后—前—前—后。

189

（2）往测偶数站的观测程序为：前一后一后一前。

（3）返测奇数站的观测程序为：前一后一后一前。

（4）返测偶数站的观测程序为：后一前一前一后。

在一个测站上的观测步骤（以往测奇数站为例）为：

（1）将仪器整平。

（2）望远镜对准后视水准标尺，转动倾斜螺旋使符合水准气泡两端影像分离不得大于 3 mm，用上、下视距丝平分水准标尺的相应基本分划读取视距。读数时标尺分划的位数和测微器的第一位数共四个数字要连贯出。

（3）转动倾斜螺旋使气泡影像精密符合，并转动测微螺旋使楔形丝照准基本分划，读分划线三位数和测微器二位数。

（4）旋转望远镜照准前视水准尺，使气泡精密居中，用楔形丝照准基本分划并读数，然后按下、上丝视距丝读取视距。

（5）用楔形丝对准辅助分划进行读数。

（6）再转向后视标尺，转动倾斜螺旋使气泡影像精密符合，进行辅助分划的读数。

至此一个测站的观测工作结束。以上为奇数的后一前一前一后观测程序，偶数站的观测程序为前一后一后一前。

4．手薄记录

手薄记录计算如表 2.12.1 所示。

表 2.12.1　观测手薄

观测_____　　记录_____　　计算_____
班级_____　　组别_____　　天气_____

测站编号	后尺	下丝	前尺	下丝	方向尺	标尺读数		基+K减辅 ①－②	备注
		上丝		上丝		基本分划 ①	辅助分划 ②		
	后距		前距						
	视距差 d		∑d						
					后				
					前				
					后－前				
					h				
					后				
					前				
					后－前				
					h				
					后				
					前				
					后－前				
					h				

测站编号	后尺	下丝	前尺	下丝	方向尺	标尺读数		基+K减辅 ①－②	备注
		上丝		上丝		基本分划 ①	辅助分划 ②		
	后距		前距						
	视距差 d		∑d						
					后				
					前				
					后－前				
					h				
					后				
					前				
					后－前				
					h				
					后				
					前				
					后－前				
					h				
					后				
					前				

四、注意事项

（1）在观测中，不允许为通过限差规定而凑数，以免成果失去真实性。

（2）记录员除了记录和计算外，还必须检查观测条件是否合乎规定，限差是否满足要求，否则应及时通知观测员重测。记录员必须牢记观测程序，注意不要记录错误。字迹要整齐清晰，不得涂改，更不允许描字和就字改字。在一个测站上应等计算和检查完毕，确信无误后才可搬站。

（3）扶尺员在观测之前必须将标尺立直扶稳。严禁双手脱开标尺，以防摔坏标尺的事故发生。

（4）量距要保证通视，前、后视距相等和一定的视线高度，并尽量使仪器和前后标尺在一直线上。

五、仪器及工具

每组借用精密水准仪一套，因瓦水准尺一对，尺垫一副，测伞一把，扶杆四根，50 m 皮尺一把，记录板一块，自备铅笔，小刀和记录手簿。

技能项目十二 一等精密水准测量

191

六、上交资料

（1）观测手簿。

（2）环线闭合差计算成果（附水准路线成图）。

七、思考题

1. 水准测量有哪些限差规定？如何检核？

2. 什么叫做倾斜螺旋标准位置？为什么在观测之前要先找出标准位置？它在观测中有何作用？

附录 A 《工程测量规范》（GB 50026—2007）节选

3 平面控制测量

3.1 一般规定

3.1.1 平面控制的建立，可采用卫星定位测量、导线测量、三角形网测量等方法。

3.1.2 平面控制网精度等级的划分，卫星定位测量控制网依次为二、三、四等和一、二级，导线及导线网依次为三、四等和一、二、三级，三角形网依次为二、三、四等和一、二级。

3.1.3 平面控制网的布设，应遵循下列原则：

1. 首级控制网的布设应因地制宜，且适当考虑发展；当与国家坐标系统联测时，应同时考虑联测方案。

2. 首级控制网的等级，应根据工程规模、控制网的用途和精度要求合理确定。

3. 加密控制网，可越级布设或同等级扩展。

3.1.4 平面控制网的坐标系统，应在满足测区内投影长度变形不大于 2.5 cm/km 的要求下，作下列选择：

1. 采用统一的高斯投影 3° 带平面直角坐标系统。

2. 采用统一的高斯投影 3° 带，投影面为测区抵偿高程面或测区平均高程面的平面直角坐标系统；或任意带，投影面为 1985 国家高程基准面的平面直角坐标系统。

3. 小测区或有特殊精度要求的控制网，可采用独立坐标系统。

4. 在已有平面控制网的地区，可沿用原有的坐标系统。

5. 厂区内可采用建筑坐标系统。

3.2 卫星定位测量

（Ⅰ）卫星定位测量的主要技术要求

3.2.1 各等级卫星定位测量控制网的主要技术指标，应符合表 3.2.1 的规定。

表 3.2.1 卫星定位测量控制网的主要技术要求

等级	平均边长 /km	固定误差 A/mm	比例误差系数 B / （mm/km）	约束点间的边长相对中误差	约束平差后最弱边相对中误差
二等	9	≤10	≤2	≤1/250 000	≤1/120 000
三等	4.5	≤10	≤5	≤1/150 000	≤1/70 000
四等	2	≤10	≤10	≤1/100 000	≤1/40 000
一级	1	≤10	≤20	≤1/40 000	≤1/20 000
二级	0.5	≤10	≤40	≤1/20 000	≤1/10 000

3.2.2 各等级控制网的基线精度，按（3.2.2）式计算。

$$\sigma = \sqrt{A^2 + (Bd)^2} \qquad (3.2.2)$$

式中 σ——基线长度中误差，mm；

A——固定误差，mm；

B——比例误差系数，mm/km；

d——平均边长，km。

3.2.3 卫星定位测量控制网观测精度的评定，应满足下列要求：

1. 控制网的测量中误差，按（3.2.3-1）式计算：

$$m = \sqrt{\frac{1}{3N}\left[\frac{WW}{n}\right]} \qquad (3.2.3-1)$$

式中 m——控制网的测量中误差，mm；

N——控制网中异步环的个数；

n——异步环的边数；

W——异步环环线全长闭合差，mm。

2. 控制网的测量中误差，应满足相应等级控制网的基线精度要求，并符合（3.2.3-2）式的规定。

$$m \leqslant \delta \qquad (3.2.3-2)$$

（Ⅱ）卫星定位测量控制网的设计、选点与埋石

3.2.4 卫星定位测量控制网的布设，应符合下列要求：

1. 应根据测区的实际情况、精度要求、卫星状况、接收机的类型和数量以及测区已有的测量资料进行综合设计。

2. 首级网布设时，宜联测 2 个以上高级国家控制点或地方坐标系的高级控制点；对控制网内的边长，宜构成大地四边形或中点多边形。

3. 控制网应由独立观测边构成一个或若干个闭合环或附合路线：各等级控制网中构成闭合环或附合路线的边数不宜多于 6 条。

4. 各等级控制网中独立基线的观测总数，不宜少于必要观测基线数的 1.5 倍。

5. 加密网应根据工程需要，在满足本规范精度要求的前提下可采取比较灵活的布网方式。

6. 对于采用 GNSS-RTK 测图的测区，在控制网的布设中应顾及参考站点的分布及位置。

3.2.5 卫星定位测量控制点位的选定，应符合下列要求：

1. 点位应选在土质坚实、稳固可靠的地方，同时要有利于加密和扩展，每个控制点至少应有一个通视方向。

2. 点位应选在视野开阔，高度角在 15° 以上的范围内，应无障碍物；点位附近不应有强烈干扰接受卫星信号的干扰源或强烈反射卫星信号的物体。

3. 充分利用符合要求的旧有控制点。

3.2.6 控制点埋石应符合附录 B 的规定，并绘制点之记。

（Ⅲ）GNSS 观测

3.2.7 GNSS 控制测量作业的基本技术要求，应符合附表 3.2.7 的规定。

表 3.2.7 GNSS 控制测量作业的基本技术要求

等 级		二 等	三 等	四 等	一 级	二 级
接收机类型号		双频	双频或单频	双频或单频	双频或单频	双频或单频
仪器标称精度		$10\ mm + 2\times10^{-6}$	$10\ mm + 5\times10^{-6}$	$10\ mm + 5\times10^{-6}$	$10\ mm + 5\times10^{-6}$	$10\ mm + 5\times10^{-6}$
观测量		载波相位	载波相位	载波相位	载波相位	载波相位
卫星高度角 /（°）	静 态	≥15	≥15	≥15	≥15	≥15
	快速静态				≥15	≥15
有效观测卫星数	静 态	≥5	≥5	≥4	≥4	≥4
	快速静态				≥5	≥5
观测时段长度 /min	静 态	30～90	20～60	15～45	10～30	10～30
	快速静态				10～15	10～15
数据采样间隔 /s	静 态	10～30	10～30	10～30	10～30	10～30
	快速静态				5～15	5～15
点位几何图形强度因子 PDOP		≤6	≤6	≤6	≤8	≤8

3.2.8 对于规模较大的测区，应编制作业计划。

3.2.9 GNSS 控制测量站作业，应满足下列要求：

1. 观测前，应对接收机进行预热和静置，同时应检查电池的容量、接收机的内存和可储存空间是否充足。

2. 天线安置的对中误差，不应大于 2 mm；天线高的量取应精确至 1 mm。

3. 观测中，应避免在接收机近旁使用无线电通信工具。

4. 作业同时，应做好测站记录，包括控制点点名、接收机序列号、仪器高、开关机时间的测站信息。

（Ⅳ）GNSS 测量数据处理

3.2.10 基线解算，应满足下列要求：

1. 起算点的单点定位观测时间，不宜少于 30 min。

2. 解算模式可采用单基线解算模式，也可采用多基线解算模式。

3. 解算成果，应采用双差固定解。

3.2.11 GNSS 控制测量外业观测的全部数据应经同步环、异步环和复测基线检核，并应满足下列要求：

1. 同步环各坐标分量闭合差及环线全长闭合差，应满足（3.2.11-1）～（3.2.11-5）式的要求：

$$W_x \leqslant \frac{\sqrt{n}}{5}\delta \qquad\qquad (3.2.11\text{-}1)$$

$$W_y \leqslant \frac{\sqrt{n}}{5}\delta \qquad\qquad (3.2.11\text{-}2)$$

$$W_z \leqslant \frac{\sqrt{n}}{5}\delta \qquad\qquad (3.2.11\text{-}3)$$

$$W = \sqrt{w_x^2 + w_y^2 + w_z^2} \qquad\qquad (3.2.11\text{-}4)$$

$$W \leqslant \frac{\sqrt{3n}}{5}\delta \qquad\qquad (3.2.11\text{-}5)$$

式中　n——同步环中基线边的个数；

　　　W——同步环环线全长闭合差，mm；

2. 异步环各坐标分量闭合差及环线全长闭合差，应满足（3.2.11-6）~（3.2.11-10）式的要求。

$$W_x \leqslant 2\sqrt{n}\delta \qquad\qquad (3.2.11\text{-}6)$$
$$W_y \leqslant 2\sqrt{n}\delta \qquad\qquad (3.2.11\text{-}7)$$
$$W_z \leqslant 2\sqrt{n}\delta \qquad\qquad (3.2.11\text{-}8)$$
$$W = \sqrt{w_x^2 + w_y^2 + w_z^2} \qquad\qquad (3.2.11\text{-}9)$$
$$W_x \leqslant 2\sqrt{3n}\delta \qquad\qquad (3.2.11\text{-}10)$$

式中　n——异步环中基线边的个数；

　　　W——异步环环线全长闭合差，mm；

3. 复测基线的长度较差，应满足（3.2.11-11）式的要求：

$$\Delta d \leqslant 2\sqrt{2}\delta \qquad\qquad (3.2.11\text{-}11)$$

3.2.12 当观测数据不能满足检核要求时，应对成果进行全面分析，并舍弃不合格基线，但应保证舍弃基线后，所构成的异步环的边数不应超过 3.2.4 条第 3 的规定。否则，应重测该基线或有关的同步图形。

3.2.13 外业观测数据检测合格后，应按 3.2.3 条对 GNSS 网的观测精度进行评定。

3.2.14 GNSS 测量控制网的无约束平差，应符合下列规定：

1. 应在 WGS-84 坐标中进行三维无约束平差。并提供各观测点在 WGS-84 坐标系统中的三维坐标、各基线向量三个差观测值的改正数、基线长度、基线方位及相关的精度信息等。

2. 无约束平差的基线向量改正数的绝对值，不应超过相应等级的基线长度中误差的 3 倍。

3.2.15 GNSS 测量控制网的约束平差，应符合下列规定：

1. 应在国家坐标系或地方坐标系中进行二维或三维约束平差。

2. 对于已知坐标、距离或方位，可以强制约束，也可加权约束。约束点间的边长相对误差，应满足表 3.2.1 中相应等级的规定。

3. 平差结果，应输出观测点在相应坐标中的二维或三维坐标、基线向量的改正数、基线长度、基线方位角等，以及相关的精度信息。需要时，还应输出坐标转换参数及其精度信息。

4. 控制网约束平差的最弱边边长相对中误差，应满足表 3.2.1 中相应等级的规定。

3.3 导线测量

（Ⅰ）导线测量的主要技术要求

3.3.1 各等级导线测量的主要技术要求，应符合表 3.3.1 的规定。

表 3.3.1 导线测量的主要技术要求

等级	导线长度/km	平均边长/km	测角中误差/（"）	测距中误差/mm	测距相对中误差	测回数			方位角闭合差/（"）	导线全长相对闭合差
						1"级仪器	2"级仪器	6"级仪器		
三等	14	3	1.8	20	1/150 000	6	10		$3.6\sqrt{n}$	1/55 000
四等	9	1.5	2.5	18	1/80 000	4	6		$5\sqrt{n}$	1/35 000
一级	4	0.5	5	15	1/30 000		2	4	$10\sqrt{n}$	1/15 000
二级	2.4	0.25	8	15	1/14 000		1	3	$16\sqrt{n}$	1/10 000
三级	1.2	0.1	12	15	1/7 000		1	2	$24\sqrt{n}$	1/5 000

注：① 表中 n 为测站数。
② 当测区测图的最大比例尺为 1：1 000 时，一、二、三级导线的导线长度、平均边长可适当放长，但最大长度不应大于表中规定相应长度的 2 倍。

3.3.2 当导线平均边长较短时，应控制导线边数不超过表 3.3.1 相应等级导线长度和平均边长算得的边数；当导线长度小于表 3.3.1 规定长度的 1/3 时，导线全长的绝对闭合差不应大于 13 cm。

3.3.3 导线网中，结点与结点、结点与高级点之间的导线段长度不应大于表 3.3.1 中相应等级规定长度的 0.7 倍。

（Ⅱ）导线网的设计、选点与埋石

3.3.4 导线网的布设应符合下列规定：

1. 导线网用作测区的首级控制时，应布设成环形网，且宜联测 2 个已知方向。

2. 加密网可采用单一附合导线或结点导线网形式。

3. 结点间或结点与已知点间的导线段宜布设成直伸形状，相邻边长不宜相差过大，网内不同环节上的点也不宜相距过近。

3.3.5 导线点位的选定，应符合下列规定：

1. 点位应选在土质坚实、稳固可靠、便于保存的地方，视野应相对开阔，便于加密、扩展和寻找。

2. 相邻点之间应通视良好，其视线距障碍物的距离，三、四等不宜小于 1.5 m；四等以下宜保证便于观测，以不受旁折光的影响为原则。

3. 当采用电磁波测距时，相邻点之间视线应避开烟囱、散热塔、散热池等发热体及强电磁场。

4. 相邻两点之间的视线倾角不宜过大。

5. 充分利用旧有控制点。

3.3.6 导线点的埋石应符合附录 B 的规定。三、四等点应绘制点之记，其他控制点可视需要而定。

（Ⅲ）水平角观测

3.3.7 水平角观测所使用的全站仪、电子经纬仪和光学经纬仪，应符合下列相关规定：

1. 照准部旋转轴正确性指标：管水准器气泡或电子水准器长气泡在各位置的读数较差，1″级仪器不应超过 2 格，2″级仪器不应超过 1 格，6″级仪器不应超过 1.5 格。

2. 光学经纬仪的测微器行差及隙动差指标：1″级仪器不应大于 1″，2″级仪器不应大于 2″。

3. 水平轴不垂直于垂直轴之差指标；1″级仪器不应超过 10″，2″级仪器不应超过 15″，6″级仪器不应超过 20″。

4. 补偿器的补偿要求：在仪器补偿器的补偿区间，对观测成果应能进行有效补偿。

5. 垂直微动旋转使用时，视准轴在水平方向上不产生偏移。

6. 仪器的基座在照准部旋转时的位移指标：1″级仪器不应超过 0.3″，2″级仪器不应超过 1″，6″级仪器不应超过 1.5″。

7. 光学（或激光）对中器的视轴（或射线）与竖轴的重合度不应大于 1 mm。

3.3.8 水平角观测宜采用方向观测法，并符合下列规定：

1. 方向观测法的技术要求，不应超过表 3.3.8 的规定。

表 3.3.8　水平角方向观测法的技术要求

等级	仪器精度等级	光学测微器两次重合读数之差/（″）	半测回归零差/（″）	一测回内 2C 互差/（″）	同一方向值各测回较差/（″）
四等及以上	1″级仪器	1	6	9	6
	2″级仪器	3	8	13	9
一级及以下	2″级仪器		12	18	12
	6″级仪器		18		24

注：① 全站仪、电子经纬仪水平角观测时不受光学测微器两次重合读数之差指标的限制。

② 当观测方向的垂直角超过 ±3°的范围时，该方向 2C 互差可按相邻测回同方向进行比较，其值应满足表中一测回内 2C 互差的限值。

2. 当观测方向不多于 3 个时，可不归零。

3. 当观测方向多于 6 个时，可进行分组观测。分组观测应包括两个共同方向（其中一个为共同零方向）。其两组观测角之差，不应大于同等级测角中误差的 2 倍。分组观测的最后结果，应按等权分组观测进行测站平差。

4. 各测回间应配置度盘。度盘配置应符合附录 C 的规定。

5. 水平角的观测值应取各测回的平均数作为测站成果。

3.3.9 三、四等导线的水平角观测，当测站只有两个方向时，应在观测总测回中以奇数测回的度盘位置观测导线前进方向的左角，以偶数测回的度盘位置观测导线前进方向右角。左右角的测回数为总测回数的一半。但在观测右角时，应以左角起始方向为准变换度盘位置，也可用起始方向的度盘位置加上左角的概值在前进方向配置度盘。

左角平均值与右角平均值之和与 360° 之差，不应大于本规范表 3.3.1 中相应等级导线测角中误差的 2 倍。

3.3.10　水平角观测的测站作业，应符合下列规定：

1. 仪器或反光镜的对中误差不应大于 2 mm。

2. 水平角观测过程中，气泡中心位置偏离整置中心不宜超过 1 格。四等及以上等级的水平角观测，当观测方向的垂直角超过 ±3° 的范围时，宜在测回间重新整置气泡位置。有垂直轴补偿器的仪器，可不受此限制。

3. 如受外界因素（如地震）的影响，仪器的补偿器无法正常工作或超出补偿器的补偿范围时，应停止观测。

4. 当测站或照准目标偏心时，应在水平角观测前或观测后测定归心元素。测定时，投影在三角形的最长边；对于标石、仪器中心的投影不应大于 5 mm，对于照准标志中心的投影不应大于 10 mm。投影完毕后，除标石中心外，其他各投影中心均应描绘两个观测方向。角度元素应量至 15′，长度元素应量至 1 mm。

3.3.11　水平角观测误差超限时，应在原来度盘位置上重测，并应符合下列规定：

1. 一测回内 2C 互差或同一方向值各测回较差超限时，应重测超限方向，并联测零方向。

2. 下半测回归零差或零方向的 2C 互差超限时，应重测该测回。

3. 若一测回中重测方向数超过总方向数的 1/3 时，应重测该测回。当重测的测回数超过总测回数的 1/3 时，应重测该站。

3.3.12　首级控制网所联测的已知方向的水平角观测，应按首级网相应等级的规定执行。

3.3.13　每日观测结束，应对外业记录手簿进行检查，当使用电子记录时，应保存原始观测数据，打印输出相关数据和预先设置的各项限差。

（Ⅳ）距离测量

3.3.14　一级及以上等级控制网的边长，应采用中、短程全站仪或电磁波测距仪测距，一组以下也可采用普通钢尺量距。

3.3.15　本规范对中、短程测距仪器的划分，短程为 3 km 以下，中程为 3 ~ 15 km。

3.3.16　测距仪器的标称精度，按（3.3.16）式表示。

$$m_D = a + bD \qquad (3.3.16)$$

式中　m_D——测距中误差，mm；

　　　a——标称精度中的固定误差，mm；

　　　b——标称精度中的比例误差系数，mm/km；

　　　D——测距长度，km。

3.3.17　测距仪器及相关的气象仪表，应及时校验。当在高海拔地区使用空盒气压表时，宜送当地气象台（站）校准。

3.3.18　各等级控制网边长测距的主要技术要求，应符合表 3.3.18 的规定。

表 3.3.18　测距的主要技术要求

平面控制网等级	仪器精度等级	每边测回数		一测回读数较差/mm	单程各测回较差/mm	往返测距较差/mm
		往	返			
三等	5 mm 级仪器	3	3	≤5	≤7	≤2（a+b×D）
	10 mm 级仪器	4	4	≤10	≤15	
四等	5 mm 级仪器	2	2	≤5	≤7	
	10 mm 级仪器	3	3	≤10	≤15	
一级	10 mm 级仪器	2		≤10	≤15	
二、三级	10 mm 级仪器	1		≤10	≤15	

注：① 测回是指照准目标一次、读数 2～4 次的过程。
　　② 困难情况下，边长测距可采取不同时间段测量代替往返观测。

3.3.19　测距作业，应符合下列规定：

1. 测站对中误差和反光镜对中误差不应大于 2 mm。

2. 当观测数据超限时，应重测整个测回，如观测数据出现分群时，应分析原因，采取相应措施重新观测。

3. 四等及以上等级控制网的边长测量，应分别量取两端点观测始末的气象数据，计算时应取平均值。

4. 测量气象元素的温度计宜采用通风干湿温度计，气压表宜选用高原型空盒气压表；读数前应将温度计悬挂在离开地面和人体 1.5 m 以外阳光不能直射的地方，且读数精确至 0.2 ℃；气压表应置平，指针不应滞阻，且读数精确至 50 Pa。

5. 当测距边用电磁波测距三角高程测量方法测定的高差进行修正时，垂直角的观测和对向观测高差较差要求，可按本规范第 4.3.2 和和 4.3.3 条中五等电磁波测距三角高程测量的有关规定放宽 1 倍执行。

3.3.20　每日观测结束，应对外业记录进行检查。当使用电子记录时，应保存原始观测数据，打印输出相关数据和预先设置的各项限差。

3.3.21　普通钢尺量距的主要技术要求，应符合表 3.3.21 的规定。

表 3.3.21　普通钢尺量距的主要技术要求

等级	边长量距较差相对误差	作业尺数	量距总次数	定线最大偏差/mm	尺段高差较差/mm	读定次数	估读值至/mm	温度读数值至/℃	同尺各次或同段各尺的较差/mm
二级	1/20 000	1～2	2	50	≤10	3	0.5	0.5	≤2
三级	1/10 000	1～2	2	70	≤10	2	0.5	0.5	≤3

注：① 量距边长应进行温度、坡度和尺长改正。
　　② 当检定钢尺时，其相对误差不应大于 1/100 000。

（Ⅴ）导线测量数据处理

3.3.22　当观测数据中含有偏心测量成果时，应首先进行归心改正计算。

3.3.23 水平距离计算，应符合下列规定：

1. 测量的斜距，须经气象改正和仪器的加、乘常数改正后才能进行水平距离计算。

2. 两点间的高差测量，宜采用水准测量。当采用电磁波测距三角高程测量时，基高差应进行大气折光改正和地球曲率改正。

3. 水平距离可按（3.3.23）式计算：

$$D_\mathrm{P} = \sqrt{S^2 - h^2}$$ （3.3.23）

式中 D_P——测线的水平距离，m；

S——经气象及加、乘常数等改正后的斜距，m；

h——仪器的发射中心与反光镜的反射中心之间的高差，m。

3.3.24 导线网水平角观测的测角中误差，应按（3.3.24）式计算：

$$m_\beta = \sqrt{\frac{1}{N}\left[\frac{f_\beta f_\beta}{n}\right]}$$ （3.3.24）

式中 f_β——导线环的角度闭合差或附合导线的方位角闭合差，（"）；

n——计算 f_β 时的相应测站数；

N——闭合环及附合导线的总数。

3.3.25 测距边的精度评定，应按（3.3.25-1）、（3.3.25-2）式计算；当网中的边长相差不大时，可按（3.3.25-3）式计算网的平均测距中误差。

1. 单位权中误差：

$$\mu = \sqrt{\frac{[Pdd]}{2n}}$$ （3.3.25-1）

式中 d——各边往、返测的距离较差，mm；

n——测距边数；

P——各边距离的先验权，其值为 $\dfrac{1}{\sigma_D^2}$，σ_D 为测距的先验中误差，可按测距仪器的标

称精度计算。

2. 任一边的实际测距中误差：

$$m_{Di} = \mu\sqrt{\frac{1}{P_i}}$$ （3.3.25-2）

式中 m_{Di}——第 i 边的实际测距中误差，mm；

P_i——第 i 边距离测量的先验权。

3. 网的平均测距中误差：

$$m_{Di} = \sqrt{\frac{[dd]}{2n}}$$ （3.3.25-3）

式中 m_{Di}——平均测距中误差，mm。

3.3.26 测距边长差的归化投影计算，应符合下列规定：

1. 归算到测区平均高程面上的测距边长度，应按（3.3.26-1）式计算：

$$D_{\mathrm{H}} = D_{\mathrm{P}}\left(1 + \frac{H_{\mathrm{P}} - H_{\mathrm{M}}}{R_{\mathrm{A}}}\right) \qquad (3.3.26\text{-}1)$$

式中 D_{H} ——归算到测区平均高程面上的测边长度，m；

D_{P} ——测线的水平距离，m；

H_{P} ——测区的平均高程，m；

H_{M} ——测距边两端点的平均高程，m；

R_{A} ——参考椭圆体在测距边方向法截弧的曲率半径，m。

2. 归算到参考椭圆球面上的测距边长度，应按（3.3.26-2）式计算：

$$D_{0} = D_{\mathrm{F}}\left(1 - \frac{H_{\mathrm{m}} + h_{\mathrm{m}}}{R_{\mathrm{A}} + H_{\mathrm{m}} + h_{\mathrm{m}}}\right) \qquad (3.3.26\text{-}2)$$

式中 D_{0} ——归算到参考椭圆面上的测距边长度，m；

H_{m} ——测区大地水准面高出参考椭圆面的高差，m；

3. 测距边在高斯投影面上的长度，应按（3.3.26-3）式计算：

$$D_{\mathrm{g}} = D_{0}\left(1 + \frac{y_{\mathrm{m}}^{2}}{2R_{\mathrm{m}}^{2}} + \frac{\Delta y^{2}}{24R_{\mathrm{m}}^{2}}\right) \qquad (3.3.26\text{-}3)$$

式中 D_{g} ——测距边在高斯投影面上的长度，m；

Y_{m} ——测距边两端点横坐标的平均值，m；

R_{m} ——测距边中点处在参考椭圆球面上的平均曲率半径，m；

Δy ——测距边两端点横坐标的增量，m。

3.3.27 一级及以上等级的导线网计算，应采取严密平差法；二、三级导线网，可根据需要采用严密或简化方法平差。当采用简化方法平差时，成果表中的方位角和边长应采用坐标反算值。

3.3.28 导线网平差时，角度和距离的先验中误差，可分别按 3.3.24 条和 3.3.25 条中的方法计算，也可用数理统计等方法求得的经验公式估算先验中误差的值，并用以计算角度及边长的权。

3.3.29 平差计算时，对计算略图和计算机输入数据应进行仔细校对，对计算结果应进行检查。打印输出的平差成果，应包括起算数据、观测数据以及必要的中间数据。

3.3.30 平差后的精度评定，应包含有单位权中误差、点位误差椭圆参数或相对点位误差椭圆参数、边长相对中误差或点位中误差等。当采用简化平差时，平差后的精度评定，可作相应简化。

3.3.31 内业计算中数字取位，应符合表 3.3.31 的规定。

表 3.3.31　内业计算中数字取位要求

等级	观测方向值及各项修正 /(″)	边长观测值及各项 修正数/m	边长与坐标/m	方位角/(″)
三、四等	0.1	0.001	0.001	0.1
一级及以下	1	0.001	0.001	1

3.4　三角形网测量

（Ⅰ）三角形网测量的主要技术要求

3.4.1　各等级三角形网测量的主要技术要求，应符合表 3.4.1 的规定。

表 3.4.1　三角形网测量的主要技术要求

等级	平均边长/km	测角中误差 /(″)	测边相对中误差	最弱边边长相对中误差	测回数			三角形最大闭合差/(″)
					1″级仪器	2″级仪器	6″级仪器	
二等	9	1	≤1/250 000	≤1/120 000	12			3.5
三等	4.5	1.8	≤1/15 000	≤1/70 000	6	9		7
四等	2	2.5	≤1/100 000	≤1/100 000	4	6		9
一级	1	5	≤1/40 000	≤1/40 000		2	4	15
二级	0.5	10	≤1/10 000	≤1/20 000		1	2	30

注：当测区测图的最大比例尺为 1∶1 000 时，一、二级网的平均边长可适当放长，但不应大于表中规定长度的 2 倍。

3.4.2　三角形网中的角度宜全部观测，边长可根据需要选择观测或全部观测；观测的角度和边长均应作为三角形网中的观测量参与平差计算。

3.4.3　首级控制网定向时，方位角传递宜联测 2 个已知方向。

（Ⅱ）三角形网的设计、选点与埋石

3.4.4　作业前，应进行资料收集和现场踏勘，对收集到的相关控制资料和地形图（以 1∶10 000～1∶100 000 为宜）应进行综合分析，并在图上进行网形设计和精度估算，在满足精度要求的前提下，合理确定网的精度等级和观测方案。

3.4.5　三角形网的布设，应符合下列要求：

1. 首级控制网中的三角形，宜布设为近似等边三角形。其三角形的内角不应小于 30°；当受地形条件限制时，个别角可放宽，但不应小于 25°。

2. 加密的控制网，可采用插网、线形网或插点等形式。

3. 三角形网点位的选定，除应符合本规范 3.3.5 条 1～4 的规定外，二等网视线距障碍物的距离不宜小于 2 m。

3.4.6　三角形网点位的埋石应符合附录 B 的规定，二、三、四等点应绘制点之记，其他控制点可视需要而定。

3.4.7 三角形网的水平角观测，宜采用方向观测法。二等三角形网也可采用全组合观测法。

3.4.8 三角形网的水平角观测，除满足 3.4.1 条外，其他要求按本章第 3.3.7 条、3.3.8 条及 3.3.10 ~ 3.3.13 条执行。

3.4.9 二等三角形网测距边的边长测量除满足第 3.4.1 条和表 3.4.9 外，其他技术要求按本章第 3.3.14 ~ 3.3.17 条及 3.3.19 条、3.3.20 条执行。

表 3.4.9　二等三角形网边长测量主要技术要求

平面控制网等级	仪器精度等级	每边测回数		一测回读数较差/mm	单程各测回较差/mm	往返较差/mm
		往	返			
二等	5 mm 级仪器	3	3	≤5	≤7	$\leq 2(a+b \cdot D)$

注：① 测回是指照准目标一次，读数 2~4 次的过程。
　　② 根据具体情况，测边可采取不同时间段测量代替往返观测。

3.4.10 三等及以下等级的三角形网测距边的边长测量，除满足 3.4.1 条外，其他要求按本章第 3.3.14 ~ 3.3.20 条执行。

3.4.11 二级三角形网的边长也可采用钢尺量距，按本章 3.3.21 条执行。

（Ⅳ）三角形网测量数据处理

3.4.12 当观测数据中含有偏心测量成果时，应首先进行归心改正计算。

3.4.13 三角形网的测角中误差，应按（3.4.13）式计算：

$$m_\beta = \sqrt{\frac{[WW]}{3n}}$$

（3.4.13）

式中　m_β——测角中误差，($''$)；

　　　W——三角形闭合差，($''$)；

　　　n——三角形的个数。

3.4.14 水平距离计算和测边精度评定按本章 3.3.23 条和 3.3.25 条执行。

3.4.15 当测区需要进行高斯投影时，四等及以上等级的方向观测值，应进行方向改化计算。四等网也可采用简化公式。

方向改化计算公式：

$$\delta_{12} = \frac{\rho}{6R_{\mathrm{m}}^2}(x_1 - x_2)(2y_1 + y_2)$$

（3.4.15-1）

$$\delta_{21} = \frac{\rho}{6R_{\mathrm{m}}^2}(x_2 - x_1)(y_1 + 2y_2)$$

（3.4.15-2）

方向改化简化计算公式：

$$\delta_{12} = -\delta_{21} = \frac{\rho}{2R_{\mathrm{m}}^2}(x_1 - x_2)y_{\mathrm{m}}$$

（3.4.15-3）

式中　δ_{12}——测站点 1 向照准点 2 观测方向的方向改化值，($''$)；

δ_{21}——测站点 2 向照准点 1 观测方向的方向改化值，$(\prime\prime)$；

x_1、y_1、x_2、y_2——1、2 两点的坐标值，m；

R_m——测距边中点处在参考椭球面上的平均曲率半径，m；

Y_m——1、2 两点的横坐标平均值，m。

3.4.16 高山地区二、三等三角形网的水平角观测，如果垂线偏差和垂直角较大，其水平方向观测值应进行垂线偏差的修正。

3.4.17 测距边长度的归化投影计算，按本章第 3.3.26 条执行。

3.4.18 三角形外业观测结束后，应计算网的各项条件闭合差。各项条件闭合差不应大于相应的限值。

1. 角-极条件自由项的限值。

$$W_j = 2\frac{m_\beta}{\rho}\sqrt{\sum \cot^2 \beta} \qquad (3.4.18\text{-}1)$$

式中　W_j——角-极条件自由项的限值；

m_β——相应等级的测角中误差，$(\prime\prime)$；

β——求距角。

2. 边（基线）条件自由项的限值。

$$W_b = 2\sqrt{\frac{m_\beta^2}{\rho^2}\sum \cot^2 \beta + \left(\frac{m_{S1}}{S_1}\right)^2 + \left(\frac{m_{S2}}{S_2}\right)^2} \qquad (3.4.18\text{-}2)$$

式中　W_b——边（基线）条件自由项的限值；

$\dfrac{m_{S1}}{S_1}$、$\dfrac{m_{S2}}{S_2}$——起始边边长相对中误差。

3. 方位角条件自由项的限值。

$$W_f = 2\sqrt{m_{\alpha1}^2 + m_{\alpha2}^2 + nm_\beta^2} \qquad (3.4.18\text{-}3)$$

式中　W_f——方位角条件自由项的限值，$(\prime\prime)$；

$m_{\alpha1}$、$m_{\alpha2}$——起始方位角中误差，$(\prime\prime)$；

n——推算路线所经过的测站数。

4. 固定角自由项的限值。

$$W_g = 2\sqrt{m_g^2 + m_\beta^2} \qquad (3.4.18\text{-}4)$$

式中　W_g——固定角自由项的限值，$\prime\prime$；

m_g——固定角的角度中误差，$\prime\prime$。

5. 边-角条件的限值。

三角形中观测的一个角度与由观测边长根据各边平均测距相对中误差计算所得的角度限差，应按式（3.4.18-5）进行检核：

$$W_r = 2\sqrt{2\left(\frac{m_D}{D}\rho\right)^2(\cot^2\alpha + \cot^2\beta + \cot\alpha\cot\beta) + m_\beta^2} \qquad (3.4.18\text{-}5)$$

式中 W_r——观测角与计算角的角值限差，(″)；

$\dfrac{m_D}{D}$——各边平均测距相对中误差；

α、β——三角形中观测角之外的另两个角；

m_β——相应等级的测角中误差，(″)。

6. 边-极条件自由项的限值。

$$W_Z = 2\rho\frac{m_D}{D}\sqrt{\sum\alpha_w^2 + \sum\alpha_f^2} \qquad (3.4.18\text{-}6)$$

$$\alpha_w = \cot\alpha_i + \cot\beta_i \qquad (3.4.18\text{-}7)$$

$$\alpha_f = \cot\alpha_i \pm \cot\beta_{i-1} \qquad (3.4.18\text{-}8)$$

式中 W_Z——边-极条件自由项的限值，(″)。

α_w——与极点相对的外围边两端的两底余切函数之和。

α_f——中点多边形中与极点相连的辐射边两侧的相邻底角的余切函数之和；四边形中内辐射边两侧的相邻底角的余切函数之和以及外侧的两辐射边的相邻底角的余切函数之差。

i——三角形编号。

3.4.19 三角形网平差时，观测角（或观测方向）和观测边均应视为观测值参与平差，角度和距离的先验中误差，应按本规范第 3.4.13 条和 3.3.25 条中的方法计算，也可用数理统计等方法求得的经验公式估算先验中误差的值，并用以计算角度（或方向）及边长的权，平差计算按本章第 3.3.29 ~ 3.3.30 条执行。

3.4.20 三角形网内业计算中数字取位，二等应符合表 3.4.20 的规定，其余各等级应符合本规范表 3.3.31 的规定。

表 3.4.20　三角形网内业计算中数字取位要求

等 级	观测方向值及各项修正数/（″）	边长观测值及各项修正数/m	边长与坐标/m	方位角/（″）
二等	0.01	0.000 1	0.001	0.01

4　高程控制测量

4.1　一般规定

4.1.1 高程控制测量的精度等级的划分，依次为二、三、四、五等，各等级高程控制宜采用水准测量，四等及以下等级可采用电磁波测距三角高程测量，五等也可采用 GNSS 拟合高程测量。

4.1.2 首级高程控制网的等级，应根据工程规模、控制网的用途和精度要求合理选择。首级网应布设成环形网，加密网宜布设成附合路线或结点网。

4.1.3 测区的高程系统，宜采用 1985 国家高程基准。在已有高程控制网的地区测量时，可沿用原有的高程系统；当小测区联测有困难时，也可采用假定高程系统。

4.1.4 高程控制点间的距离，一般地区应为 1~3 km，工业厂区、城镇建筑区宜小于 1 km。但一个测区及周围至少应有 3 个高程控制点。

4.2 水准测量

4.2.1 水准测量的主要技术要求，应符合表 4.2.1 的规定。

表 4.2.1 水准测量的主要技术要求

等级	每千米高差全中误差/mm	路线长度/km	水准仪型号	水准尺	观测次数		往返较差、附合或环线闭合差	
					与已知点联测	附合或环线	平地/mm	山地/mm
二等	2		DS1	因瓦	往返各一次	往返各一次	$4\sqrt{L}$	
三等	6	≤50	DS1	因瓦	往返各一次	往一次	$12\sqrt{L}$	$4\sqrt{n}$
			DS3	双面		往返各一次		
四等	10	≤16	DS3	双面	往返各一次	往一次	$20\sqrt{L}$	$6\sqrt{n}$
五等	15		DS3	单面	往返各一次	往一次	$30\sqrt{L}$	

注：① 结点之间或结点与高级点之间，其路线的长度，不应大于表中规定的 0.7 倍。
② L 为往返测段、附合或环线的水准路线长度（km）；n 为测站数。
③ 数字水准仪测量的技术要求和同等级的光学水准仪相同。

4.2.2 水准测量所使用的仪器及水准尺，应符合下列规定：

1. 水准仪视准轴与水准管轴的夹角 i，DS1 型不应超过 15″，DS3 型不应超过 20″。

2. 补偿式自动安平水准仪的补偿误差 $\Delta\alpha$ 对于二等水准不应超过 0.2″，三等不应超过 0.5″。

3. 水准尺上的米间隔平均长与名义长之差，对于因瓦水准尺，不应超过 0.15 mm；对于条形码尺，不应超过 0.10 mm；对于木质双面水准尺，不应超过 0.5 mm。

4.2.3 水准点的布设与埋石，除满足 4.1.4 条外还应符合下列规定：

1. 应将点位选在土质坚实、稳固可靠的地方或稳定的建筑物上，且便于寻找、保存和引测；当采用数字水准仪作业时，水准路线还应避开电磁场的干扰。

2. 宜采用水准标石，也可采用墙水准点。标志及标石的埋设应符合附录 D 的规定。

3. 埋设完成后，二、三等点应绘制点之记，其他控制点可视需要而定，必要时还应设置指示桩。

4.2.4 水准观测，应在标石埋设稳定后进行，各等级水准点观测的主要技术要求，应符合表 4.2.4 的规定。

表 4.2.4　水准观测的主要技术要求

等级	水准仪型号	视线长度/m	前后视的距离较差/m	前后视距离较差累积/m	视线离地面最低高度/m	基、辅分划或黑、红面读数较差/mm	基、辅分划或黑、红面所测高程较差/mm
二等	DS1	50	1	3	0.5	0.5	0.7
三等	DS1	100	3	6	0.3	1.0	1.5
	DS3	75				2.0	3.0
四等	DS3	100	5	10	0.2	3.0	5.0
五等	DS3	100	近似相等				

注：① 二等水准视线长度小于 20 m 时，其视线高度不应低于 0.3 m。
　　② 三、四等水准采用变动仪器高度观测单面水准尺时，所测两次高差较差，应与黑面、红面所测高差之差的要求相同。
　　③ 数字水准仪观测，不受基、辅分划或黑、红面读数较差指标的限制，但测站两次观测的高差较差，应满足表中相应等级基、辅分划或黑、红面所测高差较差的限值。

4.2.5　两次观测高差较差超限时应重测。重测后，对于二等水准应选取两次异向观测的合格结果，其他等级则应将重测结果与原测结果分别比较，较差均不超过限值时，取三次结果的平均数。

4.2.6　当水准路线需要跨越江河（湖塘、宽沟、洼地、山谷等）时，应符合下列规定：

　　1. 水准作业场地应选在跨越距离较短、土质坚硬、密实便于观测的地方；标尺点须设立木桩。

　　2. 两岸测站和立尺点应对称布设。当跨越距离小于 200 m 时，可采用单线过河；大于 200 m 时，应采用双线过河并组成四边形闭合环。往返较差、环线闭合差应符合表 4.2.1 的规定。

　　3. 水准观测的主要技术要求，应符合表 4.2.6 的规定。

表 4.2.6　跨河水准测量的主要技术要求

跨越距离/m	观测次数	单程测回数	半测回远尺读数次数	测回差/mm		
				三等	四等	五等
< 200	往返各一次	1	2			
200～400	往返各一次	2	3	8	12	25

注：① 一测回的观测顺序：先读近尺，再读远尺；仪器搬至对岸后，不动焦距先读远尺，再读近尺。
　　② 当采用双向观测时，两条跨河视线长度宜相等，两岸岸上长度宜相等，并大于 10 m；当采用单向观测时，可分别在上午、下午各完成半数工作量。

　　4. 当跨越距离小于 200 m 时，也可采用在测站上变换仪器高度的方法进行，两次观测高差较差不应超过 7 mm，取其平均值作为观测高差。

4.2.7　水准测量的数据处理，应符合下列规定：

　　1. 当每条水准路线分段施测时，应按（4.2.7-1）式计算每 km 水准测量的高差偶然中误差，其绝对值不应超过本章表 4.2.1 中相应等级每千米高差全中误差的 1/2。

$$M_{\Delta} = \sqrt{\frac{1}{4n}\left[\frac{\Delta\Delta}{L}\right]}$$

（4.2.7-1）

式中 M_{Δ}——高差偶然中误差，mm；

Δ——测段往返高差不符值，mm；

L——测段长度，km；

n——测段数。

2. 水准测量结束后，应按（4.2.7-2）式计算每 km 水准测量高差全中误差，其绝对值不应超过本章表 4.2.1 中相应等级的规定。

$$M_{W} = \sqrt{\frac{1}{N}\left[\frac{WW}{L}\right]}$$

（4.2.7-2）

式中 M_{W}——高差全中误差，mm；

W——附合或环线闭合差，mm；

L——计算各 W 时，相应的路线长度，km；

N——附合路线和闭合环的总个数。

3. 当二、三等水准测量与国家水准点附合时，高山地区除应进行正常位水准面不平行修正外，还应进行其重力异常的归算修正。

4. 各等级水准网，应按最小二乘法进行平差并计算每 km 高差全中误差。

5. 高程成果的取值，二等水准应精确至 0.1 mm，三、四、五等水准应精确至 1 mm。

4.3 电磁波测距三角高程测量

4.3.1 电磁波测距三角高程测量，宜在平面控制点的基础上布设成三角高程网或高程导线。

4.3.2 电磁波测距三角高程测量的主要技术要求，应符合表 4.3.2 的规定。

表 4.3.2   电磁波测距三角高程测量的主要技术要求

等级	每 km 高差全中误差 /mm	边长/km	观测方式	对向观测高差较差/mm	附合或环形闭合差 /mm
四等	10	≤1	对向观测	$40\sqrt{D}$	$20\sqrt{\sum D}$
五等	15	≤1	对向观测	$40\sqrt{D}$	$30\sqrt{\sum D}$

注：① D 为测距边的长度（km）。
② 起讫点的精度等级，四等应起讫于不低于三等水准的高程点上，五等应起讫于不低于四等的高程点上。
③ 路线长度不应超过相应等级水准路线的长度限值。

4.3.3 电磁波测距三角高程观测的技术要求，应符合下列规定：

1. 电磁波测距三角高程观测的主要技术要求，应符合表 4.3.3 的规定。

表 4.3.3 电磁波测距三角高程观测的主要技术要求

等级	垂直角观测				边长测量	
	仪器精度等级	测回数	指标差较差/(″)	测回较差/(″)	仪器精度等级	观测次数
四等	2″级仪器	3	≤7	≤7	10 mm 级仪器	往返各一次
五等	2″级仪器	2	≤10	≤10	10 mm 级仪器	往一次

注：当采用 2″级光学经纬仪进行垂直角观测时，应根据仪器的垂直角检测精度，适当增加测回数。

2. 垂直角的对向观测，当直觇完成后应即刻迁站进行返觇测量。

3. 仪器、反光镜或觇牌的高度，应在观测前后各量测一次并精确至 1 mm，取其平均值作为最终高度。

4.3.4 电磁波测距三角高程测量的数据处理，应符合下列规定：

1. 直返觇的高差，应进行地球曲率和折光差的改正。

2. 平差前，应按本章（4.2.7-2）式计算每 km 高差全中误差。

3. 各等级高程网，应按最小二乘法进行平差并计算每 km 高差含中误差。

4. 高程成果的取值，应精确至 1 mm。

4.4 GNSS 拟合高程测量

4.4.1 GNSS 拟合高程测量，仅适用于平原或丘陵地区的五等级及以下等级高程测量。

4.4.2 GNSS 拟合高程测量宜与 GNSS 平面控制测量一起进行。

4.4.3 GNSS 拟合高程测量的主要技术要求，应符合下列规定：

1. GNSS 网应与四等或四等以上的水准点联测，联测的 GNSS 点，宜分布在测区的四周和中央，若测区为带状地形，则联测的 GNSS 点应分布于测区两端及中部。

2. 联测点数，宜大于选用计算模型中未知参数个数的 1.5 倍，点距宜小于 10 km。

3. 地形高差变化较大的地区，应适当增加联测的点数。

4. 地形趋势变化明显的大面积测区，宜采取分区拟合的方法。

5. GNSS 观测的技术要求，应按本规范 3.2 节的有关规定执行；其天线高应在观测前后各量测一次，取其平均值作为最终高度。

4.4.4 GNSS 拟合高程计算，应符合下列规定：

1. 充分利用当地的重力大地水准面模型或资料。

2. 应对联测的已知高程点进行可靠性检验，并剔除不合格的点。

3. 对于地形平坦的小测区，可采用平面拟合模型；对于地形起伏较大的大面积测区宜采用曲面拟合模型。

4. 对拟合高程模型应进行优化。

5. GNSS 点的高程计算，不宜超出拟合高程模型所覆盖的范围。

4.4.5 对 GNSS 点的拟合高程成果，应进行检验。检验点数不少于全部高程点的 10%，且不少于 3 个点；高差检验，可采用相应等级的水准测量方法或电磁波测距三角高程测量方法进行，其高差较差不应大于 $30\sqrt{D}$ mm（D 为检查路线的长度，单位为 km）。

控制测量

附录 B 《国家一、二等水准测量规范》
（GB/T 12897—2006）节选

1 范　围

本标准规定了在全国建立一、二等水准网的布设原则、施测方法和精度指标。

本标准适用于国家一、二等水准网的布测。区域性的精密水准网也可参照使用。

2 规范性引用文件

下列标准中的条款通过本标准的引用而成为本标准的条款。凡是注日期的引用文件，其随后所有的修改单（不包括勘误的内容）或修订版均不适用于本标准，然而，鼓励根据本标准达成协议的各方研究是否可使用这些文件的最新版本。凡是不注日期的引用文件，其最新版本适用于本标准。

GB/T 3161　光学经纬仪

GB/T 10156　水准仪

GB/T 16818　中、短程光电测距规范

GB/T 18314　全球定位系统（GPS）测量规范

GB 50007—2002　建筑地基基础设计规范

CH 1001　测绘技术总结编写规定

CH 1002　测绘产品检查验收规定

CH 1003　测绘产品质量评定标准

CH/T 1004　测绘技术设计规定

CH/T 2004　测量外业电子记录基本规定

CB/T 2006　水准测量电子记录规定

JJG 8　水准标尺检定规程

JJG 414　光学经纬仪检定规程

JJG 425　水准仪检定规程

JJG 703　光电测距仪检定规程

JJF 1118　全球定位系统（GPS）接收机（测地型和导航型）校准规范

3 术语和定义

下列术语和定义适用于本标准：

3.1

结点 node

水准网中至少连接三条水准测线的水准点。

3.2

水准路线 levelling line

同级水准网中两相邻结点间的水准测线。

3.3

区段 section

水准路线中两相邻基本水准点间的水准测线。

3.4

测段 levelling section

两相邻水准点间的水准测线。

3.5

连测 connect levelling

将水准点或其他高程点包含在水准路线中的观测。

3.6

支测 branch levelling

自路线中任一水准点起，至其他任何固定的观测。

3.7

接测 adjioning levelling

新设水准路线中任一点连接其他水准路线上水准点的观测。

3.8

检测 check levelling

检查已测高差的变化是否符合规定而进行的观测。

3.9

重测 repeated levelling

因成果质量不合格而重新进行的观测。

3.10

复测 repetition levelling

每隔一定时间对已测水准路线进行的水准测量。

4 水准网

4.1 高程系统和高程基准

水准点的高程采用正常高系统，按照 1985 国家高程基准起算。青岛国家原点高程为 72.260 m。岛屿也应采用这一系统与基准；确有困难时，可建立局部水准原点，根据岛上验潮资料求得的平均海水面确定其高程基准。凡采用局部水准原点求定的水准点高程，应在水准点成果表中注明，并说明局部高程基准的有关情况。

4.2 测量精度

每千米水准测量的偶然中误差 M_Δ 和每千米水准测量的全中误差 M_W 不应超过表 1 规定的数值。

测量等级	一等	二等
M_Δ	0.45	1.0
M_W	1.0	2.0

表 1 （单位：mm）

M_Δ 和 M_W 的计算方法见 9.2.3 和 9.2.4 的规定。

4.3 布设原则

4.3.1 一等水准路线尽量沿公路布设，水准路线应闭合成环，并构成网状。一等水准环线的周长，东部地区应不大于 1 600 km，西部地区应不大于 2 000 km，山区和困难地区可酌情放宽。

4.3.2 一等水准网每隔 15 年复测一次，每次复测的起讫时间不超过 5 年。

4.3.3 二等水准网在一等水准环内布设。二等水准路线尽量沿公路、大路及河流布设。二等水准环线的周长，在平原和丘陵地区应不大于 750 km，山区和困难地区可酌情放宽。

4.3.4 水准路线附近的验潮站基准点应按一等水准测量精度连测。国家卫星定位系统基本网点和连续运行站、国家重力基本网点、地壳监测网络基准点、城市及工业区的沉降观测基准点应列入水准路线予以连测，若连测确有困难可以支测，施测等级与布设路线的等级相同。

路线附近的其他大地点、水文点、气象站等（以下统称为"其他固定点"），可根据需要列入路线予以连测或支测。支线的施测等级可按使用单位的要求确定。

4.4 水准点布设密度

水准路线上，每隔一定距离应布设水准点。水准点分为基岩水准点、基本水准点、普通水准点三种类型。各种水准点的间距及布设要求应按表 2 规定执行。

表 2

水准点类型	间 距	布 设 要 求
基岩水准点	400 km 左右	宜设于一等水准路线结点处，在大城市、国家重大工程和地质灾害多发区应予增设；基岩较深地区可适当放宽；每省（直辖市、自治区）不少于 4 座
基本水准点	40 km 左右。经济发达地区 20～30 km；荒漠地区 60 km 左右	设在一、二等水准路线上及其结点处；大、中城市两侧；县城及乡、镇政府所在地，宜设置在坚固岩层中
普通水准点	4～8 km。经济发达地区 2～4 km；荒漠地区 10 km 左右	设在地面稳定，利于观测和长期保存的地点；山区水准路线的高程变换点附近；长度超过 300 m 的隧道两端；跨河水准测量的两岸标尺点附近

4.5 路线命名及水准点编号

4.5.1 水准路线以起止地名的简称定为线名，起止地名的顺序为起西止东、起北止南。一、二等水准路线的等级，各以Ⅰ、Ⅱ列丁线名之前表示。

4.5.2 路线上的水准点，应自该线起始水准点起，以数字 1、2、3、…顺序编定号数。

4.5.3　基岩水准点以所在地命名，在地名后加"基岩点"三字。

4.5.4　基本水准点应在名号后加"基"字，上、下标志分别再加"上"或"下"字。若为道路水准点，则在水准点编号后加注"道"，如Ⅰ京津48道。

4.5.5　水准支线以其所测高程点名称后加"支"字命名。支线上的水准点，按起始水准点到所测高程点方向，以数字1、2、3、…顺序编号。

4.5.6　利用旧水准点，应使用旧水准点名号。若确需重新编号，应在新名号后以括号注明该点标石埋设时的旧名号。

4.6　新设路线与已测路线连测

4.6.1　新设的一、二等水准路线的起点与终点，应是已测的高等或同等级路线的基岩水准点或基本水准点。终点暂时不能与已测路线连测时，应预计将来的连测路线。

4.6.2　新设的水准路线通过或靠近已测的一、二等水准点在4 km以内，距已测的三、四等水准点在1 km以内，测量新线时，应将已测水准点列入计划予以连测或接测。接测时，应按7.10规定对已测水准点进行检测。

4.6.3　对已测路线上水准点的接测，按新设路线和已测路线中较低等级的精度要求施测。

4.6.4　新设水准路线与已测水准路线重合时，应尽量利用旧水准点。当对旧水准点的稳固性发生怀疑或旧水准点标石规格不符合要求时，应重新埋石，新埋水准标石的编号为原点号后加注埋设时的四位数年代号，并且应对旧水准点进行连测。

4.7　水准路线上的重力测量

4.7.1　一等水准路线上的每个水准点均应测定重力。高程大于4 000 m或水准点间距的平均高差为150～250 m的二等水准路线上，每个水准点也应测定重力。高差大于250 m的一、二等水准测段中，地面倾斜变化处应加测重力。

4.7.2　高程在1 500～4 000 m之间或水准点间的平均高差为50～150 m的地区，二等水准路线上重力点间平均距离应小于23 km。

4.7.3　水准点上的重力测量，按加密重力测量的要求施测。

4.8　水准网的技术设计

4.8.1　一、二等水准网布设前，应进行踏勘，收集水准测量、地质、水文、气象及道路资料。在已有的一、二、三、四等水准路线基础上进行技术设计，根据大地构造、工程地质、水文地质条件，兼顾各行业需求，优选最佳路线构成均匀网形。

4.8.2　一等水准网的观测，宜分区依次进行，每个区域应含三个或三个以上的卫星定位系统连续运行站。每个水准环线观测的起讫时间不应超过2年。同一环线中水准观测间断时间若超过6个月，应在基岩点或卫星定位系统连续运行站上间断和连接。若同一水准环中观测间断时间超过6个月的连接点均匀卫星定位系统连续运行站时，可放宽该环的闭合时限。

4.8.3　技术设计的要求、内容和审批程序按照CH/T 1004执行。

5　选点与埋石

5.1　选　点

5.1.1　选定水准路线

　　a）应尽量沿坡度较小的公路、大路进行；

　　b）应避开土质松软的地段和磁场甚强的地段；

c）应避开高速公路；

d）应尽量避免通过行人车辆频繁的街道、大的河流、湖泊、沼泽与峡谷等障碍物；

e）当一等水准路线通过大的岩层断裂带或地质构造不稳定的地区时，应会同地质、地震有关部门共同研究选定。

5.1.2 选定水准点位

水准点应选在地基稳定，具有地面高程代表性的地点，并且利于标石长期保存和高程连测，便于卫星定位技术测定坐标的地点。

水准点宜选在路线附近的政府机关、学校、公园内。设在路肩的道路水准点宜选在里程碑或道路上的固定方位物附近（2 m 以内）。下列地点，不应选定水准点：

a）易受水淹或地下水位较高的地点；

b）易发生土崩、滑坡、沉陷、隆起等地面局部变形的地点；

c）路堤、河堤、冲积层河岸及地下水位变化较大（如油井、机井附近）的地点；

d）距铁路 50 m、距公路 30 m（普通水准点除外）以内或其他受剧烈震动的地点；

e）不坚固或准备拆修的建筑物上；

f）短期内将因修建而可能毁掉标石或不便观测的地点；

g）道路上填方的地段。

5.1.3 选定基岩水准点

基岩水准点，宜选在基岩露头或距地面不深于 5 m 的基岩上。选定基岩水准点，应有地质人员参加，分析已有资料，现场踏勘了解地质构造、岩石和土的性质，不良地质现象及地下水等。若已有资料不能满足要求，应进行必要的勘探。基岩水准点选定后，应逐点编写并提交地质勘察报告。地质勘察报告的内容为：

a）水准点位的大地坐标、地貌、地质构造，不良地质现象，地层成层条件，岩石和土的物理力学性质；

b）地基的稳定性，岩石和土的均匀性以及容许承载力，地下水深及变化幅度，土的最大冻结深度和融解深度，水准点设置后可能出现的工程地质危害及施工建议；

c）点位周围 50 m 内的工程地质剖面图和水准点坑位地质柱状图。

地质勘察报告的编写参照 GB 50007—2002 第 3.0.3 条的规定执行。

5.1.4 点位选定后应做的工作

每一个水准点点位选定后，应设立一个注有点号、标石类似的点位标记，按 A.3 的要求，依照图 A0.2 格式，填绘水准点之记。在选定水准路线的过程中，应逐段按 A.2 的要求绘制水准路线图，样式见图 A.1。水准网的结点，应按 A.4 的要求，依照图 A.3 的格式填绘结点接测图。

5.1.5 选点中应补充收集的资料

如果在技术设计时，所需的资料未能收集齐全，则在选点时，还需补充收集测区的自然地理、交通运输、物资供应、沙石水源、人力资源以及其他有关埋石和观测的资料。

5.1.6 选点结束后应上交的资料

a）水准点之记、水准路线图、路线结点接测图。

b）基岩水准点的地质勘察报告。

c）选点中收集的其他有关资料。

d）选点工作技术总结（扼要说明测区的自然地理情况；选点工作实施情况及对埋石与观测工作的建议；旧水准标石利用情况；拟设水准标石类型、数量统计表等）。

5.2 埋 石

5.2.1 标石类型

水准点标石根据其埋设地点、制作材料和埋石规格的不同，按表3所列分为14种标石类型。其中道路水准标石是埋设在道路肩部的普通水准标石。

表 3

水准点类型	标石类型
基岩水准点	深层基岩水准标石 浅层基岩水准标石
基本水准点	岩层基本水准标石 混凝土柱基本水准标石 钢管基本水准标石 永冻地区钢管基本水准标石 沙漠地区混凝土柱基本水准标石
普通水准点	岩层普通水准标石 混凝土柱普通水准标石 钢管普通水准标石 永冻地区钢管普通水准标石 沙漠地区混凝土柱普通水准标石 道路水准标石 墙脚水准标志

标石的埋设规格及材料用量见 A.6 和 A.7。

5.2.2 选定埋石类型

水准点标石的类型除基岩水准点的标石应按地质条件作专门设计外，其他水准点的标石类型应根据冻土深度及土质状况按下列原则选定：

a）有岩层露头或在地面下不深于 1.5 m 的地点，优先选择埋设岩层水准标石；

b）沙漠地区或冻土深度小于 0.8 m 的地区，埋设混凝土柱水准标石；

c）冻土深度大于 0.8 m 或永久冻土地区，埋设钢管水准标石；

d）有坚固建筑物（房屋、纪念碑、塔、桥基等）和坚固石崖处，可埋设墙脚水准标志；

e）水网地区或经济发达地区的普通水准点，埋设道路水准标石。

5.2.3 水准标志

水准标石顶面的中央应嵌入一个半圆球为铜或不锈钢的金属水准标志。道路水准标志使用黄褐色的 PVC 材料制作。列入国家空间数据基础框架工程的水准点，应使用坐标、高程和重力测量的共用标志。标志规格见 A.5。

5.2.4 标石埋设

5.2.4.1 基岩水准标石的埋设

5.2.4.1.1 深层基岩（岩层距地面深度超过 3 m）水准标石的埋设

应根据地质条件，设计成单层或多层保护管式的标石，应由专业单位设计和建造。

5.2.4.1.2 浅层基岩（岩层距地面深度不超过 3 m）水准标石的埋设

5.2.4.1.2.1 预制钢筋骨架

混凝土柱石的骨架用直径 10 mm 的 3 根足筋和直径 6 mm 的裹筋，每隔 0.3 m 捆绑一圈裹筋，扎成三棱柱体。足筋两端弯成直径 25 mm 的半圆，裹筋围成边长为 175 mm 的等边三角形，裹筋两端重叠扎紧。捆扎好的钢筋骨架长度等于混凝土柱石长度加长 0.1 m。

混凝土基座的钢筋骨架用直径 10 mm 的钢筋交叉捆扎成网状，钢筋两端弯成直径 25 mm 的半圆，骨架的规格及形状见 A.6 中相关的标石断面图。

5.2.4.1.2.2 挖掘标石坑

以选点标记为中心挖掘标石坑，大小以方便作业为准，标石坑挖掘至坚硬岩石面。

5.2.4.1.2.3 建造基座

在除去风化层的坚硬岩石面上，按岩层水准标石基座大小开凿出基座坑，在基座坑的四角及基座坑中心位置分别钻出直径 20 mm、深 0.1 m 的孔洞，要求四角的孔洞距基座坑边约 0.1 m 且与基座坑中心的孔洞对称，各孔洞中打入直径 20 mm、长 0.25 m 的钢筋。

建造基座前将基座坑清洗干净，浇灌混凝土至基座深度的一半，充分捣固后放入基座钢筋骨架并将其捆绑于打入岩层的钢筋上，在基座中心垂直安置柱石钢筋骨架，将柱石钢筋骨架底部与基座钢筋骨架捆扎牢固，再浇灌混凝土至基座顶面，充分捣固并使混凝土顶面呈水平状态。若坚硬岩石面距地面不大于 0.4 m 时，在标石北侧距标石柱体 0.2 m 处的基座上安放一个水准标志，作为下标志；若岩层深度超过 0.4 m 时，下标志应安置在标石柱体北侧，柱石顶面下方 0.2 m 处。

5.2.4.1.2.4 建造标石柱体

a）使用模型板建造标石柱体

待基座混凝土凝固（常温下约 12 h）后，在基座中心逐层垂直安置柱石模型板（模型板安放时使下标志孔朝北）。浇灌混凝土至下标志孔处并充分捣固后，在下标志孔内安放下标志，再浇灌（混凝土至柱石模型板顶面，在柱石顶部中央安置水准标志，标志安放应端正、平直、字头朝北，将混凝土顶面抹平。待混凝土凝固（常温下约 12 h）后拆模，回填土前加盖标志铁保护盖和水泥保护盖（铁保护盖内应涂抹黄油），做好外部整饰，埋设规格及形状见图 A.9。

b）使用预制涵管建造标石柱体

采用内径为 0.25 m 的标准混凝土涵管，代替模型板制作标石柱体，其长度为规定的柱石高度加基座高度的一半。

当混凝土基座浇灌一半时，放入基座钢筋骨架，将柱石钢筋骨架插入清洗干净的涵管内（足筋下端脚形弯头应探出涵管壁约 0.2 m），用起重器械将涵管与柱石钢筋骨架吊放在基座中心上方，将柱石钢筋骨架底部与基座钢筋骨架捆扎在基座中央，涵管落放在基座中心，涵管上端用物体支撑使涵管处于铅垂状态，浇灌混凝土至基座顶面。待基座混凝土初凝后（常温下约 1 h），在基座上铺盖一层覆盖物，向标石坑中填土并踩实至地面下约 0.3 m 处，回填时应保持涵管处于铅垂状态。在涵管北侧距涵管上端 0.2 m 处凿一个直径略大于 30 mm 的孔，用于安放下标志。在涵管内浇灌混凝土至下标志孔处，安放下标志，浇灌混凝土至涵管顶端，用振捣棒逐层捣固，使下部气体排出。在涵管顶部中央安置水准标志，标志安放应端正、平直，字头朝北，将混凝土顶面抹平。待混凝土初凝后，加盖标志铁保护盖和水泥保护盖（铁保护盖内应涂抹黄油），做好外部整饰。埋设规格及形状见图 A.9。

5.2.4.2 岩层水准标石的埋设

在出露岩层上埋设基本水准标石或普通水准标石，应清除表层风化物，在坚硬的岩石平面上开凿深不小于 0.15 m、口径不小于 0.2 m 的孔洞，清洗干净后浇灌混凝土镶嵌水准标志，标志安放应端正、平直，待混凝土初凝（常温下约 1 h）后，加盖标志铁保护盖和水泥保护盖（铁保护盖内应涂抹黄油），做好外部整饰。禁止在高出地面的孤立岩石上埋设水准点。埋设规格及形状见图 A.10 和图 A.14。

5.2.4.3 混凝土柱水准标石的埋设

5.2.4.3.1 预制钢筋骨架

混凝土柱石的钢筋骨架用直径 10 mm 的 3 根足筋和直径 6 mm 的裹筋，每隔 0.3 m 捆绑一圈裹筋扎成三棱柱体。足筋两端弯成直径 25 mm 的半圆，基本水准标石裹筋围成边长为 150 mm 的等边三角形，普通水准标石裹筋围成边长为 100 mm 的等边三角形，裹筋两端重叠扎紧。捆扎好的钢筋骨架长度等于混凝土柱石长度加 0.1 m。

混凝土基座的钢筋骨架用直径 10 mm 的钢筋交叉捆扎成网状，钢筋两端弯成直径 25 mm 的半圆，规格及形状见图 A.11 和图 A.15。

5.2.4.3.2 挖掘标石坑

以选点标记为中心挖掘标石坑，大小以方便作业为准，深度按照表 A.3 的规定。基座建造采用土模的标石，标石坑深度应减去基座深度。

5.2.4.3.3 建造基座

5.2.4.3.3.1 土质坚实的地区可使用土模建造标石基座，在标石坑底部按规定尺寸挖掘基座土模，用罗针和水平尺使土模一侧位于南北方向并使土模底面水平。

5.2.4.3.3.2 土质不坚实、易塌陷的地区应使用模型板建造标石基座，在标石坑底部按照标石的基座大小安置基座模型板，用罗针和水平尺使模型板一侧位于南北方向，并使模型板底面水平。

5.2.4.3.3.3 建造基座时，先浇灌混凝土至基座深度的一半，充分捣固后再放入基座钢筋骨架，并在基座中心垂直安置柱石钢筋骨架，将柱石钢筋骨架底部与基座钢筋骨架捆扎牢固，浇灌混凝土至基座顶面，充分捣固并使混凝土顶面处于水平状态。

5.2.4.3.4 建造标石柱体

混凝土柱水准标石的柱体建造与 5.2.4.1.2.4 浅层基岩水准标石柱体的建造方法相同。

5.2.4.4 钢管水准标石的埋设

5.2.4.4.1 制作钢管标志

钢管水准标石用于冻土地区，由外径不小于 60 mm，壁厚不小于 3 mm，上端焊有水准标志的钢管代替柱石。距钢管底端 100 mm 处装有两根 250 mm 的钢筋根络。钢管内灌满水泥砂浆。钢管表面涂抹沥青或乳化沥青漆，并用旧布或麻线包扎后，再涂一层沥青或乳化沥青漆。

5.2.4.4.2 一般冻土地区钢管水准标石的埋设

5.2.4.4.2.1 挖掘标石坑

以选点标记为中心挖掘标石坑，大小以方便作业为准，深度按照表 A.3 的规定挖掘。

5.2.4.4.2.2　埋设预制钢管水准标石

预制的钢管基本水准标石应在现场浇灌标石垫层,建造方法与 5.2.4.3.3 混凝土柱水准标石的基座建造相同。钢管普通水准标石在标石坑底铺设 20 ~ 40 mm 厚的水泥砂浆作为垫层。

待垫层初凝后,在垫层中心垂直安放预制的钢管水准标石,基本水准标石下标志应设在北侧,回填坑土并进行外部整饰。

5.2.4.4.2.3　现场浇灌钢管水准标石

待垫层初凝后,在垫层中心安置钢管水准标石基座模型板,在模型板中心垂直放入防腐处理后且装有钢筋根络的钢管,基本水准标石的下标志应朝北,浇灌基座混凝土并逐层捣固,待混凝土凝固(常温下约 12 h)后拆模,回填坑土并进行外部整饰。

5.2.4.4.3　永久冻土地区钢管水准标石的埋设

采用机械钻孔时,应避开自来水、煤气管道、光缆及电缆等地下埋设物。深度按照表 A.3 的规定。钻孔中放入防腐处理后且装有钢筋根络的钢管,基本水准标石下标志应朝北,浇灌混凝土至融解深度线,并逐层捣固,回填坑土并进行外部整饰。

5.2.4.5　道路水准标石的埋设

采用机械钻孔时,应避开自来水、煤气管道、光缆及电缆等地下埋设物。深度按照表 A.3 的规定。孔中放入外径不小于 110 mm,壁厚不小于 3 mm 的 PVC 管,距管底部约 0.5 m 的管壁上均匀分布 10 ~ 12 个孔径为 15 mm 的圆孔。管内和管外下部空隙处灌入 1:2 的水泥砂浆,上部用 PVC 胶黏接水准标志,标志周边再用三个相距约 120° 的螺钉固定到管壁上,标志顶部与地面齐平,埋设规格及形状见图 A.18。

5.2.4.6　墙脚水准标志的埋设

在选定的建筑物墙壁或石崖直壁上,高出地面 0.4 ~ 0.6 m 处钻凿孔洞,并用水洗净浸润,然后浇灌 1:2 的水泥砂浆,放入墙脚水准标志,使圆鼓内侧与墙面齐平。在标志下方墙面上用 1:1 的水泥砂浆抹成 0.2 m × 0.2 m 的水泥面,压印路线等级、名称、水准点编号、埋设年、月,并用红漆涂描。

5.2.5　标石的外部整饰

水准标石埋设后,应进行外部整饰,要求既利于保护标石,又不影响环境美观:

a)深层基岩标石埋设后,上部应建造保护房屋,其规格依据点位环境分别设计。

b)浅层基岩标石埋设后,应在点位四周砌筑砖、石护墙或混凝土护栏,可参照图 A.20。其长、宽、高的规格不小于 1.5 m × 1.5 m × 1.0 m,高出地面 0.6 m。标志上方砌筑图 A.21 规格的砖、石保护方井或圆井,加盖保护盘。居民地庭院内不设护墙或护栏,只设与在面齐平的保护井和保护盘。

c)埋设在森林、草原、沙漠、戈壁地区的基本水标准石和普通水标准石,按图 A.21 的规格建造保护井,加盖保护盘。基本水准标石的保护井壁,不应妨碍下标志的测量。

d)埋设在政府机关、学校、宅院内以及埋设在耕地内的基本水准标石和普通水标准石,应按图 A.21 的规格建造保护,加盖保护盘,盘面与地面齐平。道路水准点的上部埋设图 A.25 规格的保护框,顶面与地面齐平。

e)在山区、林区埋设标石,可在距水准点最近的路边设置方位桩。方位桩可采用木材、石材、混凝土或金属材料制作,用涂漆或压印的主法将点号和点位方向写在醒目的位置,并在点之记中注明方位桩的方向主距离。

5.2.6 关键工序的控制

在标石建造的施工现场，应拍摄下列照片；

a）钢筋骨架照片，应能反映标石坑和基座坑的形状和尺寸；

b）标石坑的照片，应能反映标石坑和基座坑的形状的尺寸；

c）基座建造后照片，应能反映标石坑和基座坑的形状和尺寸；

d）标志安置照片，应能反映标志安置是否平直、端正；

e）标石整饰照片，应能反映标石整饰是否规范；

f）标石埋设位置远景照片，应能反映标石埋设位置的地物、地貌景观。

5.2.7 水准标石占地与托管

水准点位选定后，标石占用的土地，应得到土地使用者和管理者的同意。

在埋石过程中应当向当地群众和干部宣传保护测量标志的法定义务和注意事项，埋石结束后，应向当地乡、镇以上政府有关部门（道路水准点向道路管理部门）办理委托保管手续，委托保管书的格式见图 A.27。

5.2.8 水标准石稳定时限

水准标石埋设后，一般地区应经过一个雨季，冻土深度大于 0.8 m 的冻土地区还应经过一个冻、解期，岩层上埋设的标石应经过一个月，方可进行水准观测。

5.2.9 埋石结束后应上交的资料

a）测量标志委托保管书；

b）埋石后的水准点之记及路线图、标石建造关键工序照片或数据文件；

c）埋石工作技术总结（扼要说明埋石工作情况，埋石中的特殊问题处理及对观测工作的建议等）。

5.2.10 水准标石检查和维护

国家一、二等水准点应定期检查和维护，确保水准点的完整性和高程有效性。每 5 年和水准路线复测前应对水准点进行一次实地检查和维护。实地检查时，应请当地政府主管部门协助，逐点记寻标石现状，并处理下列事项：

a）水准点附近地貌、地物有显著变化时，应重绘点之记，修改路线图并拍摄照片；

b）对损毁的标石及附属物进行修补或重新建造；

c）对补埋的标石进行高程连测，对怀疑高程有突变的标石进行检测；

d）查明水准标石的损毁原因，与接管单位协商，提出处置意见。

6 仪 器

6.1 仪器的选用

水准测量中使用的仪器按表 4 规定执行。

表 4

序号	仪器名称	最低型号		备 注
		一等	二等	
1	自动安平光学水准仪、气泡式水准仪	DSZ05 DSO5	DSZ1 DS1	用于水准测量，其基本参数见 GB/T 10156

续表 4

序号	仪器名称	最低型号		备　注
		一等	二等	
2	线条式因瓦标尺、条码式因瓦标尺	.		
3	经纬仪	DJ1	DJ1	用于跨河水准测量,其基本参数见 GB/T 3161
4	光电测距仪	Ⅱ级	Ⅱ级	用于跨河水准测量,基精度分级见 GB/T 16816
5	GPS 接收机	大地型双频接收机	大地型双频接收机	用于跨河水准测量

6.2 仪器的检校

6.2.1　用于水准测量的仪器应送法定计量检定单位进行检定和校准,并在检定和校准的有效期内使用。

水准仪的检校按 JJG 425 规定执行,水准标尺的检校按 JJG 8 规定执行,光电测距仪的检校按 JJG 703 规定执行,光学经纬仪的检校按 JJG 414 规定执行,GPS 接收设备的检校按 JJF 1118 规定执行。

6.2.2　对于新出厂仪器以及作业前和跨河水准测量使用的仪器检校,项目按表 5 规定执行,检验方法和技术要求按附录 B 执行。

表 5

序号	仪器	检验项目	新仪器	作业前	跨河水准测量
1	水准标尺	标尺的检视	+	+	+
2		标尺上的圆水准器的检校	+	+	+
3		标尺分划面弯曲差的测定	+	+	+
4		标尺名义米长及分划偶然中误差的测定	+	+	+
5		标尺温度膨胀系数的测定	+		
6		一对水准标尺零点不等差的测定(条码标尺)一对水准标尺零点不等差及基辅分划读数差的测定	+	+	+
7		标尺中轴线与标尺底面垂直性测定	+		
8	水准仪	水准仪的检视	+	+	+
9		水准仪上概略水准器的检校	+	+	+
10		光学测微器隙动差和分划值测定	+	+	+
11		视线观测中误差的测定	+		

序号	仪器	检验项目	新仪器	作业前	跨河水准测量
12	水准仪	自动安平水准仪补偿误差的测定	+		
13		十字丝的检校	+		
14		数字水准仪视线距离测量误差	+		
15		调焦透镜运行误差的测定	+		
16		气泡式水准仪交叉误差的检校	+		+
17		i 角检校	+	+	+
18		双摆位自动安平水准仪摆差 $2C$ 角的测定	+	+	+
19		测站高差观测中误差和竖轴误差的测定	+	+	+
20		自动安平水准仪磁致误差的测定	+		
21		倾斜螺旋隙动差、分划误差和分划值的测定	+		
22		符合水准器分划值的测定			+
23		系统分辨率检定	+		
24	经纬仪	垂直度盘测微器行差的测定			+
25		一测回垂直角观测中误差的测定			+

表 5 中 + 表示应检验的项目,当所有使用的仪器的方法与该项检验无关时,可不作检验。表中 4、5、20、23 项检验由法定计量检定单位进行检验。

6.2.3 经过修理和校正后的仪器应检验受其影响的有关项目,自动安平系统修理和校正后,第 20 项应检验。

6.2.4 自动安平光学水准仪每天检校一次 i 角,气泡式水准仪每天上、下午各检校一次 i 角,作业开始后的 7 个工作日内,若 i 角较为稳定,以后每隔 15 天检校一次。

数字水准仪,整个作业期间应每天开测前进行 i 角测定,若开测为未结束测段,则在新测段开始前进行测定。

6.2.5 每日工作开始前应检校表 5 中第 2、9 项。若对仪器某一部件的质量有怀疑时,应及时进行相应项目的检验。

6.2.6 作业期结束后应检验表 5 中第 3、4 项各一次。

6.3 仪器技术指标

水准仪器技术指标按表 6 规定执行。

表 6

序号	仪器技术指标项目	指标限差		超限处理办法
		一等	二等	
1	标尺弯曲差	4.0 mm	4.0 mm	对标尺施加改正
2	一对标尺零点不等差	0.10 mm	0.10 mm	调整

控制测量

序号	仪器技术指标项目	指标限差		超限处理办法
		一等	二等	
3	标尺基辅分划常数偏差	0.05 mm	0.05 mm	采用实测值
4	标尺底面垂直性误差	0.10 mm	0.10 mm	采用尺圈
5	标尺名义米长偏差	100 μm	100 μm	禁止使用,送厂校正
6	一对标尺名义米长偏差	50 μm	50 μm	调整
7	测前测后一对标尺名义米长变化	30 μm	30 μm	分析原因,根据情况正确处理所测成果
8	标尺分划偶然中误差	13 μm	13 μm	禁止使用
9	倾斜螺旋隙动差	2.0″	2.0″	只许旋进使用
10	测微器全程行差	1 格	1 格	禁止使用,送厂修理
11	测微器任一点回程差	0.05 mm	0.05 mm	
12	自动安平水准仪补偿误差	0.20″	0.20″	禁止使用
13	视线观测中误差	0.40″	0.40″	
14	调焦透镜运行误差	0.15 mm	0.15 mm	
15	i 角	15.0″	15.0″	校正(自动安平水准仪应送厂校正)超过 20″ 所测成果作废
16	$2C$ 角	40.0″	40.0″	禁止使用,送厂校正
17	测站高差观测中误差	0.08 mm	0.08 mm	禁止使用
18	竖轴误差	0.05 mm	0.05 mm	
19	自动安平水准仪磁误差	0.02″	0.02″	
20	数字水准仪系统分辨率(10 m 视距)	0.02 mm	0.02 mm	
21	垂直度盘测微器行差	1.00″	1.00″	
22	一测回垂直角观测中误差	1.50″	1.50″	
23	数字水准仪视距测量误差	(10±2) cm	(10±2) cm	

表 6 中自动安平水准仪磁致误差,指自动安平水准仪在磁感应强度为 60 μT 的水平方向上的稳恒磁场作用下,引起视线的最大偏差。

7 水准观测

7.1 观测方式

7.1.1 一、二等水准测量采用单路线往返观测。同一区段的往返测,应使用同一类型的仪器和转点尺承沿同一道路进行。

7.1.2 在每一区段内,先连续进行所有测段的往测(或返测),随后再连续进行该区段的返测（或往测）。若区段较长，也可将区段分成 20～30 km 的几个分段，在分段内连续进行所有测段的往返观测。

7.1.3 同一测段的往测（或返测）与返测（或往测）应分别在上午与下午进行。在日间气温变化不大的阴天和观测条件较好时，若干里程的往返测可同在上午或下午进行。但这种里程的总站数，一等不应超过该区段总站数的 20%，二等不应超过该区段总站数的 30%。

7.2 观测的时间和气象条件

水准观测应在标尺分划线成像清晰而稳定时进行。下列情况下，不应进行观测：

a）日出后与日落前 30 min 内；

b）太阳中天前后各约 2 h 内（可根据地区、季节和气象情况，适当增减，最短间歇时间不少于 2 h）；

c）标尺分划线的影像跳动剧烈时；

d）气温突变时；

e）风力过大而使标尺与仪器不能稳定时。

7.3 设置测站

7.3.1 一、二等水准观测，应根据路线土质选用尺桩（尺桩质量不轻于 1.5 kg，长度不短于 0.2 m）或尺台（尺台质量不轻于 5 kg）做转点尺承，所用尺桩数，应不少于 4 个。特殊地段可采用大帽钉作为转点尺承。

7.3.2 测站视线长度（仪器至标尺距离）、前后视距差、视线高度、数字水准仪重复测量次数按表 7 规定执行。

表 7   单位：m

等级	仪器类别	视线长度		前后视距差		任一测站上前后视距差累积		视线高度		数字水准仪重复测量次数
		光学	数字	光学	数字	光学	数字	光学（下丝读数）	数字	
一等	DSZ05、DS05	≤30	≥4且≤30	≤0.5	≤1.0	≤1.5	≤3.0	≥0.5	≤2.80且≥0.65	≥3 次
二等	DSZ1、DS1	≤50	≥3且≤50	≤1.0	≤1.5	≤3.0	≤6.0	≥0.3	≤2.80且≥0.55	≥2 次

注：下丝为近地面的视距丝。几何法数字水准仪视线高度的高端限差一、二等允许到 2.85 m，相位法数字水准仪重复测量次数可以为上表中数值减少一次。所有数字水准仪，在地面震动较大时，应随时增加重复测量次数

7.4 测站观测顺序和方法

7.4.1 光学水准仪观测

7.4.1.1 往测时，奇数测站照准标尺分划的顺序为：

a）后视标尺的基本分划；

b）前视标尺的基本分划；

c）前视标尺的辅助分划；

d）后视标尺的辅助分划。

7.4.1.2　往测时，偶数测站照准标尺分划的顺序为：

a）前视标尺的基本分划；

b）后视标尺的基本分划；

c）后视标尺的辅助分划；

d）前视标尺的辅助分划。

7.4.1.3　返测时，奇、偶测站照准标尺的顺序分别与往测偶、奇测站相同。

7.4.1.4　测站观测采用光学测微法，一测站的操作程序如下（以往测奇数测站为例）：

a）首先将仪器整平（气泡式水准仪望远镜绕垂直轴旋转时，水准气泡两端影像的分离，不得超过 1 cm，自动安平水准仪的圆气泡位于指标环中央）。

b）将望远镜对准后视标尺（此时，利用标尺上圆水准器整置标尺垂直），使符合水准器两端的影像近于符合（双摆位自动安平水准仪应置于第 1 摆位）。随后用上下丝照准标尺基本分划进行视距读数。视距第四位数由测微鼓直接读得。然后，使符合水准器气泡准确符合，转动测微鼓用楔形平分丝精确照准标尺基本分划，并读定标尺基本分划与测微鼓读数（读至测微鼓的最小刻划）。

c）旋转望远镜照准前视标尺，并使符合水准气泡两端影像准确符合（双摆位自动安平水准仪仍在第Ⅰ摆位），用楔形平分丝精确照准标尺基本分划，并读定标尺基本分划与测微鼓读数，然后用上、下丝照准标尺基本分划进行视距读数。

d）用微动螺旋转动望远镜，照准前视标尺的辅助分划，并使符合气泡两端影像准确符合（双摆位自动安平水准仪置于第Ⅱ摆位），用楔形平分丝精确照准并进行辅助分划与测微鼓的读数。

e）旋转望远镜，照准后视标尺的辅助分划，并使符合水准气泡的影像准确符合（双摆位自动安平水准仪仍在第Ⅱ摆位），用楔形平分丝精确照准并进行辅助分划与测微鼓的读数。

7.4.2　数字水准仪观测

7.4.2.1　往、返测奇数站照准标尺顺序为：

a）后视标尺；

b）前视标尺；

c）前视标尺；

d）后视标尺。

7.4.2.2　往、返测偶数站照准标尺顺序为：

a）前视标尺；

b）后视标尺；

c）后视标尺；

d）前视标尺。

7.4.2.3　一测站操作程序如下（以奇数站为例）：

a）首先将仪器整平（望远镜绕垂直轴旋转，圆气泡始终位于指标环中央）。

b）将望远镜对准后视标尺（此时，标尺应按圆水准器整置于垂直位置），用垂直丝照准条码中央，精确调焦至条码影像清晰，按测量键。

c）显示读数后，旋转望远镜照准前视标尺条码中央，精确调焦至条码影像清晰，按测量键。

d）显示读数后，重新照准前视标尺，按测量键。

e）显示读数后，旋转望远镜照准后视标尺条码中央，精确调焦至条码影像清晰，按测量键。显示测站成果。测站检核合格后迁站。

7.5 间歇与检测

7.5.1 观测间歇时，最好在水准点上结束。否则，应在最后一站选择两个坚稳可靠、光滑突出、便于放置标尺的固定点，作为间歇点。如无固定点可选，则间歇前应对最后两测站的转点尺桩（用尺台作转点尺承时，可用三个带帽钉的木桩）做妥善安置，作为间歇点。

7.5.2 间歇后应对间歇进行检测，比较任意两尺承点间歇前后所测高差，若符合限差（见表8）要求，即可由此起测；若超过限差，可变动仪器高度再检测一次，如仍超限，则应从前一水准点起测。

7.5.3 检测成果应在手簿中保留，但计算高差时不采用。

7.5.4 数字水准仪测量间歇可用建立新测段等方法检测，检测有困难时最好收测在固定点上。

7.6 测站观测限差与设置

7.6.1 测站观限差

测站观测限差应不超过表8的规定。

表8

等 级	上下丝读数平均值与中丝读数的差		基辅分划读数的差	基辅分划所测高差的差	检测间歇点高差的差
	0.5 cm 刻划标尺	1 cm 刻划标尺			
一等	1.5	3.0	0.3	0.4	0.7
二等	1.5	3.0	0.4	0.6	1.0

使用双摆位自动安平水准仪观测时，不计算基辅分划读数差。

对于数字水准仪，同一标尺两次读数差不设限差，两次读数所测高差的差执行基辅分划所测高差之差的限差。

测站观测误差超限，在本站发现后可立即重测，若迁站后才检查发现，则应从水准点或间歇点（应经检测符合限差）起始，重新观测。

7.6.2 数字水准仪测段往返起始测站设置

a）仪器设置主要有：

——测量的高程单位和记录到内存的单位为米（m）；

——最小显示位为 0.000 01 m；

——设置日期格式为实时年、月、日；

——设置时间格式为实时 24 小时制。

b）测站限差参数设置：

——视距限差的高端和低端；

——视线高限差的高端和低端；

——前后视距差限差；

——前后视距差累积限差；

——两次读数高差之差限差。

c）作业设置：

——建立作业文件；

——建立测段名；

——选择测量模式："aBFFB"；

——输入起始点参考高程；

——输入点号（点名）；

——输入其他测段信息。

d）通讯设置：按仪器说明书操作。

7.7 观测中应遵守的事项

7.7.1 观测前 30 min，应将仪器置于露天阴影下，使仪器与外界气温趋于一致；设站时，应用测伞遮蔽阳光；迁站时，应罩以仪器罩。使用数字水准仪前，还应进行预热，预热不少于 20 次单次测量。

7.7.2 对气泡式水准仪，观测前应测出倾斜螺旋的置于零点，并作标记，随着气温变化，应随时调整零点位置。对于自动安平水准仪的圆水准器，应严格置平。

7.7.3 在连续各测站上安置水准仪的三脚架时，应使其中两脚与水准路线的方向平行，而第三脚轮换置于路线方向的左侧与右侧。

7.7.4 除路线转弯处外，每一测站上仪器与前后视标尺的三个位置，应接近一条直线。

7.7.5 不应为了增加标尺读数，而把尺桩（台）安置在壕坑中。

7.7.6 转动仪器的倾斜螺旋和测微鼓时，其最后旋转方向，均应为旋进。

7.7.7 每一测段的往测与返测，其测站数均应为偶数。由往测转向返测时，两支标尺应互换位置，并应重新整置仪器。

7.7.8 在高差甚大的地区，应选用长度稳定、标尺名义米长偏差和分划偶然误差较小的水准标尺作业。

7.7.9 对于数字水准仪，应避免望远镜直接对着太阳；尽量避免视线被遮挡，遮挡不要超过标尺在望远镜中截长的 20%；仪器只能在厂方规定的温度范围内工作；确信震动源造成的震动消失后，才能启动测量键。

7.8 各类高程点的观测

7.8.1 当观测水准点及其他固定点时，应仔细查对该点的位置、编号和名称是否与计划的点之记相符。

7.8.2 在水准点及其他固定点上放置标尺前，应卸下标尺底面的套环。标尺的整置位置如下：

a）观测基岩水准标石时，标尺置于主标志上；观测基本水准标石时，标尺置于上标志上。若主标志或上标志损坏时，则标尺置于副标志或下标志上。对于未知主、副标志（或上、下标志）高差的水准标石，应测定主、副标志（或上、下标志）间的高差。观测时使用同一标尺，变换仪器高度测定两次，两次高差之差不得超过 1.0 mm。高差结果取中数后列入高差表，用方括号加注。

b）观测其他固定点时，标尺置于需测定高程的位置上，在观测记录中应予说明。

c）水准点及其他固定点的观测结束后，应按原埋设情况填埋妥当，并按规定进行外部整饰。

7.9 结点的观测

7.9.1 观测至水准网的结点时，应在观测手簿中详细记录接测情况，结点接测图按 A.4 执行。

7.9.2 位于地面变形地区的结点，应与当地变形观测网连测。

7.9.3 位于变形量较大地区的结点，应由几个观测组协同作业，尽量缩短接测时间。

7.10 新旧路线连测或接测时的检测

7.10.1 新设的水准路线与已测的水准点连测或接测时，若该水准点的前后观测时间超过三个月，应进行检测。

7.10.2 对高等级路线的检测，按新设路线的等级进行；对低等级路线的检测，按已测路线的等级进行。

7.10.3 检测时，应单程检测一已测测段。如单程检测超限，则应检测该测段另一单程。若高差中数仍超限，则继续往前检测，以确定稳固可靠的已测点作为连接点。

7.11 往返测高差不符值、环闭合差

7.11.1 往返测高差不符值、环闭合差和检测高差之差的限差应不超过表 9 的规定。

表 9

等级	测段、区段、路线往返测高差不符值	附合路线闭合差	环闭合差	检测已测测段高差之差
一等	$1.8\sqrt{k}$		$2\sqrt{F}$	$3\sqrt{R}$
二等	$4\sqrt{k}$	$4\sqrt{L}$	$4\sqrt{F}$	$6\sqrt{R}$

注：k——测段、区段或路线长度，单位为千米（km）；当测段长度小于 0.1 km 时，按 0.1 km 计算。
L——附合路线长工，单位为千米（km）。
F——环线长度，单位为千米（km）。
R——检测测段长度，单位为千米（km）

7.11.2 检测已测测段高差之差的限差，对单程检测或返检测均适用，检测测段长度小于 1 km 时，按 1 km 计算。检测测段两点间距离不宜小于 1 km。

7.11.3 水准环线向不由等级路线构成时，环线闭合差的限差，应按各等级路线长度及其限差分别计算；然后，取其平方和的平方根为限差。

7.11.4 当连续若干测段的往返测高差不符值保持同一符号，且大于不符值限差的 20%，则在以后各测段的观测中，除酌量缩短视线外，还加强仪器隔热和防止尺桩（台）位移等措施。

7.12 成果的重测和取舍

7.12.1 测段往返测高差不符值超限，应先就可靠程度较小的往测或返测进行整测段重测，并按下列原则取舍。

a）若重测的高差与同方向原测高差的不符值超过往返测高差不符值的限差，但与另一单程高差的不符值不超出限差，则取用重测结果；

b）若同方向两高差不符值未超出限差，且其中数与另一单程高差的不符值不超出限差，

则取同方向中数作为该单程的高差；

c）若 a）中的重测高差（或 b 中两同方向高差中数）与另一单程的高差不符合值超出限差，应重测另一单程；

d）若超限测段经过两次或多次重测后，出现同向观测结果靠近而异向观测结果间不符值超限的分群现象时，如果同方向高差不符值小于限差之半，则取原测的往返高差中数作往测结果，取重测的往返高差中数作为返测结果。

7.12.2 区段、路线往返测高差不符值超限时，应就往返测高差不符值与区段（路线）不符值同符号中较大的测段进行重测，若重测后仍超出限差，则应重测其他测段。

7.12.3 符合路线和环线闭合差超限时，应就路线上可靠程度较小（往返测高差工不符值较大或观测条件较差）的某些测段进行重测，如果重测后仍超出限差，则应重测其他测段。

7.12.4 每千米水准测量的偶然中误差 M_Δ 超出限差时，应分析原因，重测有关测段或路线。

7.12.5 测段重测与原测时间超过了三个月，且重测高差与原测高差之差超过检测限差时，应按 7.10 规定进行该测段两端点可靠性的检测。

8 跨河水准测量

8.1 适用范围

当水准路线跨越江、河，视线长度不超过 100 m 时，可采用一般方法时行观测，但在测站上应变换仪器高度观测两次，两次高差之差应不大于 1.5 mm，取用两次结果的中数。若视线长度超过 100 m 时，应根据视线长度和仪器设备等情况，选用本章所述的方法进行观测。

8.2 测量方法的选用

跨河水准测量使用的方法概要及其适用的距离按表 10 规定执行。

表 10

序号	观测方法	方法概要	最长跨距
1	光学测微法	使用一台水准仪，用水平视线照准觇板标志，并读记测微鼓分划值，求出两岸高差	500
2	倾斜螺旋法	使用两台水准仪对向观测，用倾斜螺旋或气泡移动来测定水平视线上、下两标志的倾角，计算水平视线的位置，求出两岸高差	1 500
3	经纬仪倾角法	使用两台经纬仪对向观测，用垂直度盘测定水平视线上、下两标志的倾角，计算水平视线位置，求出两岸高差	3 500
4	测距三角高程法	使用两台经纬仪对向观测，测定偏离水平视线的标志倾角；用测距仪量测距离，求出两岸高差	3 500
5	GPS 测量法	使用 GPS 接收机和水准仪分别测定两岸点位的大地高差和同岸点位的水准高差，求出两岸点位的水准高差，求出两岸的高程异常和两岸高差	3 500

跨河距离超过上表规定时，采用的方法和要求，应依据测区条件进行专项设计。

8.3 场地的选定与布设

8.3.1 采用光学测微法、倾斜螺旋法、经纬仪倾角法和测距三角高程法进行跨河水准测量时，应遵循以下要求：

　　a）应选用测线附近，利于布设工作场地与观测的较窄河段处。

　　b）跨河视线不得通过草地、干丘、沙滩的上方。

　　c）两岸仪器视线距水面的高度应大致相等（测距三角高程法除外），当跨河视线长度小于 300 m 时，视线高度应不低于 2 m；大于 500 m 时，应不低于 $4\sqrt{S}$ m（S 为跨河视线长度千米数。水位受潮汐影响时，按最高潮位计算），当视线高度不能满足要求时，应埋设牢固的标尺桩，并建造稳固的观测台或标架。

　　d）两岸由仪器至水边的一段距离，应大致相等，其地貌、土质、植被等也应相似，仪器位置应选在开阔、通风之处，不应靠近墙壁及土、石、砖堆等。

　　e）过河视线方向，宜避免正对日照方向，困难时可适当增大视线长度，或采用标灯测光。

　　f）布设跨河水准测量场地，应使两岸仪器及标尺点构成如图 1 所示的平行四边形、等腰梯形或大地四边形。

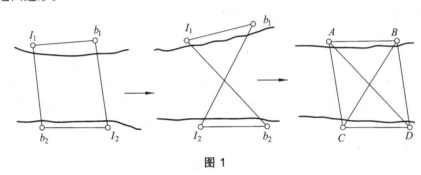

图 1

　　图 1 中：I_1、I_2 及 b_1、b_2 分别为两岸安置仪器和标尺的位置。I_1b_2 与 I_2b_1 为跨河视线长度，两者应相等；I_1b_1 与 I_2b_2（AB 与 CD）为两岸近尺视线长度，一般应在 10 m 左右，亦应相等。A、B、C、D 为仪器、标尺交替两用点。

　　当只用一台仪器观测时，除采用图 1 的形状外，亦可用图 2 所示的"Z"字形布设。I_1b_1 与 I_2b_2 为近尺视线长度，应取 20 m 左右，并且相等，此时 b_1 与 b_2 为跨河标尺点，I_1 与 I_2 均为仪器与标尺交替两用点。两岸测得的标尺点跨河高差，分别为两个测站高差和：

　　上半测回：

$$h_{b_1b_2} = h_{b_1I_2} + h_{I_2b_2} \tag{1}$$

　　上半测回：

$$h_{b_2b_1} = h_{b_2I_1} + h_{I_1b_1} \tag{2}$$

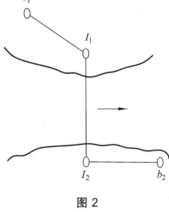

图 2

　　标尺点 b_1、b_2 应设置口径不小于 10 cm，长度视土质情况决定的木桩或钢管，牢固打入土中的深度应不小于桩长的三分之二，桩顶各钉一个圆帽钉，当土壤中含水量大时应打入钢管代替木桩。仪器脚架也应打入三根支承木桩。

　　g）在两岸距离跨河点 100～300 m 的水准路线上各选埋水准标石一座，并按 A.3 的格式填绘水准点之记。

控制测量

h）跨河场地布设完毕后，应绘制跨河水准场地图及固定点（或标石点）连测图，见图C.6。

8.3.2 采用 GPS 测量法进行跨河水准测量时，应遵循以下要求：

a）GPS 跨河水准测量应选择在地形较为平坦的平原、丘陵且河流两岸地貌形态基本一致的地区进行。海拔高程超过 500 m 的地区，不宜进行 GPS 跨河水准测量。当跨河场地两端高差变化超过 70 m/km 的地区，不宜进行一等 GPS 跨河水准测量，超过 130 m/km 的地区，不宜进行二等跨河水准测量。

b）GPS 水准点尽可能选于水准测线附近，并有利于进行 GPS 观测及水准连测。应避开土质松软和强磁场地段，以及行人、车辆来往较多等场所。

c）应分析已有的地形、重力和水准等与大地水准面相关的测量资料，选择河流两岸大地水准面具有相同的变化趋势，且变化相对平缓的方向上布设跨河路线。

d）非跨河点（A_1、A_2、D_1、D_2）宜位于跨河点（B、C）连线的延长线上，且各点间距离大致与跨河距离相等（见图3）。非跨河点偏离跨河方向轴线的垂距和垂距互差，一等跨河水准测量不得大于跨河距离 BC 的 1/50；二等跨河水准测量不得大于 BC 的 1/25。

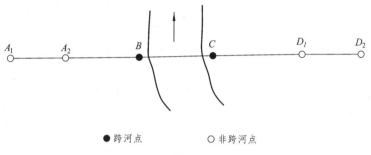

图 3

e）由于地形、点位环境等条件限制不能满足图 3 要求时，可采取如图 4 所示的布设方式，河流同岸的非跨河点 A_1、A_2 或 D_1、D_2 可以在同一个点位附近埋设，但点位位置应位于沿跨河方向轴线（图 4 中的 CB 延长线）上或在其两侧且大致对称，非跨河点距跨河点的距离大致与跨河距离相等。非跨河点偏离跨河方向轴线的垂直距离不得超过跨河距离 1/4，各段垂直距离互差，一等跨河水准测量不应大于跨河距离 BC 的 1/50，二等跨河水准测量不应大于 BC 的 1/25。

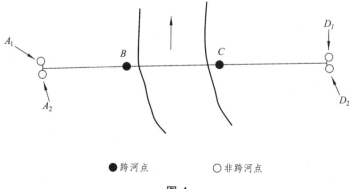

图 4

f）当跨河距离小于 2 km 时，同一河岸非跨河点距跨河点的距离应以 2 km 为宜。

g）跨河场地布设完毕后，应绘制跨河水准场地图及点位连测图，参照图 C.6 执行。

8.4 跨河水准观测要求

8.4.1 采用光学测微法、倾斜螺旋法、经纬仪倾角法和测距三角高程法进行跨河水准测量时，观测中应遵守下列要求：

a）跨河水准观测宜在风力微和、气温变化较小的阴天进行，当雨后初晴和大气折射变化较大时，均不宜观测。

b）观测开始前 30 min，应先将仪器置于露天阴影下，使仪器与外界气温趋于一致。观测时应遮蔽阳光。

c）晴天观测上午应在日出后 1 h 起至太阳中天前 2 h 止；下午自中天后 2 h 起至日落前 1 h 止。但可根据地区、季节、气候等情况适当变通。阴天只要成像清晰、稳定即可进行观测。有条件也可在夜间进行观测，日落后 1 h 起至日出前 1 h 止。时间段以地方时零点分界，零点前为初夜，零点后为深夜。

d）水准标尺应用尺架撑稳，并经常注意使圆水准器的气泡居中。

e）一测回的观测中，应采取谨慎措施（一般在对远尺调焦后，即用胶布将目镜调焦螺旋及测微器螺旋固定）确保上、下两个半测回对远尺观测的视轴不变。

f）仪器调岸时，标尺亦应随同调岸。当一对标尺的零点差不大时，亦可待全部测回完成一半时调岸。

g）一测回的观测完成后，应间歇 15～20 min，再开始下一测回的观测。

h）两台仪器对向观测时，应使用通讯设备或约定旗语，使两岸同一测回的观测，能做到同时开始与结束。

i）跨河水准测量取用的全部测回数，上、下午应各占一半。如有夜间观测时，白天与夜间测回数之比应接近 1.3∶1。

j）跨河观测开始时，应对两岸的普通水准标石（或固定点）与标尺点间，进行一次往返测，作为检测标尺点有无变动的基准。每日工作开始前，均应单程检测一次，并应符合 7.11 检测限差。如确认标尺点变动，应加固标尺点，重新进行跨河水准观测。

8.4.2 采用 GPS 测量法进行跨河水准测量时，观测中应遵守下列要求：

a）观测组应严格遵守调度命令，按规定的时间进行作业。

b）经检查接收机电源电缆和天线等连接无误后，方可开机。

c）观测前及观测过程中，应逐项填写测量手簿中的各项信息。

d）每时段开始及结束时，均应记录天气状况、实时经纬度、每测段开始与结束时间等信息。

e）观测中不得进行以下操作：关机重启（排除故障除外）；改变卫星截止高度角；改变数据采样间隔；改变天线位置；按动关闭或删除文件功能键。

f）观测中应防止仪器受震动和移动，防止人和其他物体遮挡卫星信号。

g）雷电、风暴天气时，不应进行观测。

h）观测中应保持接收机数据记录的正常运行，每日观测结束后应及时将数据转存至数据存储器。转存数据时，不得进行删改和编辑。

8.5 测回数及限差

8.5.1 采用光学测微法、倾斜螺旋法、经纬仪倾角法和测距三角高程法进行跨河水准测量时以跨河视线长度确定应观测的时间段数、测回数与限差。

a）应观测的时间段数、测回数及组数，按表 11 规定执行。

表 11

跨河视线长度/m	一 等			二 等		
	最少时间段数	双测回数	半测回中的组数	最少时间段数	双测回数	半测回中的组数
100～300	2	4	2	2	2	2
301～500	4	6	4	2	2	4
501～1 000	6	12	6	4	8	6
1 001～1 500	8	18	8	6	12	8
1 501～2 000	12	24	8	8	16	8
2 000 以上	6s	12s	8	4s	8s	8

b）各双测回的互差限差 $dH_限$，按式（3）计算：

$$dH_限 = 4 \cdot M_\Delta \sqrt{Ns} \qquad\qquad (3)$$

式中　M_Δ——每 km 水准测量的偶然中误差限值，mm；

　　　N——双测回的测回数；

　　　S——跨河视线长度，km。

c）当只用一台水准仪或两台经纬仪进行跨河水准测量不能组成双测回时，测回数为表 11 所列数值的 2 倍。计算单测回互差的 $dH_限$ 时，N 按单测回数计。

8.5.2 采用 GPS 测量法进行跨河水准测量时，各时段往返方向计算的跨河高差中数互差不应大于按式（3）计算的限值。此时式（3）中的 N 为表 15 中的规定的 GPS 观测时段数。

8.6　光学测微法

8.6.1　准备工作

a）按 8.3 的规定，选定和布设跨河场地；

b）对水准仪及水准尺按 6.2 规定项目，进行认真、细致地检验与校正，对 i 角应校正至 6″以下；

c）按 C.1 的规定制作觇板，并应注意使标志中心线与觇板指标线精密重合；

d）对标尺点与路线上的固定点（或标石）进行连测。

8.6.2　观测方法

a）在测站点上整平仪器后，按光学测微法，对本岸近标尺，先后照准基本分划线两次并读、记之。

b）将仪器转向对岸远标尺，旋进倾斜螺旋使气泡精密符合，使测微器读数居于全程的中央位置，按约定信号指挥对岸扶尺员将觇板尺面上下移动，待标志线到望远镜楔形丝中心时，即通知扶尺员使觇板标志中心线精密对准标尺上最邻近的基本分划线固定之，并记下标志中心线在标尺上的读数。同时转告对岸记录员（例如把读尺数写在小黑板上，让对岸仪器读记）。

再按光学测微法，转动测微器精密照准觇板上的标志线，并读、记测微器格值。同样重复照准、读数 5 次，即完成一组观测。

以后各组开始观测前，应将觇板较大地移动后，重新使标志中心线对准标尺基本分划线，并固定之。然后按相同的操作顺序，逐个完成其余各组的观测。

每组内对远标尺上觇板标志线的各次读数互差，不得超过 0.01 mm×s（s 为跨河视线长度，单位为 m）。以上 a）、b）两项操作，组成一测回的上半测回。

c）上半测回结束后，应按 8.4.1 中 e）、f）两项规定，立即谨慎地将仪器及标尺搬到对岸，进行下半测回的观测。下半测回的观测是先观测对岸的远标尺，观测远近标尺操作与上半测回相同。观测记录、计算示例见 C.2。

8.7 倾斜螺旋法

8.7.1 准备工作

a）按 8.2 与 8.3 的有关规定准备仪器，选定和布设跨河场地。

b）按 8.6.1 的 b）、c）、d）做好各项工作。觇板上需绘制两条标志线，上、下标志线间的距离，应使仪器照准两标志线的夹角在倾斜螺旋周值以内，或符合水准器气泡刻划值以内，一般不超过 60″。两台水准仪 i 角互差应小于 6″。

8.7.2 观测方法

a）观测近标尺，整平仪器后，按光学测微法连续照准基本分划 2 次，并读、记之。

b）观测远标尺、转动测微器使平行玻璃板居于垂直位置，在一测回观测过程中，应确保不变。照准远标尺，旋转倾斜螺旋使视线降至最低标志线以下，再从下至上依次用望远镜的楔形丝照准标尺上的两条标志线，然后再以相反的次序由上至下照准各标志线，称为一个往返测。每次照准标志线后，均应对倾斜螺旋分划鼓或符合水准器精密符合两次，每次均应待气泡稳定后，再对倾斜螺旋分划鼓读数，以上操作组成一观测组。以后各组的观测均按同法进行。

每一观测组中，照准同一标志线的往、返分划鼓（或符合水准器）的读数差，不得大于 2″；往、返测中气泡四次符合的分划鼓读数差，不得大于 0.8″，超限时立即全组重测。

各组测完后，应比较同一标志线分划鼓或符合水准器的各组读数，用倾斜螺旋分划鼓读数时，还应比较各组气泡符合时的分划鼓读数。若某组读数差异突出或过大，则可根据观测与天气情况进行分析，认为该组观测结果不可靠时，亦应重测。

以上 a）、b）两项操作，组成一测回中的上半测回。两岸仪器同时对测各半测回，组成一测回。

c）上半测回结束后，按 8.4.1 中 e）、f）两项要求，立即将水准仪及标尺搬运到对岸，进行下半测回的观测，下半测回先观测远标尺，后观测近标尺。观测远、近标尺的操作与上半测回相同。两岸仪器同时对测的上、下各半测回，组成一个双测回。

d）每次安装觇板后，应仔细续出觇板指标线在标尺上的读数，并求出各标志线在标尺上的相应读数。

观测记录、计算示例见 C.2。

8.8 经纬仪倾角法

8.8.1 准备工作

与 8.7.1 准备工作相同。使用的经纬仪，除对其进行一般性能的检视外，尚应按 6.2.2 的规定进行检验。

8.8.2 观测方法

a）观测近标尺：首先在经纬仪盘左的位置，照准近标尺的基本分划线，读取最后水平视线的标尺厘米分划数 a，再使水平丝分别照准该分划线的下、上边缘各 2 次；两纵转望远镜以盘右位置，同时照准该分划线的上、下边缘各 2 次，使完成了一组观测（近标尺只测一组）。每次照准分划线边缘后，应先使垂直度盘指标气泡精密符合，再用光学测微器进行垂直度盘读数。盘左或盘右同一边缘两次照准读数差，应不大于 3″。

近标尺读数 b 由式（4）计算：

$$b = a - (\theta/\rho) \cdot d \tag{4}$$

式中 θ ——分划线 a 的倾角，（″）；

d ——经纬仪至标尺点的水平距离（用钢卷尺量取），cm；

ρ ——206 265″。

b）观测远标尺：盘左位置用水平丝依次照准下、上标志线各四次，每次照准均应同时使垂直度盘指标气泡精密符合后，再用光学测微器进行垂直度盘读，同一标志线四次照准读数之差不得大于 3″。纵转望远镜以盘右位置，按相反次序照准上、下标志线各四次并如前读数。以上操作组成一组观测。依同法进行其他各组的观测。各组算出上、下标志线的倾角 α 和 β，α 或 β 其组间互差不应大于 4″。

上述 a）、b）两项操作组成一岸仪器观测的半测回，两岸仪器同时对测各半测回，组成一个测回。

两个测回连续观测时，测回间应间歇 15 min 左右。

c）两台仪器和标尺，可只在上、下间调岸一次。

d）每测回观测前，应仔细检查觇板的指标线是否滑动，并核对指标线在标尺上的读数。

e）观测的测回数为表 11 所列数目的 2 倍，组数及限差等仍按 8.5 有关规定执行。观测记录、计算示例见 C.2。

8.9 测距三角高程法
8.9.1 准备工作

a）按 8.3 有关规定选定跨河点。视线垂直角应小于 1°。按图 1 中的大地四边形布设跨河点。A、B 和 C、D 分别为两岸安置仪器（或标尺）的位置，均应埋设固定点。其中 A、D 为普通水准标石，B、C 为 40 cm×20 cm×20 cm 的混凝土柱石，中间嵌标志。也可打入 50 cm×10 cm×10 cm 的木桩，中间打帽钉。柱石或木桩顶间均应埋入地面下 0.1 m。

b）跨河距离在 2 000 m 以内，对岸标尺可安置一块觇板，2 000 m 以上应安置上、下两块觇板。觇板上标志的宽度和形状可采用附录 C.1 中的图 C.1、图 C.2 或图 C.3 中的一种。通视条件较差（或标灯）时，应采用特制的标灯作为观测目标。单觇板安置在 2.5 m 处，双觇板（或标灯）在 2.0～3.0 m 之间，间距依跨河宽度而度，以目标水表晰为准。

8.9.2 本岸测站点间高差测定

a）水准仪法：备有水准仪，则将 AB 和 CD 作为一个测站，按同等级水准测量要求进行往返观测。

b）经纬仪法：将经纬仪器架在 AB 间的中点上，距差应不大于 0.5 m。按 8.8.2 中 a）所

述方法分别对 A 点和 B 点进行观测，求出高差 h_{AB} 而后进行返测。往返测的高差之差应不大于同等级水准测量站高差之差的限差。

无论采用哪种方法测定，均取往返测高差中数作为测站点间高差的正式成果，并以此作为检测和计算测站点仪器高的基准。

c）测站点的检测：如确信 A、D 点水准标石稳定，观测过程中可不进行检测。应在结束时进行一次检测。若检测超限，应沿路线再检测一段。如证明水准标石无变动，则所测成果采用。若标石变动，应加固水准标石后重新进行跨河观测。

8.9.3 距离测量

a）本岸测站点间的距离测量

本岸测站点间的距离 AB 和 CD，一般可用钢卷尺直接丈量时应使钢尺保持水平，两端拉紧同时读数，点上应架设垂球，严格对中，并保持稳定。往返各读三次，三次测定的距离互差和往返测距离中数之差，均不大于 3 mm。如无钢尺，也可用测距仪器测定。

b）跨河测站点间距离测量

跨河距离 S_{AC}、S_{AD}、S_{BC}、S_{BD} 采用电磁波测距仪测定，测距的准备工作，观测方法和作业要求，气象元素测定、成果记录及重测取舍，气象、加常数、乘常数修正值的计算及边长归算等，均按 GB/T 16818 的相应规定执行。

c）跨河距离测量的技术要求

距离测量的技术要求和观测限差按表 12 规定执行。

表 12

跨河水准等级	测距仪精度等级	观测时间段		一个时间段内测回数	一测回读数间较差/mm	测回中数间较差/mm	往返（或时间段）测距中数的较差/mm
一	II	2	2	4	≤10	≤15	$\leq 2(a+b \cdot D \cdot 10^{-6})$
二	II	1	1	6	≤10	≤15	$\leq 2(a+b \cdot D \cdot 10^{-6})$

注：a、b 为测距仪标称参数值；D 为所测距离的千米数。

每照准一次，读 4 次数为一测回。当进行对向观测确有困难时，可以单向观测，但总的观测时间段不能减少。

测距仪和反射镜的高度量至毫米，两次量测之差应不大于 3 mm。各次设站高度不必强求一致。

8.9.4 垂直角观测

8.9.4.1 观测程序

a）在 A、C 点设站，同时观测本岸近标尺，测定 b_B 和 b_{D1}，而后同步观测对岸远标尺，测定 α_{AD} 和 α_{CB}。

b）A 点仪器不动，将 C 点仪器迁至 D 点，两岸仪器同步观测对岸远标尺，测定 α_{AC} 和 α_{DB}。

c）D 点仪器不动，观测本岸近标尺，测定 b_A，此时将 D 点仪器重迁至 C 点，接着两岸仪器同步观测对岸远标尺，测定 α_{BD} 和 α_{CA}。

d）B 点仪器不动，观测本岸近标尺，测定 b_A，此时将 D 点仪器重新迁至 C 点，接着两岸仪器同步观测位置的观测结束，两台仪器共完成四个单测回。

8.9.4.2 观测方法

a）观测近标尺：按 8.8.2 中 a）所述的方法测定本岸近标尺读数。

b）观测远标尺：在盘左位置用望远镜中丝精确照准远标尺上觇板标志或标灯四次，每次应使垂直度盘水准气泡精密符合后，用光学测微器进行垂直度盘读数。四次照准读数之差不应大于 3″。纵转望远镜，在盘右位置按盘左操作方法同样进行照准和读数。以上观测为一组垂直角观测。依同法进行其余各组的观测。

当采用上、下觇板观测时，盘左依次照准上觇板标志、下觇板标志，盘左按相反次序照准下、上标觇板标志。照准和读数方法与单觇板观测相同。同一标志四次照准读数差应不大于 3″。上、下标志垂直角分别计算高差。

采用 T—2000 经纬仪观测时，垂直角的观测组数可以减半。

各组垂直角观测的限差按表 13 规定执行。

表 13   单位：（″）

指标差互差	同一标志垂直角互差
≤8	≤4

c）每一条边的垂直角测完后，立即按观测程序依次进行其余三条边的垂直角观测。

d）每组观测前，应重新将觇板指标线中心精确对准标尺分划线中央。每条边观测前，应仔细检查觇板的指标线是否滑动，并认真读取指标线或标灯在标尺上的读数，于现场记录在手簿上。手簿记录格式见 C.2。

e）每一个仪器位置的观测完成后，观测员、仪器、标尺应相互调岸，按 8.9.4.1 的程序进行第二个仪器位置的观测。也可在测完半数测回后相互调岸，在第二个仪器位置上完成其余测回的观测。两台仪器分两岸相同时段对向观测一条边的成果组成一个单测回，总测回数应为表 11 中双测回数的二倍。

8.9.5 测回间高差互差

每条边各单测回高差间的互差应符合 8.5.1 中 b）规定的限值，其中 N 为总测回数。

由大地四边形组成三个独立闭合环，用同一时段的各条边高差计算闭合差。各环线的闭合差 W 应不大于按式（5）计算的限值：

$$W = 6 \cdot M_W \cdot \sqrt{s} \tag{5}$$

式中 M_W——每千米水准测量的全中误差限值，mm；

　　　　s——跨河视线长度，km。

8.9.6 观测成果的重测和取舍

a）测回间互差超限，首先应重测孤立值。若无孤立值应重测一大一小。如出现分群现象，则应分析是否因时间段不同而分群，并应计算环线闭合差加以分析，若确属时间不同而产生分群，同时环线闭合差无超限现象，该成果可不重测。如有闭合差超限的测回，此测回应重测。重测后仍分群，有上、下觇板的，应利用其间距检验垂直角的观测精度，并结合观测条件进行综合分析，而后对成果进行重测和取舍。直到所测成果全部符合要求为止。

b）环线闭合差超限，而测回间互差较小，如无其他情况，此成果可以采用。若测回间互差大或超限，则该成果应重测。

8.10 GPS 水准测量法

8.10.1 技术要求

GPS 跨河水准测量的技术要求应满足表 14 的规定。

表 14

等　级	跨距 D/m	非跨河点数	GPS 网相邻点间基线长精度	
			a	b
一等	$1\,500 \leq D \leq 3\,000$	≥4（每端 2 个）	≤5	1
二等	$500 \leq D \leq 3\,500$	≥4（每端 2 个）	≤8	2

GPS 网相邻点间基线长精度按式（6）计算：

$$\delta = \sqrt{a^2 + (bd)^2} \qquad\qquad （6）$$

式中 δ——基线长度标准差，mm；

　　　a——固定误差，mm；

　　　b——比例误差系数，1×10^{-6}；

　　　d——相邻点间距离，km。

8.10.2 点位选定

a）点位的选择应符合 8.10.1 的要求。

b）点位的基础应坚实稳定，并有利于安全作业。交通应便于作业。

c）应避开易于发生土崩、滑坡、沉陷、隆起等地面局部变形的地方。

d）距离铁路不小于 50 m，距离公路不小于 30 m。

e）点位距大功率无线电发射源（如电台、微波站等）不小于 200 m，距离压输电线不小于 50 m。

f）点位应便于安置 GPS 接收设备及水准仪，视野应开阔，四周不应有大于 15° 地平高度角的障碍物。

g）附近不应有强烈干扰接收卫星信号的物体。

h）选点完成后，应实地绘制点之记。

8.10.3 标石埋设

8.10.3.1 GPS 水准点可采用不小于顶面 12 cm × 12 cm、底面 20 cm × 20 cm、高 60 cm 的水泥桩标石。尽可能采用强制对中装置。

8.10.3.2 标石埋设后，应进行灌水处理，并至少应经过三天以后，方可进行观测。

8.10.4 仪器设备

8.10.4.1 GPS 接收机应为双频接收机，标称精度应达到或优于 $5\ mm + 1 \times 10^{-6} \times d$；GPS 同步观测接收机数应不少于 4 台。

8.10.4.2 GPS 接收机按照 JJF 1118 的要求进行校准。

8.10.5 外业观测

8.10.5.1 GPS 水准点间的水准连测应按本标准规定的一等水准要求进行。

8.10.5.2 GPS 整网观测前、后应分别进行同岸 GPS 水准点之间的高差连测，以检测各点位的沉降变化。当高差变化量不能满足表 9 中一等水准的检测要求时，应重新进行 GPS 观测。

8.10.5.3 GPS 观测符合表 15 的规定。

表 15

项 目	等 级	
	一等	二等
卫星截止高度角/（°）	≥15	≥15
同时观测有效卫星数	≥4	≥4
有效观测卫星总数	≥9	≥6
观测时段数	$6s$	$4s$
时段长度数	2	2
采样间隔/s	10	10
PDOP	≤6	≤6

注：s 为跨河视线长度，单位为千米（km）。

表 15 中规定的所有观测时段，一等应在 72 h 内完成观测，二等应在 45 h 内完成观测。

8.10.5.4 GPS 测量应记录雨、晴、阴、云等天气状况。

8.10.5.5 天线安置及天线高的量取应满足以下要求：

a）尽可能采用强制对中装置。

b）尽可能采用材质坚固抗伸缩、高度稳定的刚体对中杆，其高度大测前、测后进行量取，两次读数互差小于 1.0 mm。

c）不能满足以上两种条件之一时，可采用水准仪标尺加钢板尺的天线高量取方法。水准仪、水准标尺应按相应等级水准测量要求进行检定，钢板尺应采用三等金属线纹尺进行检定，天线高应在各时段测前、测后两次量取，互差应小于 1.0 mm。

d）天线高应为量取至天线单元的 ARP 参考点位置的直高，并应获得厂商提供的各参考点至天线相位中心改正常数，以便于在随后的数据处理中精确计算天线高。

8.10.6 GPS 观测记录

8.10.6.1 GPS 观测记录项目应包括：

a）测站名、测站号。

b）观测月、日/年积日、天气状况、时段号。

c）开始、结束时间，采用 UTC 时间，填写至时、分。

d）接收机及天线类型、编号。

e）测站近似经纬度及正常高高程，经纬度填写至 1′，高程填写至 1 m。

f）天线相位中心至标石面的直高，记至 0.1 mm。

g）接收卫星信息。

8.10.6.2 外业观测结束后，应将观测记录及时录入数据存储器；接收机数据卸载至外存介质时，不应进行任何剔除、删改等操作。

8.10.7 数据处理及成果计算

8.10.7.1 GPS 基线解算

GPS 基线解算应符合以下要求：

a）基线解算应采用经过有关部门批准使用的软件。

b）基线解算应采用双差相应观测值。

c）应采用精密星历作为基线解算的起始值，星历误差应优于 2 m。

d）基线解算的起始坐标应采用 GPS 连续运行站坐标。

e）基线解算时，应以 2 h 为一单元，将连续观测数据截断并划分为多个时段进行基线解算，使每一个同步观测图形各基线边具有至少 4 个时段的重复基线处理结果。

f）基线解算方案可采用单基线或多基线模式。应采用双差固定解作为基线解算的最终结果。

8.10.7.2 GPS 基线解算的质量检核

GPS 基线解算的质量检核应符合以下要求：

a）基线处理数据采用率不低于 80%。

b）采用单基线处理模式时，同步时段中任一三边同步环的坐标分量相对闭合差应小于表 16 的规定。

表 16

限差类型	一等	二等
坐标分量相对闭合差	1.0×10^{-6}	2.0×10^{-6}
环线全长相对闭合差	2.0×10^{-6}	3.0×10^{-6}

c）由独立基线构成的异步环坐标分量闭合差和全长闭合差应满足式（7）规定。

$$\left. \begin{aligned} W_X &\leqslant 2\sqrt{n}\delta \\ W_Y &\leqslant 2\sqrt{n}\delta \\ W_Z &\leqslant 2\sqrt{n}\delta \\ W &\leqslant 2\sqrt{n}\delta \\ W &= \sqrt{W_X^2 + W_Y^2 + W_Z^2} \end{aligned} \right\} \qquad (7)$$

式中　δ——相应测量等级基线长度标准差，mm；

　　　W_X，W_Y，W_Z——异步环坐标分量闭合差，mm；

　　　W——异步环线全长闭合差，mm；

　　　n——独立环中的边数。

d）重复基线的长度互差（ds）及大地高高差互差（dH）应满足：

$$\left.\begin{array}{l} \mathrm{d}s \leqslant 2\sqrt{2} \\ \mathrm{d}H \leqslant 2\sqrt{2}\delta \end{array}\right\} \qquad (8)$$

式中　δ——相应测量等级基线长度标准差，mm。

8.10.8　跨河水准测量 GPS 网平差处理

8.10.8.1　GPS 网平差软件应采用经过有关部门批准使用的软件。

8.10.8.2　在基线向量检核符合要求后，以三维基线向量及其相应方差-协方差阵作为规测信息，以某一跨河点的三维地心坐标系下的三维坐标作为起算数据，进行 GPS 网的无约束平差。无约束平差应提供各点在三维地心坐标系下的三维坐标、各基线向量改正数和精度信息。

8.10.8.3　无约束平差基线向量改正数绝对值（$v_{\Delta X}$、$v_{\Delta Y}$、$v_{\Delta Z}$）应满足：

$$\left.\begin{array}{l} v_{\Delta X} \leqslant 3\delta \\ v_{\Delta Y} \leqslant 3\delta \\ v_{\Delta Z} \leqslant 3\delta \end{array}\right\} \qquad (9)$$

式中　δ——相应测量等级基线长度标准差，mm。

否则应认为该基线或附近基线存在粗差，应在平差中采用软件提供的自动方法或人工方法剔除，直到满足上式要求。

8.10.8.4　GPS 网无约束平差结果中，相邻点间基线长度精度应满足表 14 的规定。

8.10.9　高差计算

以图 3 所示的 GPS 跨河水准测量为例：

$$\alpha_{AB} = (\Delta H_{GAB} - \Delta H_{rAB})/s_{AB} \qquad (10)$$

式中　α_{AB}——AB 方向的高程异常变化率，m/km；

　　　s_{AB}——A、B 点间的平距，km；

　　　ΔH_{GAB}——AB 点间的大地高差，m；

　　　ΔH_{rAB}——AB 点间的正常高差，m。

根据式（10）由每一个非跨河点与最近跨河点计算出一个 α 值，最后将河流两岸得到的不同的 α_{AB} 与 α_{CD} 取平均值作为跨河段的高程异常变化率 α_{BC}。河流两岸得的不同的 α 值（α_{AB}、α_{CD}）较差应满足表 17 的规定。

表 17　　　　　　　　　　　　　　　　　　　（单位：m/km）

限差类型	一等	二等
同岸 α 值较差	0.007 0	0.130
不同岸 α 值较差	0.010 0	0.018 0

高程异常差按公式（11）计算。

$$\Delta\xi_{AB} = \alpha_{AB}s_{AB} \qquad (11)$$

式中　$\Delta\xi_{AB}$——A、B 点间的高程异常差，m；

α_{AB}——AB 方向的高程异常变化率，m/km；

s_{AB}——AB 点间的平距，km。

由式（12）计算出跨河线路 BC 之间的跨河水准高差：

$$\Delta H_{rBC} = \Delta H_{GBC} - \alpha_{BC} s_{BC} \qquad (12)$$

式中　ΔH_{rBC}——BC 间的正常高差，m；

ΔH_{GBC}——BC 间的大地高差，m；

α_{BC}——BC 方向的高程异常变化率，m/km；

s_{BC}——BC 点间的平距，km。

8.10.10　补测和重测

当出现下列情况时，应进行补测和重测：

a）未按施测方案要求，外业缺测、漏测数据，或经过处理后，观测数据不能满足表 15 的要求，有关成果应及时补测或重测。

b）在重复基线长度之差、同步环闭合差、独立环闭合差等检验中允许舍弃超限基线，但剩余的同名基线边数目不小于总数的 50%，否则应重测该基线或有关的图形。

c）由于点位不符合水准测量或 GPS 测量要求，重测仍不能满足各项限差规定时，应按技术要求增选新点进行重测。

d）非跨河点与最近河点组成的线路计算的 α 值较差大于表 17 规定时，应对超限的线路进行重测。经重测仍不能满足要求时，应按 8.3.2 和 8.10.1 的要求另外选定非跨河点，组成新线路重测。

8.11　冰上观测

跨越位于北方的地区的河流、沼泽、水草地的水准测量，可以利用严寒季节在冰上进行：

a）严寒前，预先在两岸选定跨河地点和埋设水准标石，并与路线上的水准点进行连测。

b）冰上水准测量，应在冰层有足够厚度和表面周日变化最小期间（每年 12 月底至翌年 2 月底）内进行。观测进行中应特别注意安全，冰上不得聚集许多人员或运输工具。

c）观测开始前，沿选定路线依相应水准测量等级所采用的视线工具，选定安置仪器与标尺的地点，清除积雪，在安置标尺处凿一小坑，插入一不小于 30 cm × 10 cm × 10 cm 的木桩（顶端钉入圆帽钉），然后烧水使其冻结。在安置仪器脚架的每一脚下，同样冻入木桩以支撑仪器脚架。

d）冰上水准测量的观测方法和各项限差均与相应各等水准测量的规定相同。

8.12　夜间观测

通过交通繁忙、车流量甚大的桥梁或街区的水准测量，可以在夜间进行。

a）预先在夜间拟测路线的两端，埋设水准点或选择固定点，尽量减少夜间观测工作量。

b）白天应在夜测地段选定架设仪器和放置标尺的地点，并在立尺点钉入尺桩或帽钉，作出明显标记。视线长度不宜超过 25 m。

c）在标尺处应有专人照明，可在水准仪测微器的入光孔设照明灯。

d）夜间水准测量的观测方法和各项限差均与相应的各等水准测量的规定相同。

9 外业成果的记录、整理与计算

9.1 记录方式与要求

9.1.1 记录方式

一、二等水准测量的外业成果，按记录载体分为电子记录和手簿记录两种方式，应优先采用电子记录，在不适宜电子记录的特殊地区亦可采用手簿记录。

电子记录参照 CH/T 2004 和 CH/T 2006 执行。

9.1.2 记录项目

9.1.2.1 每测段的始、末，工作间歇的前后及观测中气候变化时，应记录观测日期、时间（北京时）、大气温度（仪器高度处温度）、成像、太阳方向（按太阳对于路线前进方向的 8 个方位：前方、前右、右方、后方、左后、左方、前左）、道路土质、风向及风力（风向按风吹来的方向对于路线前进方向的 8 个方位：前方、前右、右方、右后、后方、左后、左方、前左记录，风力按附录 D 中的 D.4 风级表记录）。

9.1.2.2 使用光学水准仪时，每测站应记录上、下丝在前后标尺的读数，楔形平分丝在前后标尺基、辅分划面的读数。使用数字水准仪时，每测站应记录前后标尺距离和视线高读数。每五个测站记录一次标尺温度，读至 0.1 ℃。

9.1.3 手簿记录要求

a）一切外业观测值和记事项目，应在现场直接记录。

b）手簿一律用铅笔填写，记录的文字与数字力求清晰，整洁，不得潦草模糊，手簿中任何原始记录不得涂擦，对原台记录有错误的数字与文字，应仔细核对后以单线划去，在其上方填写更正的数字与文字，并在备考栏内注明原因。对作废的记录，亦用单线划去，并注明原因及重测结果记于此处。重测记录应加注"重测"二字。手簿记录格式见 D.1。

c）一、二等水准测量记录的小数取位按照表 18 的规定执行。

9.1.4 观测记录的整理和检查

观测工作结束后应及时整理和检查外业观测手簿。检查手簿中所有计算是否正确、观测成果是事满足各项限差要求。确认观测成果全部符合本规范规定之后，方可进行外业计算。

9.2 外业计算

9.2.1 水准测量外业计算的项目：

a）外业手簿的计算；

b）外业高差的概略高程表的编算；

c）每千米水准测量偶然中误差的计算；

d）附合路线与环线闭合差的计算；

e）每千米水准测量全中误差的计算。

9.2.2 外业高差和概略高程表的编算，应由两人各自独立编算一份，并核对无误。国家水准网计算水准点高程时，所用的高差应加入下列改正（计算方法见 D.2 和 D.3）：

a）水准标尺长度改正；

b）水准标尺温度改正；

c）正常水准面不平行的改正；

d）重力异常改正；

e）固体潮改正（最后计算时，近海水准路线需加入海潮负荷改正）；

f）环线闭合差改正。

9.2.3 每完成一条水准路线的测量，应进行往返测高差不符值及每千米水准测量的偶然中误差 M_Δ 的计算（小于 100 km 或测段数不足 20 个路线，可纳入相邻路线一并计算），并符合 7.11 及 4.2 的规定。

每千米水准测量偶然中误差 M_Δ 按式（13）计算：

$$M_\Delta = \pm\sqrt{[\Delta\Delta/R]/(4 \cdot n)} \qquad (13)$$

式中 Δ——测段往返测高差不符值，mm；

R——测段长度，km；

N——测段数。

9.2.4 每完成一条附合路线或闭合环线的测量，应对观测高差施加 9.2.2 中 a）、b）、c）、d）、e）项改正，然后计算附合路线或环线的闭合差，并应符合 7.11 的规定，当构成水准网的水准环超过 20 个时，还需按环线闭合差 W 计算每千米水准测量的全中误差 M_W，并应符合 4.2 的规定（山区布测的一等水准网，闭合环不足 50 个时，M_W 限差为 ±1.2 mm）。

每千米水准测量的全中误差 M_W 按式（14）计算：

$$M_W = \pm\sqrt{\dfrac{\dfrac{WW}{F}}{N}} \qquad (14)$$

式中 W——经过各项改正的水准环闭合差，mm；

F——水准环线周长，km；

N——水准环线。

9.2.5 外业计算取位按表 18 规定执行。

表 18

等级	往（返）测距离总和 /km	测段距离中数 /km	各测站高差/mm	往（返）测高差总和/mm	测段高差中数 /mm	水准点高程 /mm
一等	0.01	0.1	0.01	0.01	0.1	1
二等	0.01	0.1	0.01	0.01	0.1	1

9.3 外业成果的检查验收与上交

9.3.1 成果的检查验收和质量评定

水准测量工作完成后，应按 CH 1002 的要求进行检查和验收并编写检查验收报告。

水准测量成果在检查验收以后，应按照 CH 1003 的要求进行质量评定。

9.3.2 技术总结

技术总结是在水准测量任务完成后，对技术设计书和技术标准执行情况、技术方案、作业方法、技术的应用、完成质量和主要问题的处理等进行分析和总结。它是与测绘成果有直接关系的技术性文件，是永久保存的重要技术档案。

技术总结按照 CH 1001 编写，并由单位主要技术负责人审核签名，方可上交。

9.3.3 上交资料

9.3.3.1 资料的整理与上交

经过检查验收后的水准测量成果，应按路线进行清点整理、装订成册、编制目录，开列清单，上交资料管理部门。

9.3.3.2 上交资料的范围

a）技术设计书；

b）水准点之记的纸质文件及其数字化后的电子文本；

c）水准路线图、结点接测图及其数字化后的电子文本；

d）测量标志委托保管书（2 份）；

e）水准仪、水准标尺检验资料及标尺长度改正数综合表；

f）水准观测手簿、磁带、磁盘、光盘等能长期保存的其他介质，水准点上重力测量资料；

g）水准测量外业高差及概略高程表两份；

h）外业高差各项改正数计算资料；

i）外业技术总结；

j）验收报告。

附录 C 《水利水电工程施工测量规范》（SL 52—93）

1 总 则

1.0.1 本规范适用于水利水电工程施工阶段的测量工作。其内容包括总则、控制测量、放样的准备与方法、开挖工程测量、立模与填筑放样、金属结构与机电设备安装测量、地下洞室测量、辅助工程测量、施工场地地形测量、疏浚及渠堤施工测量、施工期间的外部变形监测、竣工测量。

1.0.2 施工测量工作应包括下列内容。

（1）根据工程施工总布置图和有关测绘资料，布设施工控制网。

（2）针对施工各阶段的不同要求，进行建筑物轮廓点的放样及其检查工作。

（3）提供局部施工布置所需的测绘资料。

（4）按照设计图纸、文件要求，埋设建筑物外部变形观测设施，并负责施工期间的观测工作。

（5）进行收方测量及工程量计算。

（6）单项工程完工时，根据设计要求，对水工建筑物过流部位以及重要隐蔽工程的几何形体进行竣工测量。

1.0.3 本规范以中误差作为衡量精度的标准，以两倍中误差为极限误差。

1.0.4 施工测量主要精度指标应符合表 1.0.4 的规定。

表 1.0.4 施工测量主要精度指标

序号	项 目		精度指标		说 明
		内 容	平面位置中误差 /mm	高程中误差 /mm	
1	混凝土建筑物	轮廓点放样	±（20～30）	±（20～30）	相对于邻近基本控制点
2	土石料建筑物	轮廓点放样	±（30～50）	±30	相对于邻近基本控制点
3	机电设备与金属结构安装	安装点	±（1～10）	±（0.2～10）	相对于建筑物安装轴线和相对水平度
4	土石方开挖	轮廓点放样	±（50～200）	±（50～100）	相对于邻近基本控制点
5	局部地形测量	地物点	±0.75（图上）		相对于邻近图根点
		高程注记点		1/3 基本等高距	相对于邻近高程控制点
6	施工期间外部变形观测	水平位移测点	±（3～5）		相对于工作基点
		垂直位移测点		±（3～5）	相对于工作基点
7	隧洞贯通	相向开挖长度小于 4 km	贯通面	横向±50 纵向±100	±25	横向、纵向相对于隧洞轴线 高程相对于洞口高程控制点
		相向开挖长度 4～8 km	贯通面	横向±75 纵向±150	±38	

1.0.5 施工平面控制网坐标系统，宜与规划设计阶段的坐标系统一致，也可根据需要建立与规划设计阶段的坐标系统有换算关系的施工坐标系统。施工高程系统，必须与规划设计阶段的高程系统相一致，并应根据需要就近与国家水准点进行联测，其联测精度不宜低于本工程首级高程控制的要求。

1.0.6 局部建筑工程部位相对精度要求较高时，可单独建立高精度的控制网。控制网应结合实际情况进行专门设计。

1.0.7 水利水电工程各项施工测量工作，除使用本规范所规定的方法外，亦可采用能满足本规范精度要求，并经过实践验证的新技术、新方法。

1.0.8 施工测量人员应遵守下列准则。

（1）在各项施工测量工作开始之前，应熟悉设计图纸，了解规范的规定，选择正确的作业方法，制定具体的实施方案。

（2）对所有观测数据，应随测随记、严禁转抄、伪造。文字与数字应力求清晰、整齐、美观。对取用的已知数据、资料均应由两人独立进行百分之百的检查、核对，确信无误后方可提供使用。

（3）对所有观测记录手簿，必须保持完整，不得任意撕页，记录中间也不得无故留下空页。

（4）施工测量成果资料（包括观测记簿、放样单、放样记载手簿），图表（包括地形图、竣工断面图、控制网计算资料）应予以统一编号，妥善保管，分类归档。

（5）现场作业时，必须遵守有关安全、技术操作规程，注意人身和仪器的安全，禁止冒险作业。

（6）对于测绘仪器、工具应精心爱护，及时维护保养，做到定期检验校正，保持良好状态。对精密仪器应建立专门的安全保管、使用制度。

2 平面控制测量

2.1 一般规定

2.1.1 平面控制网的精度指标及布设密度，应根据工程规模及建筑物对放样点位的精度要求确定。

2.1.2 平面控制网的等级，依次划分为二、三、四、五等测角网、测边网、边角网或相应等级的光电测距导线网，其适用范围按表 2.1.2 执行。

表 2.1.2 各等级首级平面控制网适用范围

工程规模	混凝土建筑物	土石建筑物
大型水利水电工程	二	二～三
中型水利水电工程	三	三～四
小型水利水电工程	四～五	五

对于特大型的水利水电工程，也可布设一等平面控制网，其技术指标应专门设计。

各种等级（二、三、四、五）、各种类型（测角网、测边网、边角网或导线网）的平面控制网，均可选为首级网。

2.1.3 平面控制网的布设梯级，可根据地形条件及放样需要决定，以 1～2 级为宜。但无论采用何种梯级布网，其最末级平面控制点相对于同级起始点或邻近高一级控制点的点位中误差不应大于 ±10 mm。

对于水工隧洞地面控制网，其相邻洞口点的点位中误差见表 8.1.3。

2.1.4 首级平面控制网的起始点，应选在坝轴线或主要建筑物附近。以使最弱点远离坝轴线或放样精度要求较高的地区。

2.1.5 独立的平面控制网，应利用勘测设计阶段布设的测图控制点，作为起算数据，在条件方便时，可与邻近的国家三角点进行联测。其联测精度应不低于国家四等网的要求。

2.1.6 平面控制网建立后，应定期进行复测，尤其在建网一年后或大规模开挖结束后，必须进行一次复测。若使用过程中发现控制点有位移迹象时，应及时复测。

2.1.7 平面控制网的观测资料，可不作椭圆投影改正。采用平面直角坐标系统在平面上直接进行计算。但观测边长应投影到测区所选定的高程面上。

2.2 技术设计

2.2.1 平面控制网的技术设计应在全面了解工程建筑物的总体布置，工区的地形特征及施工放样精度要求的基础上进行。设计前应搜集下列资料：

（1）施工区现有地形图和必要的地质资料。

（2）规划设计阶段布设的平面和高程控制网成果。

（3）枢纽建筑物总平面布置图。

（4）有关的测量规范和招投标文件资料。

2.2.2 四等以上平面控制网布设前，应按下列程序进行精度估算，选定最优方案。

（1）在图上或野外实地选点、确定各待定平面控制点的近似坐标。

（2）选定网的等级和类型，确定各观测量的先验权。

（3）解算未知参数的协因数阵，计算各点的点位中误差或误差椭圆元素并与本规范的规定精度作比较。

（4）若不能满足规范要求时，调整图形结构、改变网的类型或改变各观测元素的先验权，重复（2）、（3）项工作，直至满足规定的精度为止。

2.2.3 直线形建筑物的主轴线或其平行线，应尽量纳入平面控制网内。

2.2.4 布设测角网的技术要求如下：

（1）测角网宜用近似等边三角形、大地四边形、中心多边形等图形组成。三角形内角不宜小于 30°。如受地形限制，个别角也不应小于 25°。

（2）测角网的起始边，应采用光电测距仪测量，坡度应满足下列要求：

二等起始边坡度应小于 5°；

三等起始边坡度应小于 7°；

四等起始边坡度应小于 10°。

当测距边坡度超过以上规定时，天顶距的观测精度或水准测量精度，应另作专门计算。

（3）各等级测角网的主要技术要求应符合表 2.2.4 的规定。

表 2.2.4　测角网技术要求

等级	边长/m	起始边相对中误差	测角中误差/(″)	三角形最大闭合差/(″)	测回数	
					DJ$_1$	DJ$_2$
二	500 ~ 1 500	1/30 万	±1.0	±3.5	9	
三	300 ~ 1 000	1/15 万（首级） 1/13 万（加密）	±1.8	±7.0	6	9
四	200 ~ 800	1/10 万（首级） 1/7 万（加密）	±2.5	±9.0	4	6
五	100 ~ 500	1/4 万	±5.0	±15.0		4

2.2.5 布设测边网的技术要求如下：

（1）测边网也应重视图形结构。三角形各内角宜在 30°~100° 之间，当图形欠佳时，要加测对角线边长或采取其他措施加以改善。

（2）对于四等以上测边网，要在一些三角形中，以相应等级测角网的测角精度观测一个较大的角度（接近 100°）作为校核。校核公式见 2.6 节。

（3）测边网中的每一个待定点上，至少要有一个多余观测。不允许布设无多余观测的单三角锁。

（4）各等级测边网的布设应符合表 2.2.6 的要求。

2.2.6 布设边角网的技术要求：

（1）边角网的测角与测边的精度匹配，应符合下列要求：

$$\frac{m_\beta}{\sqrt{2}\rho''} = \frac{m_s}{S \times 10^3} \quad \text{或} \quad \frac{m_i}{\rho''} = \frac{m_s}{S \times 10^3} \qquad (2.2.6)$$

式中　　m_β、m_i——相应等级控制网的测角中误差、方向中误差（″）；

m_s——测距中误差，mm；

S——测距边长，m；

ρ''——206 265″。

（2）各等级边角网、测边网的主要技术要求应符合表 2.2.6 的规定。

表 2.2.6　边角网、测边网技术要求

等级	边长/m	测角中误差/(″)	平均边长相对中误差	测距仪等级	测回数		
					边长	天顶距	
						DJ$_1$	DJ$_2$
二	500 ~ 1 500	±1.0	1/250 000	1 ~ 2	往返各 2	4	
三	300 ~ 1 000	±1.8	1/150 000	2	往返各 2	3	4
四	200 ~ 800	±2.5	1/100 000	2 ~ 3	往返各 2		3
五	100 ~ 500	±5.0	1/50 000	3 ~ 4	往返各 2		2

注：① 光电测距仪一测回的定义为：照准 1 次，读数 4 次。

② 测距仪分级技术规格见表 2.5.1。

（3）边角网方向观测的测回数，应符合表 2.2.4 的要求。

（4）各站仪器高、棱镜高（觇牌高）的丈量误差对于二、三等网不应大于 1 mm，四、五等网不应大于 2 mm。

（5）除二、三等网以外，可用不同时段的单向测距代替往返测距。

2.2.7　三、四、五等平面控制网，可用相应等级的导线网来代替。导线网的布设，应符合以下规定：

（1）当导线网作为首级控制时，应布设成环形结点网，各导线环的长度不应大于表 2.2.7 中规定总长的 0.7 倍。

（2）加密导线，宜以直伸形状布设，附合于首级网点上。各导线点相邻边长不宜相差过大。

（3）导线网的精度指标和技术要求，应符合表 2.2.7 的规定。

表 2.2.7　光电测距附合（闭合）导线技术要求

等级	附合（闭合）导线总长/km	平均边长/m	测角中误差/（″）	测距中误差/mm	全长相对闭合差	方位角闭合差/（″）	测距要求	
							测距仪等级	测回数
三	3.2	400		5	1/55 000		2	2
	3.5	600	1.8	5	1/60 000	$\pm3.6\sqrt{n}$	2	2
	5.0	800		2	1/70 000		1	2
四	1.8	300		7	1/35 000		3	2
	3.0	500	2.5	5	1/45 000	$\pm5\sqrt{n}$	2	2
	3.5	700		5	1/50 000		2	2
五	2.0	200		10	1/18 000		3～4	2
	2.4	300	5	10	1/20 000	$\pm10\sqrt{n}$	3～4	2
	3.0	500		7	1/25 000		3	2

注：表中所列的技术要求，符合最弱点点位中误差不大于 10 mm（三、四等）和 ±20 mm（五等）。

2.2.8　五等测角网的起始边，可用鉴定过的钢尺丈量，钢尺的鉴定期一般不超过一年。鉴定相对中误差不大于 1/10 万。其主要技术要求应符合表 2.2.8 的规定。

表 2.2.8　钢尺丈量起始边的技术要求

作业尺数	丈量总次数	定线误差/mm	尺段高差误差/mm	读定次数	估读/mm	温度读至/℃	同尺各次或同段各尺较差/mm	丈量方法	边长丈量较差相对中误差
2	2	50	3	3	0.5	0.5	2	悬空	1/3 万

2.3　平面控制网选点、埋设及标志

2.3.1　平面控制点应选在通视良好、交通方便，地基稳定且能长期保存的地方。视线离障碍物（上、下和旁侧）不宜小于 2.0 m。

2.3.2 对于能够长期保存、离施工区较远的平面控制点，应着重考虑图形结构和便于加密；而直接用于施工放样的控制点则应着重考虑方便放样，尽量靠近施工区并对主要建筑物的放样区组成的图形有利。

控制点的分布，应做到坝轴线以下的点数多于坝轴线以上的点数。

2.3.3 位于主体工程附近的各等级控制点和主轴线标志点，应埋设具有强制归心装置的混凝土观测墩。其他部位可根据情况埋设暗标或半永久标志。对于首级网，同一等级的控制点应埋设相同类型的标志。

2.3.4 各等级控制点周围应有醒目的保护装置，以防止车辆或机械的碰撞。在有条件的地方可建造观测棚。

2.3.5 观测墩上的照准标志，可采用各式垂直照准杆，平面觇牌或其他形式的精确照准设备。照准标志的形式、尺寸、图案和颜色，应与边长和观测条件相适应，图样按附录 A 的规定执行。

2.3.6 照准标志底座平面应埋设水平。其不平度应小于 10′。照准标志中心线与标志点的偏差不得大于 1.0 mm。

2.3.7 对于测边网或边角网，其点位的选择，还应注意以下几点：

（1）视线应避免通过吸热、散热不同的地区，如烟囱等。

（2）视线上不应有任何障碍物，如树枝、电线等，并应避开强电磁场的干扰，如高压线等。

（3）测距边的倾角不宜太大，可参照本规范 2.2.4（2）的要求放宽 3°～4°。

2.4 水平角观测

2.4.1 水平角观测前，必须对经纬仪进行检验和校正。检验项目和检验方法按《国家三角测量和精密导线测量规范》规定执行。

2.4.2 水平角观测应遵守下列规定：

（1）观测应在成像清晰、目标稳定的条件下进行。晴天的日出、日落和中午前后，如果成像模糊或跳动剧烈，不应进行观测。

（2）应待仪器温度与外界气温一致后开始观测。观测过程中，仪器不得受日光直接照射。

（3）仪器照准部旋转时，应平稳匀速；制动螺旋不宜拧得过紧；微动螺旋应尽量使用中间部位。精确照准目标时，微动螺旋最后应为旋进方向。

（4）观测过程中，仪器气泡中心偏移值不得超过一格。当偏移值接近限值时，应在测回之间重新整置仪器。

（5）对于二等平面控制网，目标垂直角超过 ±3° 时，应在瞄准每个目标后读定气泡的偏移值，进行垂直轴倾斜改正。对于三、四等三角网的角度观测，当目标垂直角超过 ±3° 时，每测回间应重新整置仪器，使水准气泡居中。

2.4.3 水平角观测一般采用方向观测法，其操作步骤如下：

（1）将仪器照准零方向标志，按度盘配量表配置度盘和测微器读数。

（2）顺时针方向旋转照准部 1～2 周后精确照准零方向标志，并进行水平度盘、测微器读数（照准二次，各读数一次）。五等三角测量可只照准读数一次。

（3）顺时针方向旋转照准部，精确照准第 2 方向标志，按（2）方法进行读数；顺时针方向旋转照准部依次进行第 3、4、…、n 方向的观测，最后闭合至零方向（当观测方向数小于或等于 3 时，可不闭合至零方向）。

（4）纵转望远镜，逆时针方向旋转照准部 1~2 周后，精确照准零方向，按（2）方法进行读数。

（5）逆时针方向旋转照准部，按上半测回观测的相反次序依次观测至零方向。

以上操作为一测回。

2.4.4　水平方向观测应使各测回读数均匀地分配在度盘和测微器的不同位置上，各测回间应将度盘位置变换一个角度 δ，计算公式如下：

$$\delta = \frac{180°}{m}(j-1) + i(j-1) = \frac{\omega}{m}\left(j - \frac{1}{2}\right) \qquad (2.4.4)$$

式中　m——测回数；

　　　j——测回序号（$j = 1、2、\cdots、m$）；

　　　i——水平度盘最小间隔分划值，DJ_1 型为 4′，DJ_2 型为 10′；

　　　ω——测微盘分格数值，DJ_1 型为 60 格，DJ_2 型为 600″。

2.4.5　若测站方向数超过 6 个时，应分组进行观测。分组观测时应包括两个共同方向，其中一个为共同零方向。其两组共同方向观测角之差，不应大于同等级测角中误差的两倍。采用方向观测法时，其主要技术要求应符合表 2.4.5 的规定。

表 2.4.5　水平角方向观测法技术要求

等　　级	经仪型号	光学测微器两次重合读数差/（″）	两次照准读数差/（″）	半测回归零差/（″）	一测回中 2C 较差/（″）	同方向值各测回互差/（″）
二、三、四	DJ_1	1	4	6	9	6
	DJ_2	3	6	8	13	9
五	DJ_2	3	6	8	13	9
	DJ_6		12	18		24

注：当观测方向的垂直角大于 ±3° 时，该方向的 2C 较差，按相邻测回同方向进行比较，其差值仍应符合上表规定。

2.4.6　水平角观测误差超过表 2.4.5 要求时，应在原来度盘位置上进行重测，并符合下列规定：

（1）上半测回归零差或零方向 2C 超限，该测回应立即重测，但不计重测测回数。

（2）同测回 2C 较差或各测回同一方向值较差超限，可重测超限方向（应连测原零方向）。一测回中，重测方向数，超过测站方向总数的 1/3 时，该测回应重测。

（3）因测错方向、读错、记错、气泡中心位置偏移超过一格或个别方向临时被挡，均可随时进行重测。

（4）重测必须在全部测回数测完后进行。当重测测回数超过该站测回总数的 1/3 时，该站应全部重测。

2.4.7　观测导线水平角，应遵守下列规定：

（1）观测导线转折角时，若方向数为 2，采用左、右角观测法，当方向数多于 2 时，采用方向观测法，其测回数和观测限差与相应等级的三角测量相同。

（2）观测四等以上导线水平角时，应在观测总测回数中，按奇数测回和偶数测回分别观测导线前进方向的左角和右角。观测右角时仍以左角起始方向为准换置度盘位置。左角和右角分别取中数后相加，其与360°的差值不应超过本等级测角中误差的两倍。

（3）如果导线较长，且导线通过地区有明显的旁折光影响时，应将总的测回数分为日、夜各观测一半。

（4）在短边的情况下，应采用三联脚架法观测。

2.4.8 观测手簿的记录、检查和观测数据的划改，应遵守下列规定：

（1）水平角观测的秒值读、记错误，应重新观测，度值和分值读、记错误可在现场更正。但同一方向盘左、盘右不得同时更改相关数字。

（2）天顶距观测中，分的读数在各测回中不得连环更改。

（3）距离测量中，每测回开始要读、记完整的数字，以后可读、记尾数。厘米以下数字不得划改。米和厘米部分的读、记错误，在同一距离的往返测量中，只能划改一次。

2.4.9 水平角观测结束后，其测角中误差按下列公式计算。

（1）三角网测角中误差：

$$m_\beta = \pm\sqrt{\frac{[WW]}{3n}} \qquad (2.4.9\text{-}1)$$

（2）导线（网）测角中误差的计算方法分两种情况。

a. 按左、右角闭合差计算：

$$m_\beta = \pm\sqrt{\frac{[\Delta\Delta]}{3n}} \qquad (2.4.9\text{-}2)$$

b. 按导线方位角闭合差计算：

$$m_\beta = \pm\sqrt{\frac{[f_\beta^2]}{nN}} \qquad (2.4.9\text{-}3)$$

式中　W——三角形闭合差；

Δ——左、右角之和与360°之差；

f_β——附合导线（或闭合导线）的方向角闭合差；

n——三角形个数或计算f_β的测站数；

N——附合导线或闭合导线环的个数。

2.5　光电测距

2.5.1 根据测距仪出厂的标称精度的绝对值，按1km的测距中误差，测距仪的精度分为四级，其技术规格应符合表2.5.1的规定。

表 2.5.1　测距仪分级技术规格

测距中误差/mm	测距仪精度等级	测距中误差/mm	测距仪精度等级
$\lvert m_D \rvert \leqslant 2$	1	$5 < \lvert m_D \rvert \leqslant 10$	3
$2 < \lvert m_D \rvert \leqslant 5$	2	$\lvert m_D \rvert > 10$	4

仪器的标称精度表达式为

$$m_D = \pm(a + bD)$$

式中　a ——标称精度中的固定误差，mm；

　　　b ——标称精度中的比例误差系数，mm/km；

　　　D ——测距长度，km。

测距前，应根据距离测量的精度要求，按上述标称精度表达式，正确地选择仪器型号。

2.5.2　测距仪及辅助工具的检校：

（1）新购置的仪器或大修后，应进行全面检校。

（2）进行四等以上控制网的距离测量前，必须将测距仪送有关检验机构进行全面检验，获得加、乘常数和周期误差等数据。

（3）测距使用的温度计、气压计等也应送计量部门进行检测。

2.5.3　测距作业应注意事项：

（1）测距前应先检查电池电压是否符合要求。在气温较低的条件下作业时，应有一定的预热时间。

（2）测距仪的测距头、反射棱镜等应按出厂要求配套使用。未经验证，不得与其他型号的相应设备互换使用。

（3）测距应在成像清晰、稳定的情况下进行。雨、雪及大风天气不应作业。

（4）反射棱镜背面应避免有散射光的干扰，镜面不得有水珠或灰尘沾污。

（5）晴天作业时，测站主机必须打伞遮阳，不宜逆光观测。严禁将测距头对准太阳。架设仪器后，测站、镜站不得离人。迁站时，必须取下测距头。

（6）观测时气象数据的测取及各项观测限差应符合表 2.5.3 的规定，若出现超限时，应重新观测。当观测数据出现分群现象时，应分析原因，待仪器或环境稳定后重新进行观测。

表 2.5.3　测距作业技术要求

项　目	气象数据测定				一测回读数较差限值/mm	测回间较差限值/mm	往返或光段较差限值/mm
三角网等级 测距仪等级	温度最小读数/℃	气压最小读数/Pa	测定时间间隔	数据取用			
二 1~2	0.5	50	每边观测始末	每边两端平均值	2	3	$2(a+b\cdot D)$
三 2	0.5	50	每边观测始末	每边两端平均值	3	5	
四 2~3	1.0	100	每边测定一次	测站端观测值	5	7	
五 3	1.0	100	每边测定一次	测站端观测值	5	7	

注：往返较差必须将斜距化算到同一高程面上后方可进行比较。

控制测量

（7）温度计应悬挂在测站（或镜站）附近，离开地面和人体 1.5 m 以外的阴凉处，读数前必须摇动数分钟；气压表要置平，指针不应滞阻。

2.5.4 测距边的归算应遵守下列规定：

（1）经过气象、加常数，乘常数（必要时顾及周期误差）改正后的斜距，才能化为水平距离。

（2）测距边的气象改正按仪器说明书给出的公式计算。

（3）测距边的加、乘常数改正应根据仪器检验的结果计算。

（4）测距边的倾斜改正、投影改正计算方法见附录 K。

2.5.5 测距边的精度评定，按下列公式计算。

（1）一次测量观测值中误差：

$$m_D = \pm \sqrt{\frac{[Pdd]}{2n}}$$
（2.5.5-1）

对向观测平均值中误差：

$$m_D = \pm \frac{1}{2} \sqrt{\frac{[Pdd]}{n}}$$
（2.5.5-2）

（2）任一边的实际测距中误差：

$$m_{S1} = \pm m_D \sqrt{\frac{1}{P_{Di}}}$$
（2.5.5-3）

式中 d ——各边往返测水平距离的较差；

  n ——测边数；

  P ——各边距离测量的先验权，令 $P = \frac{1}{m_D^2}$，m_D 可按测距仪的标称精度计算；

  P_D ——第 i 边距离测量的先验权。

2.6 成果的验算和平差计算

2.6.1 平差计算前，应对外业观测记录手簿、平差计算起始数据，再次进行百分之百的检查校对。如用电子手簿记录时，应对输出的原始记录进行校对。

2.6.2 控制网各项外业观测结束后，应进行各项限差的验算。

（1）测角网。

a. 极条件自由项的限值：

真数：

$$\bar{W}_j = \pm 2 \frac{m_\beta}{\rho''} \sqrt{\sum \cot^2 \beta}$$
（2.6.2-1）

对数：

$$W_j = \pm 2 m_\beta \sqrt{[\delta\delta]}$$
（2.6.2-2）

255

b. 边（基线）条件自由项的限值：

真数：

$$\bar{W}_D = \pm 2 \sqrt{\frac{m_\beta^2}{\rho^2} \sum \cot^2 \beta + \left(\frac{m_{S1}}{S_1}\right)^2 + \left(\frac{m_{S2}}{S_2}\right)^2} \qquad (2.6.2\text{-}3)$$

对数：

$$W_D = \pm 2 \sqrt{m_\beta^2 [\delta\delta] + m_{\lg S1}^2 + m_{\lg S2}^2} \qquad (2.6.2\text{-}4)$$

c. 方位角条件自由项的限值：

$$W_f = \pm 2 \sqrt{m_{\alpha 1}^2 + m_{\alpha 2}^2 + n \cdot m_\beta^2} \qquad (2.6.2\text{-}5)$$

d. 固定角条件自由项的限值：

$$W_g = \pm 2 \sqrt{m_g^2 + m_\beta^2} \qquad (2.6.2\text{-}6)$$

式中　m_β——相应等级的测角中误差；

δ——求距角正弦对数的 1″ 表差；

m_S——测距中误差；

$m_{\lg S1}$、$m_{\lg S2}$——起始边边长对数中误差；

$m_{\alpha 1}$、$m_{\alpha 2}$——起始边方位角中误差；

m_g——固定角的角度中误差；

n——推算路线所经过的测站数；

β——求距角；

$\dfrac{m_{S1}}{S_1}$、$\dfrac{m_{S2}}{S_2}$——起始边边长相对中误差。

（2）边角网和测边网。

a. 边角网边条件自由项限值：

按角度平差：

$$W_S = \pm 2 \sqrt{m_\beta^2 [\delta\delta] + m_S^2 [\delta_S \delta_S]} \qquad (2.6.2\text{-}7)$$

按方向平差：

$$W_S = \pm 2 \sqrt{m_i^2 [\delta\delta] + m_S^2 [\delta_S \delta_S]} \qquad (2.6.2\text{-}8)$$

b. 观测角与边长计算所得角值的限差：

$$W_T'' = \pm 2 \sqrt{2 \left(\frac{m_S}{S} \rho''\right)^2 (\cot^2 \alpha + \cot^2 \beta + \cot \alpha \cdot \cot \beta) + m_\beta^2} \qquad (2.6.2\text{-}9)$$

c. 测边网角条件（包括圆周角条件与组合角条件）自由项的限值计算见附录 B。

式中　　m_i、m_β——相应等级规定的方向中误差和测角中误差；

　　　　δ、δ_S——求距角正弦对数的秒差和条件方程式中边长改正数系数；

　　　　$\dfrac{m_S}{S}$——各边的平均测距相对中误差；

　　　　α、β——除观测角外的另外两个角。

（3）导线网。

a. 导线方位角条件自由项限值：

$$W_{方} = \pm\sqrt{nm_\beta^2 + m_{\alpha1}^2 + m_{\alpha2}^2} \qquad\qquad (2.6.2\text{-}10)$$

b. 导线闭合图形的自由项限值：

$$W_{图} = \pm2m_\beta\sqrt{n} \qquad\qquad (2.6.2\text{-}11)$$

式中　　n——导线测站数；

　　　　m_β——相应等级导线规定的测角中误差；

　　　　$m_{\alpha1}$、$m_{\alpha2}$——附合导线两端已知方位角的中误差。

2.6.3　测角网、测边网按等权进行平差。边角网和导线网的定权，可根据情况，从下列三种方法中选择。

（1）根据先验方差定权。即令 $P_\beta = 1$，则：

$$P_S = m_\beta^2 / m_S^2 \qquad\qquad (2.6.3\text{-}1)$$

或令　　　　　　　$P_i = 1$

则：　　　　　　　$P_S = m_i^2 / m_S^2$ $\qquad\qquad (2.6.3\text{-}2)$

式中　　m_β、m_i——可按本规范第 2.4.9 条计算或取用相应等级的先验值；

　　　　m_S——可取用仪器的标称精度；

　　　　P_β——角度观测值的权；

　　　　P_i——方向观测值的权；

　　　　P_S——测距边观测值的权。

（2）先分别按测角网和测边网单独平差求得各自的方差估值 m_β（或 m_i）、m_S，然后按（1）所列公式定权。

（3）在条件允许时，也可考虑按方差分量估计原理定权。

2.6.4　各等级平面控制网均应采用严密的平差方法。平差所用的计算程序应该是经过鉴定或验算证明是正确的程序。

2.6.5　根据平差方法评定三角网平差后的精度，一般应包含：单位权测角（或方向）中误差，各边边长中误差和方向中误差，各待定点点位中误差和各点的绝对（相对）误差椭圆元素。

2.6.6　内业计算数字取位的要求应符合表 2.6.6 的规定。

表 2.6.6　内业计算数字取位要求

等级	观测方向值 /（"）	改正数		边长坐标值 /mm	方位角值 /（"）
		方向/（"）	长度/mm		
三	0.01	0.01	0.1	0.1	0.01
三～四	0.1	0.1	1.0	1.0	0.1
五	1	1	1.0	1.0	1.0

2.6.7　平面控制测量结束后，应对下列资料进行整理归档。

（1）平面控制网图及技术设计书。

（2）平差计算成果资料。

（3）外业观测记录手簿。

（4）技术工作小结。

2.7　主要轴线的测设

2.7.1　大坝、厂房、船闸、钢管道、机组、各种泄水建筑物如隧洞、水闸等的主要轴线点，均应由等级控制点进行精确的测定。

主要轴线点相对于邻近等级控制点的点位中误差，应符合表 2.7.1 的规定。

表 2.7.1　主要轴线点点位中误差限值

轴线类别	相对于邻近控制点点位中误差/mm
土建轴线	±17
安装轴线	±10

2.7.2　轴线点的测设方法应按等级控制网的要求，进行加密。事先应进行精度估算，确定作业方法和选用仪器的等级和型号。

2.7.3　主要轴线点的测设，可按下列步骤进行：

（1）根据轴线点的设计坐标值，进行初步实地定点。

（2）按本规范 2.7.2 的规定，精确测定该点的坐标值。当实测坐标值与设计坐标值之差大于表 2.7.1 的限值时，将该点改正至设计位置，并重新进行检测，直至符合表 2.7.1 的规定为止。

2.7.4　轴线点应埋设固定标点。主要轴线每条至少要设三个固定标志。

3　高程控制测量

3.1　一般规定

3.1.1　高程控制网的等级，依次划分为二、三、四、五等。首级控制网的等级，应根据工程规模、范围大小和放样精度高低来确定，其适用范围，见表 3.1.1。

表 3.1.1　首级高程控制等级的适用范围

工程规模	混凝土建筑物	土石建筑物
大型水利水电工程	二或三等	三等
中型水利水电工程	三等	四等
小型水利水电工程	四等	五等

3.1.2 高程控制设计

高程控制测量的精度应符合下列要求：

最末级高程控制点相对于首级高程控制点的高程中误差，对于混凝土建筑物应不大于 ± 10 mm，对于土石建筑物应不大于 ± 20 mm。在施工区以外，布设较长距离的高程路线时，可按（GB 12897—91）《国家一、二等水准测量规范》和（GB 12898—91）《国家三、四等水准测量规范》中规定的相应等级精度标准进行设计。对于水工隧洞高程控制测量的精度标准按本规范第 8 章的规定执行。

3.1.3 布设高程控制网时，首级网应布设成环形网，加密时宜布设成附合路线或结点网。其点位的选择和标志的埋设应遵守下列规定：

（1）各等级高程点宜均匀布设在大坝上下游的河流两岸。点位应选在不受洪水、施工影响，便于长期保存和使用方便的地点。四等以上高程点的密度视施工放样的需要确定。一般要求在每一个重要单项工程的部位至少有 1 ~ 2 个高程点。五等高程点的布置应主要考虑施工放样、地形测量和断面测量的使用。

（2）高程点可埋设预制标石，也可利用露头基岩、固定地物或平面控制点标志设置。埋设首级高程标石，必须经过一段时间，待标石稳定后才能进行观测。各等级高程点应统一编号。高程标志、标石埋设的规格可参照附录 C 选用。

3.1.4 高程测量使用的水准仪、水准标尺、测距仪及其附件等应分别按《国家水准测量规范》及《中、短程光电测距规范》（ZBA 76002—87）中有关规定进行检验与校正。

3.2 水准测量

3.2.1 等级水准测量的主要技术要求应符合表 3.2.1 的规定。

表 3.2.1 等级水准测量的技术要求

<table>
<tr><td colspan="2">等　级</td><td>二</td><td>三</td><td>四</td><td>五</td></tr>
<tr><td colspan="2">M_Δ /mm</td><td>≤ ± 1</td><td>± 3</td><td>± 5</td><td>± 10</td></tr>
<tr><td colspan="2">M_W /mm</td><td>≤ ± 2</td><td>± 6</td><td>± 10</td><td>± 20</td></tr>
<tr><td colspan="2">仪器型号</td><td>DS_{05}，DS_1</td><td>DS_1，DS_3</td><td>DS_3</td><td>DS_3</td></tr>
<tr><td colspan="2">水准尺</td><td>因瓦</td><td>因瓦、双面</td><td>双面</td><td>双面、单面</td></tr>
<tr><td colspan="2">观测方法</td><td>光学测微法</td><td>光学测微法
中丝读数法</td><td>中丝读数法</td><td>中丝读数法</td></tr>
<tr><td colspan="2">观测顺序</td><td>奇数站：后前前后
偶数站：前后后前</td><td>后前前后</td><td>后后前前</td><td>后后前前</td></tr>
<tr><td rowspan="2">观测
次数</td><td>与已知点联测</td><td>往返</td><td>往返</td><td>往返</td><td>往返</td></tr>
<tr><td>环线或附合</td><td>往返</td><td>往返</td><td>往</td><td>往</td></tr>
<tr><td rowspan="2">往返较差、环线
或附合线路闭
合差/mm</td><td>平丘地</td><td>$\pm 4\sqrt{L}$</td><td>$\pm 12\sqrt{L}$</td><td>$\pm 20\sqrt{L}$</td><td>$\pm 30\sqrt{L}$</td></tr>
<tr><td>山　地</td><td></td><td>$\pm 3\sqrt{n}$</td><td>$\pm 5\sqrt{n}$</td><td>$\pm 10\sqrt{n}$</td></tr>
</table>

注：n——水准路线单程测站数，每 km 多于 16 站时，按山地计算闭合差限差。

3.2.2 等级水准测量测站的主要技术要求，应符合表 3.2.2 的规定。

表 3.2.2 等级水准测量测站的技术要求

等　　级	二		三		四	五
仪器型号	DS_{05}	DS_1	DS_1	DS_3	DS_3	DS_3
视线长度/m	≤60	≤50	≤100	≤75	≤80	≤100
前后视距差/m	≤1.0		≤2.0		≤3.0	大致相等
前后视距累积差/m	≤3.0		≤5.0		≤10.0	
视线离地面最低高度/m	下丝≥0.3		三丝能读数		三丝能读数	
基辅分划（黑红面）读数较差/mm	0.5		光学测微法 1.0 中丝读数法 2.0		3.0	
基辅分划（黑红面）所测高差较差/mm	0.6		光学测微法 1.5 中丝读数法 3.0		5.0	

注：当采用单面标尺四等水准测量时，变动仪器高度两次所测高差之差与黑红面所测高差之差的要求相同。

3.2.3 水准测量所使用的仪器及水准尺，应符合下列技术要求：

（1）水准仪视准轴与水准管轴的夹角：DS_{05}、DS_1型仪器不应大于±15″；DS_3型不应大于±20″。

（2）二等水准采用补偿式自动安平水准仪，其补偿误差绝对值不应大于0.2″。

（3）水准尺上的每米间隔平均长与名义长之差：对于因瓦水准尺不应大于±0.15 mm，对于双面水准尺不应大于±0.5 mm。

3.2.4 水准观测应注意下列事项：

（1）水准观测应在标尺成像清晰、稳定时进行，并用测伞遮蔽阳光，避免仪器曝晒。

（2）严禁为了增加标尺读数，把尺垫安置在沟边或壕坑中。

（3）同一测站观测时，不应两次调焦，转动仪器的倾斜螺旋和测微螺旋时，其最后均应为旋进方向。

（4）每一测段的往测与返测，测站数均应为偶数，否则应加入标尺零点差改正，由往测转向返测时，两标尺必须互换位置并应重新整置仪器。

（5）五等水准观测，可不受上述（3）、（4）的限制。

3.2.5 观测成果的重测和取舍。

（1）因测站观测限差超限，在迁站前发现可立即重测，若迁站后发现，则应从高程点重新起测。

（2）往、返观测高差较差超限时应重测。二等水准重测后，应选用两次异向合格的结果，其他等级水准重测后，可选用两次合格的结果。如重测结果与原测结果分别比较，其较差均不超限时，应取三次结果的平均数。

3.2.6 水准测量路线需要跨过江、河、湖、泊和山谷等障碍物时，其测站视线长度，二等水

控制测量

准超过 100 m，三、四等水准超过 200 m 时，应按照 GB 12897—91 和 GB 12898—91 的规定执行。

3.3 光电测距三角高程测量

3.3.1 光电测距三角高程测量在水利水电施工高程控制测量中的应用范围：

（1）结合平面控制测量，将平面控制网布设成三维网（或二维网加三角高程网）。

（2）在施工区，可代替三、四、五等水准测量。

（3）在跨越江、河、湖、泊及障碍物传递高程时，可代替二、三、四、五等水准测量。

3.3.2 结合平面控制测量，布设三维网的技术要求，见表 2.2.6。

3.3.3 代替三、四、五等水准的光电测距三角高程测量，可采用单向、对向和隔点设站法进行，其技术要求应符合表 3.3.3 的规定，并注意以下几点：

（1）高程路线应起迄于高一级的高程点或组成闭合环。隔点设站法的测站数应为偶数。

（2）有关距离测量的技术要求，均按表 2.5.3 中相应等级的规定执行。

（3）精密丈量仪器高的方法见附录 D。

（4）当视线长度小于或等于 500 m 时，可直接照准棱镜觇牌，视线长度大于 500 m 时，应采用特制觇牌。

（5）采用隔点设站观测时，前、后视线长度应尽量相等，最大视距差不宜大于 40 m，视线通过的地形剖面应相似、倾角宜相近。

（6）单向测量只能用于布设有校核条件的单点，不宜布设高程路线。

（7）视线通过沙漠、沼泽、干丘、……。若对向（往返）观测高差较差超限，应分析原因，在排除可能发生粗差的条件下，可适当放宽。

表 3.3.3 光电测距三角高程测量的技术要求

等级	使用仪器	最大边长/m			天顶距观测				仪镜高丈量精度/mm	对向观测高差较差/mm	附合或环线闭合差/mm
		单向	对向	隔点设站	测回数		指标差较差/（″）	测回差/（″）			
					中丝法	三丝法					
三	DJ$_1$ DJ$_2$		500	300	4	2	9	9	±1	±50D	±12$\sqrt{[D]}$
四	DJ$_2$	300	800	500	3	2	9	9	±2	±70D	±20$\sqrt{[D]}$
五	DJ$_2$	1 000		500	2	1	10	10	±2		±30$\sqrt{[D]}$

注：D 为平距，以 km 计。

3.3.4 单向、对向光电测距三角高程测量，一测站的操作程序如下：

（1）仪器和棱镜（觇牌）架设好后，量取仪器高与棱镜（觇牌）高。

（2）读取测站的气象数据。

（3）观测斜距。

（4）观测天顶距（测完全部测回数）。

（3）、（4）的观测程序可互换。

261

3.3.5　以隔点设站法施测三等高程路线时，一测站的操作程序规定如下：

（1）读取气象数据。

（2）照准后视棱镜（觇牌）标志，观测天顶距。

（3）照准前视棱镜（觇牌）标志，观测天顶距。

（4）观测前视斜距。

（5）观测后视斜距。

（6）仿（2）~（5）测完全部测回数。

以上简称为"后、前、前、后"法，对于四、五等高程测量，可采用"后、后、前、前"法，其他要求与三等相同。

3.3.6　用三丝法观测天顶距的步骤规定如下：

（1）望远镜在盘左位置概略瞄准目标，制动水平与垂直螺旋，然后旋转水平与垂直微动螺旋，使十字丝的上丝精确照准目标、读数。继则反时针方向旋出垂直微动螺旋，再一次旋入精确照准目标并读数。这样就完成了两次照准两次读数，两次读数之差不大于3″。

（2）旋转垂直微动螺旋，分别用中丝和下丝各精确照准目标两次、读数两次。

（3）纵转望远镜，依相反的照准次序，瞄准各目标，但仍按上、中、下次序精确照准读数。

以上完成三丝一测回的观测工作。在盘左、盘右位置照准目标时，目标成像应位于竖丝的左、右附近的对称位置。仅用中丝法观测天顶距可参照（1）步骤。

3.3.7　天顶距测量限差的比较与重测。

（1）测回差比较的方法为：同一方向，由各测回各丝所测得的全部天顶距结果互相比较。

（2）指标差互差的比较方法为仅在一测回内各方向按同一根水平丝所计算的结果进行互相比较。

（3）重测规定：若一水平丝所测某方向的天顶距或指标差互差超限，则此方向须用中丝重测一测回。三丝法若在同方向一测回中有二根水平丝所测结果超限，则该方向须用三丝法重测一测回，或用中丝重测二测回。

3.4　跨河高程测量

3.4.1　采用光电测距三角高程测量方法，布设高程路线跨越河流、湖泊的宽度超过表 3.3.3 所规定的最大边长限值时，按本节规定执行。采用其他方法时，按 GB 12897—91 和 GB 12898—91 的规定执行。

3.4.2　跨河高程测量场地的选定应注意以下几点：

（1）跨河地点应尽量选择于路线附近江河最狭处，以便使用最短的跨河视线。

（2）视线不得通过大片草丛、干丘、沙滩的上方。

（3）视线距水面的高度，在跨河视线长度为 500 m 时，不得低于 3 m，1 000 m 时不得低于 4 m。当视线高度不能满足上述要求时，需埋设高木桩并建造牢固的观测台。

（4）跨河图形的布置应在大地四边形［图 3.4.2（a）］、平行四边形［图 3.4.2（b）］，等腰梯形［图 3.4.2（c）或 "Z" 字形［图 3.4.2（d）］中选用。

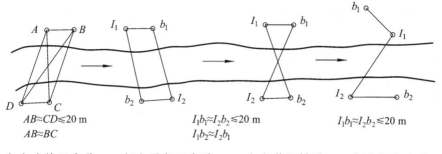

（a）大地四边形　　（b）平行四边形　　（c）等腰梯形　　（d）"Z"字形

图 3.4.2　跨河水准布置图

3.4.3　跨河高程测量的技术要求，应符合表 3.4.3 的规定。

表 3.4.3　跨河高程测量的技术要求

高程等级	仪器类型		最大跨河视线长度/m	测回数			天顶距观测				
	测距仪等级	经纬仪		距离	天顶距		两次照准两次读数差/（"）	指标差互差限值/（"）	同一标志测回差/（"）	最少时间段	独立测定组数
					中丝法	三丝法					
二	1～2	DJ₁ T2000	500	3	6	3	2	4	4	2	4
三	2	DJ₂ T1000	800	2	4	2	3	9	9	2	4
四	2～3	DJ₂	1 000	2	3	2	3	9	9	1	2
五	4	DJ₂	1 500	1	2	1				1	

3.4.4　二等跨河高程测量的程序和方法。

方法一：距离和天顶距分别观测。

（1）准备工作。

a. 选择图 3.4.2（a）的大地四边形作为过河场地并埋设固定标志。

b. 用二等水准的精度测定同岸两点（A、B 和 C、D）之间的高差。

c. 在远标尺上的 2.500 m 和 2.000 m 处，分别精确安装两个特制觇牌。

（2）观测程序和方法。

a. 在 A 点设站，量测仪器高，测定远标尺 C、D 点上觇牌的天顶距 Z_{AC1}、Z_{AC2} 和 Z_{AD1}、Z_{AD2}（Z_{AC1}、Z_{AC2} 代表 AC 方向标尺上两个觇牌的天顶距，下同）。

b. 在 B 点设站，量测仪器高，仿 a 项测得 Z_{BC1}、Z_{BC2} 和 Z_{BD1}、Z_{BD2}。

以上构成一组天顶距观测。

c. 仪器和尺子相互调岸。

d. 分别在 C、D 点设站按 a、b 项方法测定 Z_{CA1}、Z_{CA2}、Z_{CB1}、Z_{CB2} 和 Z_{DA1}、Z_{DA2}、Z_{DB1}、Z_{DB2}。

以上构成两组天顶距观测。

剩余的观测量应在不同的时段继续进行。

e. 距离测量，按表 2.5.3 和表 3.4.3 的技术要求，分别测量 *AB*、*AC*、*AD* 及 *BC*、*BD*、*CD* 等边的距离，并读取气象数据。

方法二：距离和天顶距同时观测。

（1）准备工作。

a. 场地选择同方法一。

b. 准备三个棱镜（或一个棱镜，若干个觇牌）。

（2）观测程序和方法。

a. 在 *A* 点设站，量取仪器高。在 *B*、*C*、*D* 架设棱镜或觇牌，量取棱镜高（觇牌高），读取气象数据。

b. 观测 *B*、*C*、*D* 三点的天顶距（测完全部测回数）。

c. 观测 *B*、*C*、*D* 三点的斜距。

d. 读取气象数据。

e. 在 *B* 点设站，*A* 点架设棱镜，*C*、*D* 点棱镜不动，量取仪器高、棱镜高（觇牌高），读取气象数据。

f. 观测 *A*、*C*、*D* 三点的天顶距和斜距（测完全部测回数）。

g. 读取气象数据，以上组成一个独立的观测组。

h. 仪器、棱镜（觇牌）同时调岸。仪器分别架 *C*、*D* 二点，分别观测 *A*、*B*、*D* 三点的斜距和天顶距。

i. 在每一站量取仪器高、棱镜高（觇牌高），在每一站观测工作的始末读取气象数据。

以上组成第二个独立观测组。

j. 选择另一个时间段，再观测两个独立的观测组。

3.4.5 三、四、五等跨河高程测量，一般按图 3.4.2（b）、图 3.4.2（c）或图 3.4.2（d）的布置方式进行，一测站的操作程序如下：

（1）置仪器于 I_1 点，观测本岸近标尺 b_1，照准棱镜（觇牌），观测天顶距。

（2）瞄准对岸远标尺 b_2 [图 3.4.2（d）为 I_2]，照准棱镜（觇牌），观测天顶距。

继续观测剩余的测回数，各测回连续观测时，相邻两测回间观测近标尺和远标尺的次序可以互换，直至观测完全部测回数。

（3）观测气象元素。

（4）测量仪器对远标尺和近标尺的斜距。

以上组成一组独立的观测值。

（5）仪器和标尺同时调岸。仪器架设于 I_2 点，先观测远标尺 b_1 [图 3.4.2（d）为 I_1 点]，后观测近标尺 b_2，按（1）~（4）分别观测仪器对 b_1、b_2 的天顶距和斜距。

对三、四等跨河高程测量，应选择另一时间段再进行上述的往返测，获得三、四组独立观测值。

3.4.6 采用光电测距三角高程测量方法进行跨河高程传递时，应注意下列事项：

（1）观测应在成像清晰，风力微弱的气象条件下进行，最好选在阴天为宜。

晴天观测应在日出后一小时至地方时 9 时 30 分止，下午自 15 时至日落前一小时止。且往返观测应在较短的时间间隔内进行。

（2）当过河点处于不稳定的地段时，应在附近稳定区选择监测点，并在跨河测量前后按相应等级对过河点进行监测。

（3）在调岸时，远标尺的特制觇牌在标尺上的位置，以及过河点上架设棱镜（对中杆）要严格保持其高度不变。

（4）在条件许可时，宜用两台同型号的仪器同时对向观测。

（5）二等跨河高程测量应精密丈量仪器高（见附录 D）和棱镜高（觇牌高）。精密丈量方法视情况而异，一般应将其点固定部分事先精密测定，活动部分在现场用小钢板尺量取。

3.4.7 按常规方法的跨河水准测量，其作业方法可参照 GB 12897—91 和 GB 12898—91 中的有关规定进行。

3.5 外业成果的整理与平差计算

3.5.1 高程测量应采用规定的手簿记录，并统一编号，手簿中记载项目和原始观测数据必须字迹清晰、端正，填写齐全。

3.5.2 高程测量观测、记录及计算小数位的取位，应符合表 3.5.2 的规定。

表 3.5.2 观测、记录及计算小数位取位的规定

高程等级	天顶距观测读数与记录小数位/（″）	水准尺观测读数与记录小数位/mm	往（返）测距离总和/km	往（返）测距离中数/km	各测站高差/mm	往（返）测高差总和/mm	往（返）测高差中数/mm	高差/mm
二	0.01″ 0.1″	0.05 0.1	0.01	0.1	0.01	0.01	0.1	0.1
三	0.1 1.0	1.0	0.01	0.1	0.1	1.0	1.0	1.0
四、五	1.0	1.0	0.01	0.1	1.0	1.0	1.0	1.0

3.5.3 水准测量外业验算的项目包括下列内容：

（1）观测手簿必须经百分之百的检查，并由两人独立编制高差和高程表。

（2）根据测段往返测高差不符值（Δ）计算每公里高程测量高差中数的偶然中误差 M_Δ，当高程路线闭合环较多时，还须按环闭合差（W）计算每公里高程测量高差中数的全中误差 M_W。

$$M_\Delta = \pm \sqrt{\frac{1}{4n}\left[\frac{\Delta\Delta}{R}\right]}$$ （3.5.3-1）

$$M_W = \pm \sqrt{\frac{1}{N}\left[\frac{WW}{F}\right]}$$ （3.5.3-2）

式中　Δ——测段往返测高差不符值，mm；

　　　R——测段长，km；

　　　n——测段数；

　　　W——经各项改正后的水准环闭合差或附合路线闭合差，mm；

F——计算各 W 时，相应的路线长度（环绕周长），km；

N——附合路线或闭合环个数。

以上 M_{Δ} 和 M_W 的绝对值应符合表 3.2.1 的规定。

3.5.4 光电测距三角高程测量、跨河高程测量的外业验算项目，应包括下列内容：

（1）外业手簿的检查和整理。

（2）对所测斜距进行各项改正。包括：气象改正，加常数、乘常数改正；必要时还应加入周期误差改正。

（3）若斜距和天顶距分别观测时，应对天顶距观测值进行归算，归化到测距时的天顶距，其计算公式为

$$Z_{ij} = Z'_{ij} - \Delta Z_{ij} = Z'_{ij} - \frac{[(V'-V)+(I-I')\sin Z'_{ij}]}{S_{ij}}\rho'' \qquad (3.5.4\text{-}1)$$

式中　Z_{ij}、Z'_{ij}——测站点 i 到照准点 j 天顶距的归化值和观测值；

V'、V——观测天顶距时的棱镜高（觇牌高）和测距时的棱镜高（觇牌高）；

I'、I——观测天顶距时的仪器高和观测斜距时的仪器高；

S_{ij}——斜距观测值。

（4）概略高差计算。

a. 单向观测：

$$h_{ij} = S_{ij}\cos Z_{ij} + \frac{1-K}{2R}S_{ij}^2 + I_i - V_j \qquad (3.5.4\text{-}2)$$

b. 对向观测：

$$h_{ij} = \frac{1}{2}[(S_{ij}\cos Z_{ij} - S_{ji}\cos Z_{ji})+(I_i-V_j)+(I_j-V_i)] \qquad (3.5.4\text{-}3)$$

c. 隔点设站法观测：

$$h_{AB} = \left[(V_A-V_B)-S_A\cos Z_A - S_B\cos Z_B + \left(\frac{1-K_B}{2R}S_B^2 - \frac{1-K}{2R}S_A^2\right)\right] \qquad (3.5.4\text{-}4)$$

式中　h_{ij}——测站 i 与镜站 j 之间的概略高差；

S_{ij}——经气象和加、乘常数改正后的斜距；

Z_{ij}、Z_{ji}——归化后的天顶距；

I_i、I_i——i 和 j 站的仪器高；

V_i、V_j——i 和 j 站的棱镜高；

h_{AB}——隔点设站法中，后视点 A 与前视点 B 之间的高差；

V_A、V_B——隔点设站法中，后视点 A 与前视点 B 的棱镜（觇牌）高；

S_A、S_B——隔点设站法中，后视点 A、前视点 B 与测站间的斜距（经气象、加、乘常数改正后）；

Z_A、Z_B——隔点设站法中，测站对后视点 A、前视点 B 的天顶距；

R——地球曲率半径；

K——大气折光系数。

（5）根据概略高差，计算附合路线或闭合环的闭合差，并按下式进行检校：

a. 由各路线算得同一路线的高差较差不应大于由下式计算的限值：

$$dH_{限} = \pm 2M_{\Delta}\sqrt{NS}$$

b. 由大地四边形组成的三个独立闭合环，用各条边平均高差计算闭合差，各环线的闭合差 W 应不大于按下式计算的限值：

$$W_m = \pm M_W\sqrt{2S}$$

式中　N——独立路线数，图 3.4.2（a）的 $N=4$；

　　　S——跨河视线长度，km。

3.5.5　二、三、四等高程网的平差计算应按最小二乘原理，采用条件观测平差或间接观测平法进行，并计算出单位权高差中误差和各点相对于起算点的高程中误差。

3.5.6　高程网平差时，可按下式定权：

水准测量

$$P = \frac{1}{L} \quad 或 \quad P = \frac{1}{n}$$

光电测距三角高程测量

$$P = \frac{1}{L^2} \quad 或 \quad P = \frac{1}{L}$$

式中　L——测段长度，km；

　　　n——测站数。

3.5.7　高程控制网布设完成后，应上交下列资料：

（1）原始观测记录。

（2）仪器鉴定、校正资料。

（3）水准网略图和点位说明资料。

（4）水准网、三角高程网概算资料。

（5）平差计算成果和精度评定资料。

（6）技术总结文件。

参考文献

[1] 孔祥元，郭际明. 控制测量学[M]. 武汉：武汉大学出版社，2006.

[2] 杨国清. 控制测量学[M]. 开封：黄河水利出版社，2010.

[3] 管泽霖，宁津生. 地球形状与外部重力场[M]. 北京：测绘出版社，1981.

[4] 陈健，薄志鹏.应用大地测量学[M]. 北京：测绘出版社，1989.

[5] 朱华统. 大地坐标系的建立[M]. 北京：测绘出版社，1986.

[6] 孔祥元，梅是义. 控制测量学[M]. 武汉：武汉测绘科技大学出版社，1996.

[7] 武汉大学测绘学院测量平差学科组. 误差理论与测量平差基础[M]. 武汉：武汉大学出版社，2003.

[8] 岑虹，孙仁心. 控制测量实习指导书[M]. 北京：测绘出版社，1992.

[9] 国家测绘局. 国家一、二等水准测量规范[S]. 北京：中国标准出版社，2006.

[10] 国家测绘局. 三、四等导线测量规范[S]. 北京：测绘出版社，2001.

[11] 国家测绘局. 国家三角测量规范[S]. 北京：中国标准出版社，2000 年.

[12] 国家测绘局. 全球定位系统（GPS）测量规范[S]. 北京：中国标准出版社，2001.

[13] 水利水电规划设计总院. 水利水电工程测量规范[S]. 北京：中国水利水电出版社，2013.